注册消防工程师资格考试辅导用书

2018年版

消防安全技术综合能力模拟测试

主　　编　周　亮
副主编　俞君峰　罗　成　祁　闻

中国劳动社会保障出版社

图书在版编目（CIP）数据

消防安全技术综合能力模拟测试：2018年版 / 周亮主编．-- 北京：中国劳动社会保障出版社，2018

注册消防工程师资格考试辅导用书

ISBN 978-7-5167-3666-1

Ⅰ.①消…　Ⅱ.①周…　Ⅲ.①消防－安全技术－资格考试－习题集　Ⅳ.①TU998.1-44

中国版本图书馆CIP数据核字（2018）第171790号

中国劳动社会保障出版社出版发行

（北京市惠新东街1号　邮政编码：100029）

*

保定市中画美凯印刷有限公司印刷装订　　新华书店经销

787毫米×1092毫米　16开本　11.25印张　264千字

2018年7月第1版　　2018年9月第4次印刷

定价：30.00元

营销中心电话：（010）64962347

中国人事考试图书网网址：http://rsks.class.com.cn

前　言

为满足应试人员全方位备考需求，准确理解注册消防工程师资格考试大纲和2018年版教材，更好地开展复习备考，我们特邀长期从事实践工作和教学研究的专家，对考试大纲和2018年版教材进行深入分析，对历年考试情况进行了系统梳理，结合知识点重要程度，组织编写了“注册消防工程师资格考试辅导用书”，包括模拟测试和考前冲刺两个系列。

模拟测试系列丛书，由贴近考试要求、考试题型和考试难度的模拟测试题组成，力求全面、真实地体现考试重点和考试难点，帮助应试人员进行考前测试，检验学习效果。书中还提供了模拟测试题参考答案及解析。

考前冲刺系列丛书，结合2018年版教材和标准规范内容，总结考试规律，对考点进行了全面梳理，以各章主要考点形式呈现，以便应试人员有的放矢，在有限时间内有效提高备考能力。为便于自我测评，图书最后附有一套模拟测试题，帮助应试人员进行考前冲刺。

需要特别说明的是，本套辅导用书的内容如有与现行国家消防技术标准规范不一致之处，应以国家的消防技术标准规范为准。

由于编者水平所限，加之时间仓促，书中难免存在不足，希望读者批评指正。有关意见建议，请发至邮箱 xfszgks@126.com。

目　录

消防安全技术综合能力
模拟测试（一）

一、单项选择题（共 80 题，每题 1 分。每题的备选项中，只有 1 个最符合题意）

1.《中华人民共和国消防法》中规定了我国的消防工作方针是（　　）。

A. 安全第一、防消结合　　B. 预防为主、防消结合

C. 安全第一、防消并重　　D. 以防为主、防消结合

2. 注册消防工程师职业道德最根本的原则包括（　　）和诚实守信原则。

A. 实事求是原则　　B. 维护公共安全原则

C. 公平竞争原则　　D. 依法执业原则

3.《中华人民共和国消防法》中规定了单位消防安全职责，要求对建筑消防设施（　　）至少进行一次全面检测，确保完好有效，检测记录应当完整准确，存档备查。

A. 每季度　　B. 每半年　　C. 每年　　D. 每两年

4.《中华人民共和国消防法》规定，消防机构应当自受理申请之日起（　　）个工作日内，根据消防技术标准和管理规定，对公众聚集场所进行消防安全检查。未经消防安全检查或者经检查不符合消防安全要求的，不得投入使用、营业。

A. 7　　B. 10　　C. 15　　D. 20

5.《中华人民共和国消防法》规定，消防产品质量认证、消防设施检测等消防技术服务机构出具虚假文件的，责令改正，处 5 万元以上 10 万元以下罚款，并对直接负责的主管人员和其他直接责任人员处（　　）罚款。

A. 5 000 元以上 1 万元以下　　B. 2 万元以上 3 万元以下

C. 1 万元以上 3 万元以下　　D. 1 万元以上 5 万元以下

6. 某单位对县消防机构出具的火灾事故认定书有异议，则该单位应该向（　　）提出书面复核申请。

A. 县级人民政府公安机关　　B. 市级人民政府消防机构

C. 市级人民政府公安机关　　D. 省级人民政府消防机构

7. 强令他人违章电焊造成火灾，应该立案追诉的情形是（　　）。

A. 造成重伤 2 人

B. 造成轻伤 2 人，重伤 1 人

C. 造成直接经济损失 55 万元

D. 发生矿山生产安全事故，造成直接经济损失 75 万元

8. 为了确保消防安全管理落到实处，必须明确单位的法人代表或者主要负责人是消防安全责任人，对单位的消防安全工作全面负责，消防安全责任人的职责不包括（　　）。

A. 为本单位的消防安全提供必要的经费和组织保障

B. 确定逐级消防安全责任，批准实施消防安全制度和保障消防安全的操作规程

C. 组织管理专职消防队和志愿消防队

D. 组织防火检查，督促落实火灾隐患整改，及时处理涉及消防安全的重大问题

9. 下列建筑中不设置消防电梯，仍能符合国家工程消防技术标准的是（　　）。

A. 某高度为 50 m 的办公大楼

B. 某住宅建筑 12 层，层高 3 m

C. 埋深为 8 m 的地下建筑，地下建筑总面积为 800 m^2

D. 局部建筑高度为 33 m，且局部高出部分的每层建筑面积为 60 m^2 的丁类厂房

10. 某场所设置了两套水喷雾灭火系统，系统中雨淋报警阀的公称直径分别为 180 mm 和 250 mm，则在进行手动调试的时候，雨淋报警阀应分别在（　　）s 和（　　）s 之内启动。

A. 15，30　　B. 30，60　　C. 15，60　　D. 30，120

11. 对火灾自动报警系统进行验收的过程中，竣工验收判定结论为合格的是（　　）。

A. A=0，且 B=2，且 B+C= 检查项的 4%

B. A=1，且 B=1，且 B+C= 检查项的 3%

C. A=0，且 B=1，且 B+C= 检查项的 6%

D. A=1，且 B=3，且 B+C= 检查项的 5%

12. 在检查消防水枪的抗跌落性能时，应将水枪以喷嘴垂直朝上、喷嘴垂直朝下，以及水枪轴线处于水平三个位置，从离地（　　）m 高处自由跌落到混凝土地面上。

A. 1.0 ± 0.01　　B. 1.5 ± 0.02　　C. 2.0 ± 0.02　　D. 3.0 ± 0.03

13. 根据《建筑内部装修设计防火规范》(GB 50222)，对不同建筑防烟楼梯间前室进行检查时，不符合规范要求的做法是（　　）。

A. 高层办公楼防烟楼梯间使用面积为 6 m^2

B. 商场大楼防烟楼梯间建筑面积为 6 m^2

C. 五层住宅楼防烟楼梯间使用面积为 5 m^2

D. 高层厂房合用防烟楼梯间使用面积为 11 m^2

14. 在对要求不同动作温度的自动喷水灭火系统进行验收时，设计动作温度与所有玻璃球喷头玻璃球色标不符合规范要求的是（　　）。

A. 设计动作温度为 57℃，使用橙色玻璃球喷头

B. 设计动作温度为 68℃，使用红色玻璃球喷头

C. 设计动作温度为 79℃，使用黄色玻璃球喷头

D. 设计动作温度为 68℃，使用绿色玻璃球喷头

15. 对某仓库湿式自动喷水灭火系统进行维修保养过程中，对报警阀进行检查时，发现报警阀组漏水，下列不属于报警阀组漏水原因的是（　　）。

A. 报警管路测试控制阀渗漏　　B. 复位杆未复位或者损坏

C. 阀瓣密封垫老化或者损坏　　D. 排水阀门未完全关闭

16. 下列建设项目中，可以采用性能化设计评估方法的是（　　）。

A. 甲类厂房　　B. 高度大于 200 m 的写字楼

C. 高层医疗建筑　　D. 乙类仓库

17. 对某化工企业进行火灾风险评估，正确的评估流程是（　　）。

A. 评估指标体系建立、信息采集、风险识别、风险分析与计算、确定评估结论、风险控制措施

B. 风险分析与计算、确定评估结论、信息采集、风险识别、评估指标体系建立、风险控制措施

C. 信息采集、评估指标体系建立、风险识别、风险分析与计算、确定评估结论、风险控制措施

D. 信息采集、风险识别、评估指标体系建立、风险分析与计算、确定评估结论、风险控制措施

18. 在检查防火墙设置过程中，符合规范的做法是（　　）。

A. 防火墙内设置了排气道

B. 防火墙上穿过了天然气管道，管道两侧采用不燃材料封堵

C. 防火墙上穿过了水管，管道的保温材料为不燃材料

D. 防火墙上穿过了锅炉房燃油管道，管道材质为不燃，且两侧采用不燃材料封堵

19. 消防水带压力试验中，要求截取（　　）m 长的消防水带，使用手动试压泵或电动试压泵平稳加压至试验压力，保压（　　）min，检查是否有渗漏现象，有渗漏则不合格。

A. 1.2，5　　B. 1.0，5　　C. 1.2，3　　D. 1.5，3

20. 某 IT 公司计算机房设置了气体灭火系统，系统根据机房空间和位置的特点采用了管网灭火系统，检查时该管网灭火系统应具备的启动方式包括（　　）。

A. 自动控制和手动控制两种启动方式

B. 手动控制和机械应急操作两种启动方式

C. 自动控制和机械应急操作两种启动方式

D. 自动控制、手动控制和机械应急操作三种启动方式

21. 对儿童和老年人的活动场所进行防火检查时，下列场所设置楼层正确的是（ ）。

A. 某独立建造的老年公寓耐火等级为三级，建筑层数为三层

B. 儿童幼教中心布置在建筑高度为 28 m 的商业综合楼的地下一层

C. 某养老院设置在一栋高层综合楼的二层

D. 某幼儿园设置在一栋高层办公楼的四层

22. 对水流指示器进行检查时，在开启末端试水装置或者试水阀后，发现水流指示器在达到规定流量时不动作，下列操作中错误的是（ ）。

A. 增大水流量重新试验，观察水流指示器报警动作

B. 检查水流指示器的控制线路，观察是否存在短路、接线不实等情况

C. 检查水流指示器是否有异物、杂质等卡阻桨片，若有则及时清除异物、杂质

D. 发现调整螺母与触头未到位的，重新调试到位

23. 某商场地上 5 层，地下 2 层，建筑高度为 21 m，总建筑面积为 9 000 m^2。每层建筑面积为 1 500 m^2，地下二层商场室内地面与室外出入口地坪高差为 11 m。该商场地下部分消防设计不符合规范要求的是（ ）。

A. 未设置消防电梯　　B. 设置了封闭楼梯间

C. 设置了自动喷水灭火系统　　D. 设置了防烟排烟设施

24. 消防安全检查中，灭火器出厂期满 3 年需要进行维修的是（ ）。

A. 推车式干粉灭火器　　B. 推车式水基型灭火器

C. 洁净气体灭火器　　D. 二氧化碳灭火器

25. 某建筑高度为 42 m 的住宅建筑的首层设有面积不大于 300 m^2 的移动营业厅、理发店等小型商业性用房，该建筑的平面布置、安全疏散等不符合规范规定的是（ ）。

A. 不同商业性用房之间采用耐火极限不低于 2.00 h 且无门、窗、洞口的防火隔墙相互分隔

B. 住宅部分与商业性用房之间采用无门、窗、洞口的耐火极限为 2.00 h 防火隔墙和 1.00 h 的不燃性楼板完全分隔

C. 住宅部分的疏散楼梯单独设置

D. 商业服务网点分隔单元一层建筑面积为 220 m^2，设置了两个安全出口

26. 建筑幕墙是由金属构件和玻璃板等组成的建筑物外围护结构，建筑幕墙外立面开口之间的防火设置不符合规范要求的做法是（ ）。

A. 无自动喷水灭火系统下，设置耐火极限为 1.0 h 的不燃性实体墙，不燃性实体墙高度为 1.0 m

B. 无自动喷水灭火系统下，设置耐火完整性为 1.0 h 的防火玻璃墙，防火玻璃墙高度为 1.2 m

C. 室内设置自动喷水灭火系统，防火玻璃墙高度为 0.8 m

D. 室内设置自动喷水灭火系统，不燃性实体墙高度为 0.8 m

27. 对某商业综合体进行检查，该建筑高度为 48 m，耐火等级为二级。建筑地上 12 层，地下二层。地下一层的地面与室外出入口地坪的高差为 9 m，地下二层的地面与室外出入口地坪的高差为 15 m。下列平面布置中符合规范规定的是（　　）。

A. 位于 4 层的儿童游乐厅，采用耐火等级为 1.50 h 的不燃性实体墙和 1.50 h 的楼板与其他场所或部位隔开

B. 位于 6 层的会议厅的建筑面积为 500 m^2，未设置自动喷水灭火系统

C. 位于地下一层的卡拉 OK 厅，最大房间面积为 180 m^2，设置了自动喷水灭火系统

D. 消防控制室设置在地下二层靠外墙的位置

28. 对消防水泵房的平面布置进行检查，不正确的设置是（　　）。

A. 疏散门直通安全出口

B. 设在地下三层，室内地面与室外出入口地坪高差大于 15 m

C. 采用耐火极限不低于 2.00 h 的防火隔墙和 1.50 h 的楼板与其他部位隔开

D. 单独建造，建筑物的耐火等级为二级

29. 在对建筑高度和建筑层数进行检查时，错误的做法是（　　）。

A. 局部凸出屋顶的瞭望塔、冷却塔等辅助用房占屋面面积为 1/5 时，不计入建筑高度

B. 室内顶板面高出室外设计地面的高度为 1.3 m 的半地下室不计入建筑层数

C. 建筑底部设置的室内高度为 2 m 的自行车库不计入建筑层数

D. 对于台阶式地坪，建筑高度都按其中建筑高度最大者确定

30. 在对中庭装修进行检查时，其连通部位地面的装修材料燃烧性能等级不应低于（　　）级，顶棚装修材料燃烧性能等级不应低于（　　）级。

A. A，B_1　　B. B_1，B_1　　C. B_1，A　　D. B_1，B_2

31. 消防安全管理制度是单位在消防安全管理和生产经营活动中为保障消防安全所制定的各项制度、程序、办法和措施，单位消防安全管理制度中最根本的制度是（　　）。

A. 安全教育、巡查制度　　B. 应急疏散预案演练制度

C. 安全责任制度　　D. 防火检查、巡查制度

32. 对不同耐火等级建筑的疏散走道进行检查，疏散走道两侧隔墙燃烧性能和耐火极限不符合规范要求的是（　　）。

A. 一级耐火等级的民用建筑其疏散走道两侧隔墙的燃烧性能为不燃性，耐火极限为 1.50 h

B. 二级耐火等级的民用建筑其疏散走道两侧隔墙的燃烧性能为不燃性，耐火极限为 1.00 h

C. 三级耐火等级的民用建筑其疏散走道两侧隔墙的燃烧性能为难燃性，耐火极限为 0.25 h

D. 四级耐火等级的民用建筑其疏散走道两侧隔墙的燃烧性能为难燃性，耐火极限为 0.25 h

33. 消防救援口是指设置在厂房、仓库、公共建筑的外墙上，便于消防员迅速进入建筑内部，有效开展人员救助和灭火行动的窗口。对某高层写字楼进行防火检查时，消防救援口设置不符合规范要求的是（ ）。

A. 消防救援口的净高度和净宽度均为 1.10 m，窗口下沿距室内地面 1.40 m

B. 消防救援口设置位置与消防车登高操作场地相对应

C. 窗口的玻璃易于破碎，并在外侧设置易识别的明显标志

D. 消防救援口沿建筑外墙在每层设置，设置间距为 20 m，每个防火分区有 2 个消防救援口

34. 消防车登高操作场地是消防灭火救援的重要设施，对某高层写字楼消防车登高操作场地进行检查时，不符合规范的设置是（ ）。

A. 沿一个长边底边连续布置消防车登高操作场地

B. 消防车登高操作场地靠建筑外墙一侧的边缘距离建筑外墙 8 m

C. 消防车登高操作场地的坡度为 4%

D. 该建筑在消防车登高面有进深为 4 m 的裙房

35. 对细水雾灭火系统进行管网冲洗时，下列做法中不正确的是（ ）。

A. 管道冲洗分区、分段进行

B. 管道冲洗的水流方向与灭火时管网的水流方向相反

C. 管道冲洗的流速大于设计流速

D. 水平管网冲洗时，其排水管位置低于配水支管

36. 自动喷水灭火系统每年进行一次检查与维护的项目不包括（ ）。

A. 水源供水能力测试 B. 水流指示器报警试验

C. 水泵流量性能测试 D. 系统联动测试

37. 对防烟排烟系统进行周期性检查时，要求排烟窗的温控释放装置、排烟防火阀的易熔片应有（ ）的备用件，且不少于（ ）只。

A. 5%，5 B. 8%，8 C. 10%，10 D. 12%，12

38. 建筑物的伸缩缝、沉降缝、抗震缝等各种变形缝是为防止建筑变形影响建筑结构安全和使用功能而设，也是火灾蔓延的途径之一。对变形缝进行检查时，不符合规范要求的是（ ）。

A. 变形缝的填充材料和变形缝的构造基层采用不燃材料

B. 空调系统的风管穿越防火分隔处的变形缝处，两侧设置了公称动作温度为 70℃的防火阀

C. 设在变形缝处附近的防火门，设置在楼层较少的一侧，且门开启后不得跨越变形缝

D. 变形缝内未设置电缆、电线管道

39. 室内消火栓按结构型式分类时，不包括（ ）。

A. 直角出口型室内消火栓

B. 双出口室内消火栓

C. 45°出口型室内消火栓

D. 旋转减压型室内消火栓

40. 对民用建筑内柴油发电机房进行检查时，不正确的设置是（ ）。

A. 布置在建筑物的地下二层

B. 机房内设置储油间的总储存量为 1 m^3

C. 储油间采用耐火极限为 3.00 h 的防火隔墙与发电机间分隔

D. 储油间防火隔墙上设置乙级防火门

41. 对厂房和仓库进行耐火等级检查时，符合规范要求的是（ ）。

A. 储存精密实验仪器的仓库，其耐火等级不应低于二级

B. 粮食筒仓的耐火等级为三级

C. 某燃煤锅炉房锅炉的总蒸发量为 6 t/h，锅炉房耐火等级为三级

D. 建筑面积为 380 m^2 的独立乙类单层厂房耐火等级为三级

42. 城市消防远程监控系统能够对联网用户的火灾报警信息、建筑消防设施运行状态信息进行接收、处理和查询，向城市消防通信指挥中心或其他接处警中心发送经确认的火灾报警信息，城市消防远程监控系统的构成部分不包括（ ）。

A. 用户信息传输装置

B. 报警传输网络

C. 建筑消防设施

D. 火警信息终端

43. 在对厂房进行平面布置的检查过程中，不符合相关规范要求的是（ ）。

A. 面粉加工厂内设置了用于管理的办公室，并且采用耐火极限不低于 2.00 h 的防火隔墙和耐火极限不低于 1.00 h 的楼板与其他部位隔开

B. 某储存沥青的中间仓库采用防火墙和耐火极限不低于 1.50 h 的不燃性楼板与其他部位分隔

C. 储存汽油的中间仓库采用防火墙和耐火极限不低于 1.50 h 的不燃性楼板与其他部分分隔

D. 某酚醛泡沫塑料及其制品中间仓库，设置了直接为仓库服务的管理用房，采用耐火极限不低于 2.50 h 的防火隔墙和耐火极限不低于 1.50 h 的楼板与其他部位隔开

44. 对一级耐火等级单层厂房的承重构件进行检查的过程中，不符合相关规范要求的是（ ）。

A. 当无自动喷水灭火系统时，屋顶承重构件的耐火极限为 1.50 h

B. 当无自动喷水灭火系统时，屋顶承重构件的耐火极限为 1.20 h

C. 当采用自动喷水灭火系统时，屋顶承重构件的耐火极限为 1.00 h

D. 当采用自动喷水灭火系统时，屋顶承重构件的耐火极限为 1.20 h

45. 装运液化石油气和其他易燃易爆化学物品的专用码头布置在某港区的独立安全地段。对某装运液化石油气的码头进行检查，此码头最大装运船舶长度为 280 m，该码头与

装运其他物品的码头之间的距离不小于（ ）m，距主航道的距离不小于（ ）m。

A. 140，280 B. 280，280 C. 560，280 D. 280，560

46. 对建筑防火间距实地进行测量时，沿建筑周围选择相对较近处测量间距，测量值的允许负偏差不得大于规定值的 5%。下列关于防火间距测量方法中，错误的是（ ）。

A. 建筑之间的防火间距，从相邻建筑外墙的最近水平距离进行测量，当外墙有凸出的不可燃构件时，仍从相邻建筑外墙的最近水平距离进行测量

B. 建筑与储罐之间的防火间距，按建筑外墙至储罐外壁的最近水平距离测量

C. 建筑与铁路的防火间距，为建筑外墙距铁路中心线的最小水平距离

D. 建筑与堆场之间的防火间距按建筑外墙至堆场中相邻堆垛中心的最近水平距离测量

47. 某五层商场中部有一个贯通各层的中庭，在二至五层的中庭四周采用防火卷帘与其他部位分隔。下列检查结果中，不符合现行国家消防技术标准的是（ ）。

A. 二层 A、B 两个防火分区之间防火分隔部位的长度为 28 m，使用 10 m 宽的防火卷帘作为防火分隔物

B. 三层 C、D 两个防火分区之间防火分隔部位的长度为 42 m，使用防火墙和 15 m 宽的防火卷帘作为防火分隔物

C. 双帘面卷帘的两个帘面同时升降，两个帘面之间的高度差为 40 mm

D. 垂直卷帘的电动启、闭运行速度为 5 ～ 7.5 m/min，其自重下降速度为 8 m/min

48. 防烟分区的设置能较好地保证在一定时间内，使火场上产生的高温烟气不致随意扩散，以便蓄积和迅速排除。下列对于防烟分区划分的检查内容，不符合国家工程消防技术标准的是（ ）。

A. 防烟分区跨越相邻的两个防火分区

B. 防烟楼梯间独立划分防烟分区

C. 不设排烟设施的地下室部位未划分防烟分区

D. 净空高度大于 6 m 且不设排烟设施的顶楼区域未划分防烟分区

49. 对挡烟垂壁进行检查时，需要注意搭接宽度，下列情况中不符合相关要求的是（ ）。

A. 卷帘式挡烟垂壁挡烟部件由两块或两块以上织物缝制，搭接宽度为 30 mm

B. 采用多节垂壁搭接的形式使用，卷帘式挡烟垂壁的搭接宽度为 80 mm

C. 翻板式挡烟垂壁的搭接宽度为 20 mm

D. 宽度测量值的允许负偏差为规定值的 4%

50. 安全出口的数量与安全出口总宽度、安全疏散距离有直接关系，一般要求建筑内的每个防火分区或一个防火分区的每个楼层，安全出口不少于 2 个。在安全出口数量检查过程中，对于仅设一个安全出口又满足规范要求的情况是（ ）。

A. 一栋三层的企业孵化器办公楼，首层建筑面积为 180 m^2，人数为 50 人

B. 单层甲类厂房，建筑面积为 100 m^2，且同一时间的作业人数为 9 人

C. 单层乙类厂房，建筑面积为 120 m^2，且同一时间的作业人数为 12 人

D. 二层戊类厂房，每层建筑面积为 500 m^2，且同一时间的作业人数为 25 人

51. 消防电梯是火灾情况下，运送消防器材和消防人员的专用消防设施。对消防电梯进行检查时，不符合规范要求的设置是（　　）。

A. 每层楼划分为四个防火分区，每个防火分区设置一部消防电梯

B. 消防电梯井设置了排水设施，排水井的容量为 2.5 m^3，排水泵的排水量为 15 L/s

C. 消防电梯井与相邻电梯井之间采用耐火极限为 2.00 h 的防火墙隔开，隔墙上的门采用乙级防火门

D. 消防电梯从首层到顶层的运行时间为 52 s

52. 疏散走道是疏散时人员从房间门通行至疏散楼梯或者外部出口等安全出口的通道，通常作为火灾疏散时的第一安全通道。对某高层医疗建筑的疏散走道进行防火检查，下列设置不符合规范要求的是（　　）。

A. 单面布房的疏散走道净宽度为 1.2 m，双面布房的疏散走道净宽度为 1.4 m

B. 疏散走道内未设置阶梯、门槛、门垛

C. 疏散走道两侧隔墙的耐火极限为 1.00 h

D. 疏散走道地面为 B_1 级材料装修

53. 对某建筑高度为 260 m 的写字楼进行检查，其避难层设置不符合规范规定的是（　　）。

A. 从首层到第一个避难层之间的高度为 52 m，相邻避难层之间的高度为 48 m

B. 避难层设置直接对外的可开启窗口

C. 避难间位置靠近楼梯间并采用耐火极限不低于 2.00 h 的防火隔墙和甲级防火门与其他部位分隔

D. 避难间每个护理单元面积为 25 m^2

54. 检查建筑中供暖管道的敷设时，下列设置中不符合规范要求的是（　　）。

A. 供暖管道穿过面粉加工厂房，采用难燃材料隔热

B. 供暖管道温度为 120℃，与可燃物距离为 100 mm

C. 供暖管道温度为 90℃，与可燃物距离为 60 mm

D. 供暖管道穿过制氧车间，采用不燃材料隔热

55. 某高度为 20 m 的四层办公大楼，其外墙和屋面保温系统均采用 B_1 级的聚氨酯泡沫作为保温材料，对该保温系统进行检查时，其中防护层和隔离带设置正确的是（　　）。

A. 采用不燃材料制作的防护层，将保温材料完全包覆，防护层的首层厚度为 15 mm

B. 保温系统每层沿楼板位置设置不燃材料制作的水平防火隔离带，隔离带的设置高度为 200 mm

C. 外墙和屋面分隔处设置不燃材料制作的防火隔离带，宽度为 300 mm

D. 电气线路采取穿PVC管敷设在保温材料中

56. 建筑防爆是指对有爆炸危险的厂房或仓库，合理地考虑建筑的布局及平面布置，采取防爆泄压措施消除或减少可燃气体、易燃液体的蒸气或可燃粉尘的产生或积聚。在检查建筑的泄压设施时，下列设置不符合国家工程建设消防技术标准要求的是（　　）。

A. 泄压设施的设置避开人员密集场所和主要交通道路，并宜靠近有爆炸危险的部位

B. 有爆炸危险的甲、乙类厂房宜采用敞开或半敞开式，承重结构宜采用钢筋混凝土或钢框架、排架结构

C. 泄压设施的材质宜采用轻质屋面板、轻质墙体和易于泄压的门、窗等，并采用安全玻璃等在爆炸时不产生尖锐碎片的材料

D. 散发较空气比重大的可燃气体、可燃蒸气的甲类厂房，宜采用轻质屋面板作为泄压面积

57. 消防控制室是指挥火灾扑救，引导人员安全疏散的信息、指挥中心，是消防安全管理的核心场所。对消防控制室进行检查时，下列设置中不符合规范要求的是（　　）。

A. 消防控制室采用耐火极限不低于2.50 h的防火隔墙和耐火极限不低于1.50 h的楼板与其他部位分隔

B. 消防控制室设置在地下二层，地下二层地面与室外出入口地坪高差为9 m

C. 消防控制室的疏散门直通安全出口

D. 消防控制室开向建筑内的门为乙级防火门

58. 消防给水系统的维护管理是确保系统正常完好、有效使用的基本保障。对消防水源进行维护管理时，下列做法不符合要求的是（　　）。

A. 每季度监测市政给水管网的压力和供水能力

B. 每年对水井等地下水消防水源的常水位、最低水位、最高水位和出水量等进行一次测定

C. 消防水池（箱）玻璃水位计两端的角阀在不进行水位观察时应开启

D. 当结冰或室内温度低于5℃时，要采取确保不结冰和室温不低于5℃的措施

59. 对一些容易发生火灾或爆炸的厂房，防火检查中包括对供暖系统是否采用不循环使用的热风采暖的检查。下列厂房中，空气可以循环使用的是（　　）。

A. 电石生产车间　　B. 面粉加工车间

C. 氢化钠生产车间　　D. 棉花加工车间

60. 在某高层写字楼的施工工地，安装室外消防水泵接合器的过程中，下列做法不符合规范要求的是（　　）。

A. 对组装式水泵接合器进行安装时，施工人员应按接口、本体、连接管、安全阀、止回阀、放空管、控制阀的顺序进行

B. 地下水泵接合器井盖的半径为0.3 m，进水口与井盖底面的距离为0.4 m

C. 水泵接合器接口的位置应方便操作，安装在便于消防车接近的人行道或非机动车行

驶地段，距离消防水池 20 m

D. 地下水泵接合器井盖应采用铸铁井盖，并铸有“消防水泵接合器”标志

61. 对某大型工厂进行防火检查，发现的下列火灾隐患中，可以直接判定为重大火灾隐患的是（　　）。

A. 室外消防给水系统消防泵损坏

B. 将氨压缩机房设置在厂房的地下一层

C. 在主厂房边的消防车道上堆满了货物

D. 在 2 号车间与 3 号车间之间的防火间距空地搭建了一个临时仓库

62. 某公共建筑内设置喷头 1 000 只，根据《自动喷水灭火系统施工及验收规范》（GB 50261），对喷淋系统进行验收时，应对现场安装的喷头规格、安装间距分别进行抽查，抽查的喷头数量应分别为（　　）。

A. 20 只、10 只　　B. 100 只、50 只

C. 25 只、10 只　　D. 50 只、25 只

63. 某城市全年最小频率风向为东北风。该市的一个大型化工企业内设有甲醇储罐区，均为地上固定顶储罐。储罐直径 20 m、容量 5 000 m^3。防火堤内不包括储罐占地的净面积为 5 000 m^2。下列防火检查中，不符合《建筑设计防火规范》（GB 50016）的是（　　）。

A. 锅炉房位于甲醇储罐区西南侧，两者之间的防火间距为 55 m

B. 甲醇储罐之间的防火间距为 12.5 m

C. 罐区周围的环形消防车道有 3% 的坡度，且上空有架空管道，距车道净空高度为 5 m

D. 甲醇储罐区防火堤高度为 1.1 m

64. 在对某高层多功能组合建筑进行防火检查时，查阅资料得知该建筑耐火等级为一级，十层至顶层为普通办公用房，九层及以下为培训、娱乐、商业等功能用房，防火分区划分符合规范要求。该建筑的下列做法中，不符合现行国家消防技术标准的是（　　）。

A. 消防水泵房设于地下二层，其室内地面与室外出入口地坪高差为 10 m

B. 常压燃气锅炉房布置在主楼屋面上，使用管道天然气作燃料，距离通向屋面的安全出口 10 m

C. 裙楼五层的歌舞厅，各厅室的建筑面积均小于 200 m^2，与其他区域共用安全出口

D. 主楼六层设有儿童早教培训班，设有独立的安全出口

65. 下列检查项目中，不属于推车式干粉灭火器进场检查项目的是（　　）。

A. 间歇喷射机构　　B. 筒体

C. 灭火器结构　　D. 行驶机构

66. 下列设施中，不属于消防车取水用的设施是（　　）。

A. 水泵接合器　　B. 市政消火栓

C. 消防水池　　D. 消防水鹤

67. 消防设施检测机构的人员对某建筑内火灾自动报警系统进行检测时，对在宽度小于 3 m 的内走道顶棚上安装的点型感烟火灾探测器进行检查。下列检测结果中，符合现行国家消防技术标准要求的是（　　）。

A. 探测器的安装间距为 16 m　　B. 探测器至端墙的距离为 8 m
C. 探测器的安装间距为 14 m　　D. 探测器至端墙的距离为 10 m

68. 对大型地下商业建筑进行防火检查时，发现下沉式广场防风雨棚的做法中，错误的是（　　）。

A. 防风雨棚四周开口部位均匀布置
B. 防风雨棚开口高度为 0.8 m
C. 防风雨棚开口的面积为该空间地面面积的 25%
D. 防风雨棚开口位置设置百叶，有效排烟面积为开口面积的 60%

69. 某消防工程施工单位对自动喷水灭火系统闭式喷头进行密封性能试验。下列试验压力和保压时间的做法中，正确的是（　　）。

A. 试验压力 2.0 MPa，保压时间 5 min
B. 试验压力 3.0 MPa，保压时间 1 min
C. 试验压力 3.0 MPa，保压时间 3 min
D. 试验压力 2.0 MPa，保压时间 2 min

70. 泡沫灭火系统的组件进入工地后，应对其进行现场检查。下列检查项目中，不属于泡沫产生器现场检查项目的是（　　）。

A. 严密性试验　　B. 表面保护涂层　　C. 机械性损伤　　D. 产品性能参数

71. 对建筑内的消防应急照明和疏散指示系统应定期进行维护保养。根据《建筑消防设施的维护管理》（GB 25201），下列检测内容中，不属于消防应急照明系统检测内容的是（　　）。

A. 测试应急电源供电时间
B. 测量应急灯具照度、电源切换、充电、放电功能
C. 切断非消防电源
D. 通过报警联动，检查应急灯具自动投入功能

72. 关于消防安全管理人及其职责的说法，错误的是（　　）。

A. 消防安全管理人应是单位中负有一定领导职责和权限的人员
B. 消防安全管理人应负责拟订年度消防工作计划，组织制定消防安全制度
C. 消防安全管理人应每日测试主要消防设施功能并及时排除故障
D. 消防安全管理人应组织实施防火检查和火灾隐患整改工作

73. 某消防技术服务机构中，甲、乙、丙、丁 4 人申请参加一级注册消防工程师资格考试。根据各人学历和工作资历，4 人中不符合一级注册消防工程师资格考试报名条件的是（　　）。

A. 甲取得消防工程相关专业双学士学位，工作满 5 年，其中从事消防安全技术工作满 3 年

B. 丁取得其他专业硕士学位，工作满 3 年，其中从事消防安全技术工作满 2 年

C. 乙取得消防工程专业本科学历，工作满 4 年，其中从事消防安全技术工作满 3 年

D. 丙取得消防工程专业硕士学位，工作满 2 年，其中从事消防安全技术工作满 1 年

74. 某消防工程施工单位分别以自动、手动方式对处于自动控制状态下的水喷雾灭火系统进行联动试验，下列试验次数最少且符合现行国家标准要求的是（　　）。

A. 自动 2 次，手动 2 次　　B. 自动 3 次，手动 2 次

C. 自动 2 次，手动 3 次　　D. 自动 3 次，手动 3 次

75. 某 5 层宾馆，中部有一个贯通各层的中庭。在二至五层的中庭四周采用防火卷帘与其他部位分隔，首层中庭未设置防火分隔措施；其他区域划分若干防火分区，防火分区面积符合规范要求。下列检查结果中，不符合现行国家消防技术标准的是（　　）。

A. 中庭区域火灾自动信号确认后，中庭四周的防火卷帘直接下降到楼板面

B. 一层 A、B 两个防火分区之间防火分隔部位的宽度为 25 m，使用防火墙和 10 m 宽的防火卷帘作为防火分隔物

C. 各分区之间的防火卷帘在切断电源后能依靠其自重下降，但不能自动上升

D. 二层 C、D 两个防火分区之间防火分隔部位的宽度为 40 m，使用防火墙和 15 m 宽的防火卷帘作为防火分隔物

76. 根据《消防给水及消火栓系统技术规范》（GB 50974），干式消火栓系统允许的最大充水时间是（　　）min。

A. 5　　B. 10　　C. 2　　D. 3

77. 某公司拟在一体育馆举办大型周年庆典活动，根据相关要求成立了活动领导小组，并安排公司的一名副经理担任疏散引导组的组长。根据相关规定，疏散引导组职责中不包括（　　）。

A. 熟悉体育馆所在安全通道、出口的位置

B. 在每个安全出口设置工作人员，确保通道、出口畅通

C. 安排人员在发生火灾的第一时间引导参加活动的人员从最近的安全出口疏散

D. 进行灭火和应急疏散预案的演练

78. 某大型商场制定了消防应急预案，内容包括初起火灾处置程序和措施。下列处置程序和措施中，错误的是（　　）。

A. 发现火灾时，起火部位现场员工应当于 3 min 内形成灭火第一战斗力量

B. 发现火灾时，应立即拨打“119”电话报警

C. 发现火灾时，安全出口或通道附近的员工应在第一时间负责引导人员进行疏散

D. 发现火灾时，消火栓附近的员工应立即利用消火栓灭火

79. 对干粉灭火系统进行维护管理时，下列检查项目中属于每月检查一次的项目是

（　　）。

A. 驱动气体储瓶充装量　　B. 启动气体储瓶压力

C. 灭火控制器运行情况　　D. 管网、支架及喷放组件

80. 关于基层墙体与装饰层之间无空腔的建筑外墙外保温系统的做法中，不符合现行国家消防技术标准的是（　　）。

A. 建筑高度为 18 m 的大学教学楼，保温系统采用燃烧性能等级为 B_1 级的保温材料

B. 建筑高度为 54 m 的底层设置商业服务网点的住宅，保温系统采用燃烧性能等级为 B_1 级的保温材料

C. 建筑高度为 50 m 的办公楼，保温系统采用燃烧性能等级为 B_1 级的保温材料

D. 建筑高度为 24 m 的办公楼，保温系统采用燃烧性能等级为 B_2 级的保温材料

二、多项选择题（共 20 题，每题 2 分。每题的备选项中，有 2 个或 2 个以上符合题意，至少有 1 个错项。错选，本题不得分；少选，所选的每个选项得 0.5 分）

81. 根据现行国家消防技术标准，对投入使用的自动喷水灭火系统需要每月进行检查维护的内容有（　　）。

A. 对控制阀门的铅封、锁链进行检查

B. 消防水泵启动运转

C. 对水源控制阀、报警阀组进行外观检查

D. 利用末端试水装置对水流指示器进行试验

E. 检查电磁阀并启动实验

82. 对某厂的谷物碾磨车间进行防火检查，查阅资料得知，该车间耐火等级为一级防火分区划分，符合规范要求。该车间的下列做法中，符合现行国家消防技术标准要求的有（　　）。

A. 配电站设于厂内的一层，采用防火墙和耐火极限为 1.50 h 的楼板与其他区域分隔墙上的门为甲级防火门

B. 位于厂房三层的运行调度监控室采用防火墙和耐火极限为 1.50 h 的楼板与其他部分分隔，且设有独立使用的防烟楼梯间

C. 车间办公室贴邻厂房外墙设置，采用耐火极限为 4.00 h 的防火墙与厂房分隔，并设有独立的安全出口

D. 设置在一层的产品临时存放仓库单独划分防火分区

E. 位于二层的饲料添加剂仓库（丙类）采用防火墙和耐火极限为 1.50 h 的楼板与其他部位分隔，墙上的门为甲级防火门

83. 下列安全出口的检查结果中，符合现行国家消防技术标准的有（　　）。

A. 防烟楼梯间在首层直接对外的出口门采用向外开启的安全玻璃门

B. 服装厂房设置的封闭楼梯间各层均采用常闭式乙级防火门，并向楼梯间开启

C. 多层办公楼封闭楼梯间的入口门采用常开的乙级防火门，并有自行关闭和信号反馈功能

D. 室外地坪标高 –0.1 m、室内地坪标高 –10.0 m 的地下二层建筑，其疏散楼梯采用封闭楼梯

E. 高层宾馆中连接一字形内走道的 2 个防烟楼梯间前室的入口中心线之间的距离为 60 m

84. 多个建筑的防火检查中发现存在火灾隐患，根据重大火灾隐患综合判定规则，下列火灾隐患中可以直接判定为重大火灾隐患的是（　　）。

A. 乙类仓库设置在建筑的地下室

B. 人员密集的居住场所采用彩钢夹芯板搭建，且彩钢夹芯板芯材的燃烧性能等级为 B_1 级

C. 地下人员密集场所的安全出口总净宽度为国家工程建设消防技术标准规定值的 78%

D. 高层宾馆未设置自动喷水灭火系统

E. 消防用电设备末端不能自动切换

85. 某五星级酒店拟进行应急预案演练，在应急预案演练保障方面，酒店拟从人员、经费、场地、物质和器材等各方面都给予保障，在物质和器材方面，酒店应提供（　　）。

A. 信息材料

B. 建筑模型

C. 应急抢险物资

D. 录音摄像设备

E. 通信器材

86. 根据《建筑消防设施的维护管理》（GB 25201），对火灾自动报警系统报警器的检测内容主要包括（　　）。

A. 联动控制器及控制模块的手动、自动联动控制功能

B. 火灾显示盘和 CRT 显示器的报警、显示功能

C. 火警报警、故障报警、火灾优先功能

D. 自检、消音、复位功能

E. 打印机打印功能

87. 某施工单位对学校报告厅进行内部装修，其中吊顶采用轻钢龙骨纸面石膏板，地面铺设地毯，墙面采用不同装修材料进行分层装修。关于该报告厅内部装饰的说法，正确的有（　　）。

A. 燃烧性能等级达到 B_1 级的纸面石膏板安装在钢龙骨上时，可作为 A 级材料使用

B. 复合型装修材料应交专业检测机构进行整体测试，确定燃烧性能等级

C. 墙面分层装修材料除表面层的燃烧性能等级应符合规范要求，其余各层的燃烧性能等级可不限

D. 地毯应使用阻燃制品，并应加贴阻燃标识

E. 进入施工现场的装修材料应按要求填写进场验收记录

88. 下列防火分隔措施的检查结果中，不符合现行国家消防技术标准的有（　　）。

A. 铝合金轮毂抛光厂房采用 3.00 h 耐火极限的防火墙划分防火分区

B. 电石仓库采用 3.00 h 耐火极限的防火墙划分防火分区

C. 高层宾馆防火墙两侧的窗采用乙级防火窗，窗洞之间最近边缘的水平距离为 1.0 m

D. 烟草成品库采用 3.00 h 耐火极限的防火墙划分防火分区

E. 通风机房开向建筑内的门采用甲级防火门，消防控制室开向建筑内的门采用乙级防火门

89. 对某一类高层宾馆进行防火检查，查阅资料得知，该宾馆每层划分为 2 个防火分区，符合规范要求。下列检查结果中，不符合现行国家消防技术标准的有（　　）。

A. 设有 3 台消防电梯，一个防火分区 2 台，另一个防火分区只有 1 台

B. 消防电梯前室的建筑面积为 6 m^2，与防烟楼梯间合用前室的建筑面积为 10 m^2

C. 消防电梯能够停靠每个楼层

D. 消防电梯从首层到顶层的运行时间为 59 s

E. 兼作客梯用的消防电梯，其前室门采用耐火极限满足耐火完整性和耐火隔热性判定条件的防火卷帘

90. 对某公共建筑火灾自动报警系统的控制器进行功能检查，下列检查结果中，符合现行国家消防技术标准要求的有（　　）。

A. 使控制器与探测器之间的连线短路，控制器在 80 s 时发出故障信号

B. 使控制器与探测器之间的连线短路，控制器在 120 s 时发出故障信号

C. 在故障状态下，使一非故障部位的探测器发出火灾报警信号，控制器在 50 s 时发出火灾报警信号

D. 在故障状态下，使一非故障部位的探测器发出火灾报警信号，控制器在 70 s 时发出火灾报警信号

E. 使控制器与备用电源之间的连线短路，控制器在 90 s 时发出故障报警信号

91. 对某民用建筑设置的消防水泵进行验收检查，根据《消防给水及消火栓系统技术规范》（GB 50974），关于消防水泵验收要求的做法，正确的有（　　）。

A. 消防水泵应采用自灌式引水方式，并应保证全部有效储水被有效利用

B. 消防水泵就地和远程启停功能应正常

C. 打开消防水泵出水管上试水阀，当采用主电源启动消防水泵时，消防水泵应启动正常

D. 消防水泵启动控制应置于自动启动挡

E. 消防水泵停泵时，水锤消除设施后的压力不应超过水泵出口设计工作压力的 1.6 倍

92. 关于疏散楼梯最小净宽度的说法，符合现行国家技术标准的有（　　）。

A. 除规范另有规定外，多层公共建筑疏散楼梯的净宽度不应小于 1.0 m

B. 汽车库疏散楼梯的最小净宽度不应小于 1.1 m

C. 高层病房楼疏散楼梯的净宽度不应小于 1.3 m

D. 高层办公建筑疏散楼梯的净宽度不应小于 1.4 m

E. 人防工程中商场疏散楼梯的净宽度不应小于 1.2 m

93. 某服装加工厂，室内消防采用临时高压消防给水系统联合供水，稳压泵稳压，系统设计流量为 57.00 L/s，室外供水干管采用 *DN*200 mm 球墨铸铁管，埋地敷设，长度为 2 000 m。消防检测机构现场检测结果为：室外管网漏水率为 2.40 L/（min · km），室内管网部分漏水量为 0.20 L/s，该系统管网总泄漏量计算和稳压泵设计流量正确的有（　　）。

A. 管网泄漏量 0.28 L/s，稳压泵设计流量 1.00 L/s

B. 管网泄漏量 0.20 L/s，稳压泵设计流量 0.28 L/s

C. 管网泄漏量 0.28 L/s，稳压泵设计流量 1.28 L/s

D. 管网泄漏量 0.20 L/s，稳压泵设计流量 1.00 L/s

E. 管网泄漏量 0.28 L/s，稳压泵设计流量 0.50 L/s

94. 在自动喷水灭火系统设备和组件安装完成后应对系统进行调试。根据《自动喷水灭火系统施工及验收规范》（GB 50261），系统调试主控项目应包括的内容有（　　）。

A. 水源测试

B. 消防水泵调试

C. 排水设施调试

D. 电动阀调试

E. 稳压泵调试

95. 根据《建筑灭火器配置验收及检查规范》（GB 50444），下列灭火器中，应报废的有（　　）。

A. 筒体表面有严重变形

B. 出厂期满 2 年首次维修后，4 年内又维修 2 次的干粉灭火器

C. 出厂满 10 年的二氧化碳灭火器

D. 筒体外部涂层脱落面积大于筒体总面积的 1/3

E. 1211 灭火器

96. 在进行建筑消防安全评估时，关于疏散时间的说法正确的有（　　）。

A. 疏散开始时间是指从起火到开始疏散的时间

B. 疏散行动时间是指从疏散开始至疏散到安全地点的时间

C. 与疏散相关的火灾探测时间可以采用喷头动作的时间

D. 疏散准备时间与通知人们疏散的方式有较大关系

E. 疏散开始时间不包括火灾探测时间

97. 消防设施检测机构对某建筑的机械排烟系统进行检测时，打开排烟阀，消防控制室接到风机启动的反馈信号，现场测量，排烟口入口处排烟风速过低。排烟口风速过低的可能原因有（　　）。

A. 风机反转

B. 风道阻力过大

C. 风口尺寸偏小

D. 风机位置不当

E. 风道漏风量过大

98. 根据《火灾自动报警系统施工及验收规范》（GB 50166），下列火灾自动报警系统的功能中，应每季度检查和试验的有（　　）。

A. 分期分批试验探测器的动作及确认灯显示功能

B. 试验火灾警报装置的声光显示功能

C. 试验主、备用电源自动切换功能

D. 试验非消防电源强制切断功能

E. 试验相关消防控制设备的控制显示功能

99. 某设计院对有爆炸危险的甲类厂房进行设计。下列防爆设计方案中，符合《建筑设计防火规范》（GB 50016）的有（　　）。

A. 厂房承重结构采用钢筋混凝土结构

B. 厂房的总控制室独立设置

C. 厂房的地面采用不发火花地面

D. 厂房的分控制室贴邻厂房外墙设置，并采用耐火极限不低于 3.00 h 的防火隔墙与其他部位分隔

E. 厂房利用门窗作为泄压设施，窗玻璃采用普通玻璃

100. 某单位的图书馆书库采用无管网七氟丙烷气体灭火装置进行防护，委托消防检测机构对该气体灭火系统进行检测。下列检测结果中，符合现行国家消防技术标准要求的有（　　）。

A. 系统仅设置自动控制和手动控制两种启动方式

B. 防护区门口未设手动与自动控制的转换装置

C. 防护区内设置 10 台预制灭火装置

D. 气体灭火系统采用自动控制方式

E. 储存容器的充装压力为 4.2 MPa

消防安全技术综合能力
模拟测试（二）

一、单项选择题（共 80 题，每题 1 分。每题的备选项中，只有 1 个最符合题意）

1. 某歌舞厅的经理擅自将消防机构查封的娱乐厅拆封后继续营业。当地消防支队接到群众举报后即派员到场核查。查后，确认情况属实，并认定该行为造成的危害后果较轻，根据《中华人民共和国消防法》，下列处罚决定中，正确的是（　　）。

A. 对该歌舞厅法定代表人处 3 日拘留，并处 500 元罚款

B. 对该歌舞厅经理处 3 日拘留，并处 500 元罚款

C. 对该歌舞厅经理处 10 日拘留，并处 300 元罚款

D. 对该歌舞厅经理处 500 元罚款

2. 某消防设施检测机构在某建设工程机械排烟系统未完成施工的情况下出具了检测结果为合格的“建筑消防设施检测报告”。根据《中华人民共和国消防法》，对该消防设施检查机构直接负责的主管人员和其他直接责任人员应予以处罚，下列罚款处罚中，正确的是（　　）。

A. 5 000 元以上 1 万元以下罚款

B. 1 万元以上 5 万元以下罚款

C. 5 万元以上 10 万元以下罚款

D. 10 万元以上 20 万元以下罚款

3. 根据《中华人民共和国刑法》的有关规定，下列事故中，应按重大责任事故罪予以立案追诉的是（　　）。

A. 违反消防管理法规，经消防监督机构通知采取改正措施而拒绝执行，导致发生死亡 2 人的火灾事故

B. 在生产、作业中违反有关安全管理的规定，导致发生重伤 4 人的事故

C. 强令他人违章冒险作业，导致发生直接经济损失 60 万元的事故

D. 安全生产设施不符合国家规定，导致发生重伤 2 人的事故

4. 老张从部队转业后，准备个人出资创办一家消防安全专业培训机构，面向社会从事消防安全专业培训，他应当经（　　）或者人力资源和社会保障部门依法批准，并向同级民政部门申请民办非企业单位登记。

A. 省级教育行政部门

B. 省级消防机构

C. 地市级教育行政部门

D. 地市级消防机构

5. 对某高层宾馆建筑的室内装修工程进行现场检查，下列检查结果中，不符合现行国家消防技术标准的是（　　）。

A. 客房吊顶采用轻钢龙骨石膏板

B. 窗帘采用普通布艺材料制作

C. 疏散走道两侧的墙面采用大理石

D. 防火门的表面贴了彩色阻燃人造板，门框和门的规格尺寸未减小

6. 对某多层住宅建筑外墙保温及装饰工程施工现场进行检查，发现该建筑外保温材料按设计采用了燃烧性能等级为 B_1 级的保温材料。下列对外保温系统施工的做法中，错误的是（　　）。

A. 外保温系统表面防护层使用不燃材料

B. 在外保温系统中每层沿楼板位置设置不燃材料制作的水平防火隔离带

C. 外保温系统防护层将保温材料完全包覆，防护层厚度为 15 mm

D. 外保温系统中设置的水平防火隔离带的高度为 200 mm

7. 某消防设施检测机构的人员在对某商场的自动喷水灭火系统进行检测时，打开系统末端试水装置，在达到规定流量时水流指示器不动作。下列故障原因中可以排除的是（　　）。

A. 桨片被管腔内杂物卡阻

B. 调整螺母与触头未调试到位

C. 报警阀前端的水源控制阀未完全打开

D. 连接水流指示器的电路线脱落

8. 某消防工程施工单位的人员在细水雾灭火系统调试过程中，对系统的泵组进行调试。根据《细水雾灭火系统技术规范》（GB 50898），下列泵组调试结果中，不符合要求的是（　　）。

A. 以自动方式启动泵组时，泵组立即投入运行

B. 以备用电源切换方式切换启动泵组时，泵组 10 s 投入运行

C. 采用柴油泵作为备用泵时，柴油泵的启动时间为 5 s

D. 控制柜进行空载和加载控制调试时，控制柜正常动作和显示

9. 某氯酸钾厂房通风、空调系统的下列做法中，不符合现行国家消防技术标准的是（　　）。

A. 通风设施设置导除静电的接地装置

B. 排风系统采用防爆型通风设备

C. 厂房内的空气在循环使用前经过净化处理，并使空气中的含尘浓度低于其爆炸下限的 25%

D. 厂房内选用不发生火花的除尘器

10. 某多层丙类仓库，采用预应力钢筋混凝土楼板，耐火极限为 0.85 h；钢结构屋顶

承重构件采用防火涂料保护，耐火极限为 0.90 h；吊顶采用轻钢龙骨石膏板，耐火极限为 0.15 h；外墙采用难燃性墙体，耐火极限为 0.50 h；仓库内设有自动喷水灭火系统。该仓库的下列构件中，不满足二级耐火等级建筑要求的是（　　）。

A. 预应力混凝土楼板　　B. 钢结构屋顶承重构件

C. 轻钢龙骨石膏板吊顶　　D. 难燃性外墙

11. 在对某一类高层商业综合体进行检查时，查阅资料得知，该楼地上共 6 层，每层划分为 12 个防火分区，符合规范要求。该综合体外部的下列消防救援设施设置的做法中，不符合现行国家消防技术标准要求的是（　　）。

A. 由于该综合体外立面无窗，故在二至六层北侧外墙上每个防火分区分别设置 2 个消防救援窗口

B. 仅在该楼的北侧沿长边连续布置宽度为 12 m 的消防车登高操作场地

C. 消防车登高操作场地内侧与该商业综合体外墙之间的最近距离为 9 m

D. 建筑物与消防车登高操作场地相对应范围内有 6 个直通室内防烟楼梯间的入口

12. 关于大型商业综合体消防设施施工前需具备的基本条件的说法中，错误的是（　　）。

A. 消防工程设计文件经建设单位批准

B. 消防设施设备及材料有符合市场准入制度的有效证明及产品出厂合格证书

C. 施工现场的水、电能够满足连续施工的要求

D. 与消防设施相关的基础、预埋件和预置孔洞等符合设计要求

13. 某在建工程，单体体积为 35 000 m^3，设计建筑高度为 23.5 m，临时用房建筑面积为 1 200 m^2，设置了临时室内、室外消防给水系统。该建设工程施工现场临时消防设施设置的做法中，不符合现行国家消防技术标准要求的是（　　）。

A. 临时室外消防给水干管的管径采用 *DN*100 mm

B. 设置了 2 根室内临时消防竖管

C. 每个室内消火栓处只设置接口，未设置消防水带和消防水枪

D. 在建工程临时室外消防用水量全按火灾延续时间 1.00 h 确定

14. 下列设备和设施中，属于临时高压消防给水系统构成必需的设备设施是（　　）。

A. 消防稳压泵　　B. 消防水泵

C. 消防水池　　D. 市政管网

15. 关于高层办公楼疏散楼梯设置的说法中，错误的是（　　）。

A. 疏散楼梯间内不得设置烧水间、可燃材料储存室、垃圾道

B. 疏散楼梯间内不得设有影响疏散的凸出物或其他障碍物

C. 疏散楼梯间必须靠外墙设置并开设外窗

D. 公共建筑的疏散楼梯间不得敷设可燃气体管道

16. 某七氟丙烷气体灭火系统防护区的灭火剂储存容器，在 20 ℃时容器内压力为

2.5 MPa，50℃时的容器内压力为 4.2 MPa，对该防护区灭火剂输送管道采用气压强度试验代替水压强度试验时，最小试验压力应为（　　）MPa。

A. 4.83　　B. 3.75　　C. 4.62　　D. 6.3

17. 干式自动喷水灭火系统和预作用自动喷水灭火系统的配水管道上应设（　　）。

A. 压力开关　　B. 报警阀组　　C. 快速排气阀　　D. 过滤器

18. 关于气体灭火系统维护管理周期检查项目的说法，错误的是（　　）。

A. 每日应检查低压二氧化碳储存装置的运行情况和储存装置间的设备状态

B. 每月应检查预制灭火系统的设备状态和运行状况

C. 每年应对选定的防护区进行 1 次模拟启动试验

D. 每月应检查低压二氧化碳灭火系统储存装置的液位计

19. 进行区域火灾风险评估时，在明确火灾风险评估目的和内容的基础上，应进行信息采集，重点收集与区域安全相关的信息。下列信息中，不属于区域火灾风险评估时应重点采集的信息是（　　）。

A. 区域内人口概况　　B. 区域的环保概况

C. 消防安全规章制度　　D. 区域内经济概况

20. 在防烟排烟系统中，系统组件在正常工作状态下的启闭状态是不同的，关于防烟排烟系统组件启闭状态的说法中，正确的是（　　）。

A. 加压送风口既有常开式，也有常闭式

B. 排烟防火阀及排烟阀平时均呈开启状态

C. 排烟防火阀及排烟阀平时均呈关闭状态

D. 自垂百叶式加压送风口平时呈开启状态

21. 下列建筑防烟排烟系统周期性检查维护项目中，不属于每月检查项目的是（　　）。

A. 风机流量压力性能测试　　B. 排烟风机手动启停

C. 挡烟垂壁启动复位　　D. 排烟风机自动启动

22. 下列避难走道的防火检查结果中，不符合现行国家消防技术标准的是（　　）。

A. 避难走道采用耐火极限为 3.00 h 的防火墙和耐火极限为 2.50 h 的楼板与其他区域进行分隔

B. 最远防火分区通向避难走道的门至该避难走道最近直通地面的出口的距离为 39 m

C. 使用人数最多的防火分区通向与其连接的避难走道的 2 个门净宽度均为 1.6 m，避难走道的净宽度均为 3.50 m

D. 防火分区开向避难走道前室的门采用乙级防火门，前室开向避难走道的门采用甲级防火门

23. 某三层内廊式办公楼，建筑高度为 12.5 m，三级耐火等级，设置自动喷水灭火系统，每层建筑面积为 1 400 m^2，有 2 部采用双向弹簧门的封闭式楼梯间。该办公楼每层一

个防火分区的最大建筑面积为（　　）m^2。

A. 1 200　　B. 2 400　　C. 2 800　　D. 1 400

24. 根据《消防给水及消火栓系统技术规范》（GB 50974），对室内消火栓应（　　）进行一次外观和漏水检查，发现存在问题的消火栓应及时修复或更换。

A. 每季度　　B. 每月　　C. 每半年　　D. 每年

25. 在建工程施工过程中，施工现场的消防安全负责人应定期组织消防安全管理人员对施工现场的消防安全进行检查。施工现场定期防火检查内容不包括（　　）。

A. 防火巡查是否记录　　B. 动火作业的防火措施是否落实

C. 临时消防设施是否有效　　D. 临时消防车道是否畅通

26. 对建筑进行火灾风险评估时，应确定评估对象可能面临的火灾风险。关于火灾风险识别的说法中，错误的是（　　）。

A. 查找火灾风险来源的过程称为火灾风险识别

B. 火灾风险识别是开展火灾风险评估工作所必需的基础环节

C. 消防安全措施有效性分析包括专业队伍扑救能力

D. 衡量火灾风险的高低主要考虑起火概率大小

27. 某化工企业的立式甲醇储罐采用液上喷射低倍数泡沫灭火系统，某消防设施检测机构对该系统进行检测。下列检测结果中，不符合现行国家消防技术标准要求的是（　　）。

A. 泡沫泵启动 3.1 min 后，泡沫产生器喷出泡沫

B. 自动喷泡沫试验，喷射泡沫时间为 1 min

C. 泡沫混合液的发泡倍数为 10 倍

D. 泡沫液选用水成膜泡沫液

28. 某省政府机关办公大楼建筑高度为 31.8 m，大楼地下一层设柴油发电机作为备用电源，市政供电中断时柴油发电机自动启动。根据《建筑设计防火规范》（GB 50016），市政供电中断时，自备发电机最迟应在（　　）s 内正常供电。

A. 30　　B. 10　　C. 20　　D. 60

29. 下列甲醇生产车间内电线、导线的选型及敷设的做法中，不符合现行国家消防技术标准要求的是（　　）。

A. 低压电力线路绝缘导线的额定电压等于工作电压

B. 在 1 区内的供电线路采用铝芯电线

C. 接线箱内的供配电线路采用无护套的电线

D. 电气线路在较高处敷设

30. 根据《社会消防安全教育培训规定》，关于单位消防安全培训的主要内容和形式的说法，错误的是（　　）。

A. 各单位应对新上岗和进入新岗位的职工进行上岗前消防安全培训

B. 各单位应对在岗职工每年至少进行一次消防安全培训

C. 各单位至少每年组织一次灭火、应急疏散演练

D. 各单位职工应具备消除火灾隐患的能力、扑救初起火灾的能力、组织人员疏散逃生的能力

31. 某消防安全评估机构（二级资质）受某单位委托，对该单位的重大火灾隐患整改进行咨询指导，并出具了书面结论报告。根据《社会消防技术服务管理规定》，该评估机构超越了其资质许可范围从事社会消防技术服务活动，公安机关消防机构可对其处以（　　）的处罚。

A. 5 000元以上1万元以下罚款　　B. 1万元以上2万元以下罚款

C. 2万元以上3万元以下罚款　　D. 3万元以上5万元以下罚款

32. 对某医院的高层病房楼进行防火检查时，发现下列关于避难间的做法中，错误的是（　　）。

A. 在二层及以上的病房楼层设置避难间

B. 避难间靠近楼梯间设置，采用耐火极限为2.50 h的防火墙和甲级防火门与其他部位隔开

C. 每个避难间为2个护理单元服务

D. 每个避难间的建筑面积为25 m^2

33. 对某公共建筑排烟系统设置情况进行检查。下列检查结果中，不符合现行国家消防技术标准要求的是（　　）。

A. 地下一层长度为20 m的疏散走道未设置排烟设施

B. 地下一层1个50 m^2的仓库内未设置排烟设施

C. 四层1个50 m^2的会议室内未设置排烟设施

D. 四层1个50 m^2的游戏室内未设置排烟设施

34. 某单层白酒仓库，占地面积900 m^2。库房内未进行防火分隔，未设置自动灭火和火灾自动报警设施，储存陶坛装酒精度为38°及以上的白酒。防火检查时提出的下列防火分区的处理措施中正确的是（　　）。

A. 将该仓库作为一个防火分区，同时设置自动灭火系统和火灾自动报警系统

B. 将该仓库用耐火极限为4.00 h的防火墙平均分成4个防火分区，并设置火灾自动报警系统

C. 将该仓库用耐火极限为3.00 h且满足耐火完整性和耐火隔热性判定条件的防火卷帘划分为5个防火分区，最大防火分区面积不超过200 m^2

D. 将该仓库用耐火极限为4.00 h的防火墙平均分成2个防火分区，并设置火灾自动灭火系统

35. 某消防工程施工单位对消火栓系统进行施工前的进场检验，根据《消防给水及消

火栓系统技术规范》（GB 50974），关于消火栓固定接口密封性能现场试验的说法中，正确的是（　　）。

A. 试验数量宜从每批中抽查 1%，但不应少于 3 个

B. 当仅有 1 个不合格时，应再抽查 2%，但不应少于 10 个

C. 应缓慢而均匀地升压至 1.6 MPa，并应保压 1 min

D. 当第二次抽查仍有不合格时，应继续进行批量抽查，抽查数量按前次递增

36. 下列疏散出口的检查结果中，不符合现行国家消防技术标准的是（　　）。

A. 容纳 200 人的观众厅，其两个外开疏散门的净宽度均为 1.2 m

B. 教学楼内位于两个安全出口之间的建筑面积为 55 m^2，使用人数为 45 人的教室设有 1 个净宽度为 1.0 m 的外开门

C. 单层的棉花储备仓库在外墙上设置净宽度为 4.0 m 的金属卷帘门作为疏散门

D. 建筑面积为 200 m^2 的房间，其相邻两个疏散门洞净宽度为 1.5 m，疏散门中心线之间的距离为 6.5 m

37. 下列一、二级耐火等级建筑的疏散走道和安全出口的检查结果中，不符合现行国家消防技术标准的是（　　）。

A. 容纳 4 500 人的单层体育馆，其室外疏散通道的净宽度为 3.50 m

B. 一座 2 层老年人公寓中，位于袋形走道两侧的房间疏散门至最近疏散楼梯间的直线距离为 18 m

C. 单元式住宅中公共疏散走道净宽度为 1.05 m

D. 采用敞开式外廊的多层办公楼中，从两个安全出口之间的疏散门至最近疏散楼梯间的直线距离为 40 m

38. 根据《建筑消防设施的维护管理》（GB 25201）的有关规定，在建筑消防设施维护管理时，应对自动喷水灭火系统进行巡查并填写“建筑消防设施巡查记录表”。下列不属于自动喷水灭火系统巡查记录内容的是（　　）。

A. 报警阀组外观、试验阀门状况、排水设施状况、压力显示值

B. 水流指示器外观及现场环境

C. 充气设备、排气设备及其控制装置

D. 系统末端试水装置外观及其现场环境

39. 根据《灭火器维修》（GA 95），下列零部件和灭火剂中，无须在每次维修灭火器时都更换的是（　　）。

A. 密封垫

B. 二氧化碳灭火器的超压安全膜片

C. 水基型灭火器的滤网

D. 水基型灭火剂

40. 注册消防工程师享有诸多权利，但享有的权利不包括（　　）。

A. 接受继续教育

B. 在规定范围内从事消防安全技术职业活动

C. 对侵犯本人权利的行为进行申诉

D. 不得允许他人以本人名义执业

41. 按照施工过程质量控制要求，消防给水系统安装前应对采用的主要设备、系统组件、管材管件及其他设备、材料进行现场检验。根据《消防给水及消火栓系统技术规范》（GB 50974），下列说法中，正确的是（　　）。

A. 流量开关应经相应国家产品质量监督检验中心检测合格

B. 消防水箱应经国家消防产品质量监督检验中心检测合格

C. 压力开关应经国家消防产品质量监督检验中心检测合格

D. 安全阀应经国家消防产品质量监督检验中心检测合格

42. 在对某化工厂的电解食盐车间进行防火检查时，查阅资料得知，该车间耐火等级为一级。该车间的下列做法中，不符合现行国家消防技术标准的是（　　）。

A. 丙类中间仓库设置在该车间的地上二层

B. 该车间生产线贯通地下一层到地上三层

C. 丙类中间仓库与其他部位的分隔墙为耐火极限 3.00 h 的防火墙

D. 丙类中间仓库无独立的安全出口

43. 某油库采用低倍数泡沫灭火系统。根据《泡沫灭火系统施工及验收规范》（GB 50281），下列检查项目中，不属于每月检查一次的项目是（　　）。

A. 系统管道清洗

B. 对储罐上的泡沫混合液立管清除锈渣

C. 泡沫喷头外观检查

D. 水源及水位指示装置检查

44. 防烟分区如果面积过大，会使烟气波及面积扩大，增加受灾面，不利于安全疏散和扑救；如果面积过小，不仅影响使用，还会提高工程造价。下列关于防烟分区划分的做法中，不符合国家相关技术标准要求的是（　　）。

A. 净空高度为 5 m 的商城，最大防烟分区的面积为 800 ㎡

B. 净空高度为 2.9 m 的办公楼，最大防烟分区的面积为 600 ㎡

C. 净空高度为 7 m 的丁类厂房，最大防烟分区的面积为 1 600 ㎡

D. 净空高度为 6 m 的会议室，最大防烟分区的面积为 1 000 ㎡

45. 在对某办公楼进行检查时，调阅图样资料得知，该楼为钢筋混凝土框架结构，柱、梁、楼板的设计耐火极限分别为 3.00 h、2.00 h、1.50 h，每层划分为 2 个防火分区。下列检查结果中，不符合现行国家消防技术标准的是（　　）。

A. 将内走廊上原设计的常闭式甲级防火门改为常开式甲级防火门

B. 将二层原设计的防火墙移至一层餐厅中部的次梁对应位置上，防火分区面积仍然符合规范要求

C. 将其中一个防火分区原设计活动式防火窗改为常闭式防火窗

D. 排烟防火阀处于开启状态，但能与火灾报警系统联动和现场手动关闭

46. 某学校宿舍长度为 40 m，宽度为 13 m，建筑层数 6 层，建筑高度 21 m，设有室内消火栓系统。宿舍楼每层设置 15 间宿舍，每间宿舍学生人数为 4 人。每层中间沿长度方向设 2 m 宽的走道。该楼每层灭火器布置做法中，符合《建筑灭火器配置设计规范》（GB 50140）要求的是（　　）。

A. 从距走道端部 5 m 处开始每 10 m 布置 1 具 MF/ABC5 灭火器

B. 在走道尽端各 5 m 处分别布置 2 具 MF/ABC4 灭火器

C. 在走道尽端各 5 m 处分别布置 2 具 MF/ABC5 灭火器

D. 从距走道端部 5 m 处开始每隔 10 m 布置 1 具 MS/Q6 灭火器

47. 单位在确定消防重点部位以后，应加强对消防重点部位的管理。下列管理措施中，不属于消防重点部位管理措施的是（　　）。

A. 制度管理　　B. 隐患管理　　C. 标识化管理　　D. 教育管理

48. 某消防检测机构对一单位设置的局部应用干粉灭火系统进行检测，关于保护对象环境及系统功能检查的下列结果中，不符合现行国家消防技术标准要求的是（　　）。

A. 喷射的干粉覆盖保护对象垂直投影面积的 120%

B. 可燃液体液面至容器缘口的距离为 155 mm

C. 保护对象周围的空气流动速度最大为 3 m/s

D. 干粉喷射时间为 60 s

49. 消防控制室应保存建筑竣工图样和与消防有关的纸质台账及电子资料。下列资料中，消防控制室可不予保存的是（　　）。

A. 消防设施施工调试记录　　B. 消防组织机构图

C. 消防重点部位位置图　　D. 消防安全培训记录

50. 消防安全重点单位“三项报告”备案制度中，不包括（　　）。

A. 消防安全管理人员报告备案　　B. 消防设施维护保养报告备案

C. 消防规章制度报告备案　　D. 消防安全自我评估报告备案

51. 某消防工程施工单位对自动喷水灭火系统的喷头进行安装前检查，根据《自动喷水灭火系统施工及验收规范》（GB 50261），关于喷头现场检验的说法中，错误的是（　　）。

A. 喷头螺纹密封面应无缺丝、断丝现象

B. 喷头商标、型号等标志应齐全

C. 每批应抽查 3 只喷头进行密封性能试验，且试验合格

D. 喷头外观应无加工缺陷和机械损伤

52. 某气体灭火系统储罐瓶内设有 6 只 150 L 七氟丙烷灭火剂储存容器，根据《气体灭火系统施工及验收规范》（GB 50263），各储存容器的高度差最大不宜超过（　　）mm。

A. 10　　B. 30　　C. 50　　D. 20

53. 根据现行国家消防技术标准，关于建筑内消防应急照明和疏散指示标志的检查结果中，不符合标准要求的是（　　）。

A. 人员密集场所安全出口标志设置在疏散门的正上方

B. 疏散走道内灯光疏散指示标志的间距为 19.5 m

C. 灯光疏散指示标志均设置在疏散走道的顶棚上

D. 袋形疏散走道内灯光疏散指示标志间距为 9 m

54. 某大型食品冷藏库独立建造一个氨制冷机房，该氨制冷机房应确定为（　　）。

A. 乙类厂房　　B. 乙类仓库　　C. 甲类厂房　　D. 甲类仓库

55. 各地在智慧消防建设过程中，积极推广应用城市消防远程监控系统。根据《城市消防远程监控系统技术规范》（GB 50440），下列系统和装置中，属于城市消防远程监控系统构成部分的是（　　）。

A. 火灾警报系统　　B. 火灾探测报警系统

C. 消防联动控制系统　　D. 用户信息传输装置

56. 某消防设施检测机构对建筑内火灾自动报警系统进行检测时，对手动火灾报警按钮进行检查。根据现行国家消防技术标准，关于手动火灾报警按钮安装的说法中，正确的是（　　）。

A. 墙上手动火灾报警按钮的底边距离楼面高度应为 1.5 m

B. 手动火灾报警按钮的连接导线的余量不应小于 150 mm

C. 墙上手动火灾报警按钮的底边距离楼面高度应为 1.7 m

D. 手动火灾报警按钮的连接导线的余量不应大于 100 mm

57. 消防设施检测机构对某单位的火灾报警系统进行验收前的检测。根据《火灾自动报警系统施工及验收规范》（GB 50166），该单位的下列做法中，错误的是（　　）。

A. 对消防电梯进行 2 次报警联动控制功能检验

B. 对自动喷水系统给水泵在消防控制室内进行 3 次远程启泵操作试验

C. 对防烟排烟风机进行 4 次报警联动启动试验

D. 对各类消防用电设备主、备用电源的自动转换进行 1 次转换试验

58. 某金属元件抛光车间的下列做法中，不符合规范要求的是（　　）。

A. 采用铜芯绝缘导线做配线

B. 导线的连接采用压接方式

C. 带电部件的接地干线有两处与接地体相连

D. 电气设备按潮湿环境选用

59. 某消防工程施工单位在调试自动喷水灭火系统时，使用压力表、流量计、秒表、声强计和观察检查的方法对雨淋阀组进行调试。根据《自动喷水灭火系统施工及验收规范》（GB 50261），关于雨淋阀调试的说法中，正确的是（　　）。

A. 自动和手动方式启动公称直径为 80 mm 的雨淋阀时，应在 15 s 内启动

B. 公称直径大于 200 mm 的雨淋阀调试时，应在 80 s 内启动

C. 公称直径大于 100 mm 的雨淋阀调试时，应在 30 s 内启动

D. 当报警水压为 0.15 MPa 时，雨淋阀的水力警铃应发出报警铃声

60. 某消防工程施工单位在消火栓系统安装结束后对系统进行调试。根据《消防给水及消火栓系统技术规范》（GB 50974），关于消火栓调试和测试的说法中，正确的是（　　）。

A. 只需测试一层消火栓的出流量、压力

B. 应根据试验消火栓的流量，检测减压阀的减压能力

C. 应在消防水泵启动后，检测消防水泵自动停泵的时间

D. 应检查旋转型消火栓的性能

61. 消防设施施工结束后，由建设单位组织设计、施工、监理等单位进行包括消防设施在内的建设工程竣工验收。消防设施竣工验收前，施工单位需要提交的竣工验收资料不包括（　　）。

A. 竣工验收申请报告

B. 消防设计审核意见书和设计变更通知书

C. 施工现场质量管理检查记录、施工过程质量管理检查记录以及工程质量事故处理报告

D. 施工许可证

62. 在雨淋报警阀组的安装检测过程中，不符合规范要求的是（　　）。

A. 雨淋报警阀组正面与墙的距离为 1.2 m

B. 雨淋报警阀组的安装在供水管网试压、冲洗合格后进行

C. 雨淋报警阀组可采用电动方式开启、传动管方式开启、手动方式开启

D. 报警阀组凸出部位之间的距离为 0.4 m

63. 对细水雾灭火系统进行水压试验时，不符合要求的做法是（　　）。

A. 环境温度不低于 5℃，当低于 5℃时，采取防冻措施，以确保水压试验正常进行

B. 试验压力为系统工作压力的 1.2 倍

C. 试验用水的水质与管道的冲洗水一致

D. 试验用水中氯离子含量不超过 25 mg/kg

64. 某办公大楼安装的自动喷水灭火系统的设计工作压力为 1.6 MPa，对此系统进行水压测试时，不符合要求的做法是（　　）。

A. 将水压强度试验的测试点选择在系统管网的最低点进行

B. 钢管试验时，试验压力选择为 2.0 MPa

C. 达到试验压力后，选择稳压 30 min，并观察管网的泄漏情况和变形情况

D. 水压严密性试验，安排在水压强度试验后进行，达到试验压力后稳压 10 h

65. 对某商城已安装完毕的自动喷水灭火系统进行检测与验收，在距离水力警铃 3 m 处对铃声强度进行检测，该强度值不应小于（　　）dB。

A. 40　　B. 50　　C. 60　　D. 70

66. 对某建筑高度为 55 m 的高层宾馆进行检查时，不符合规范要求的设置是（　　）。

A. 宾馆双面布房疏散走道的最小净宽度为 1.4 m

B. 宾馆单面布房疏散走道的最小净宽度为 1.3 m

C. 宾馆设置的防烟楼梯间前室和消防电梯前室合用，合用前室的建筑面积为 10 m^2

D. 宾馆的顶棚采用燃烧性能等级为 A 级的装修材料

67. 消防给水系统按水压分类，可分为低压消防给水系统、高压消防给水系统和临时高压消防给水系统。其中，平时不能满足水灭火所需的工作压力和流量，火灾时自动启动消防水泵，以满足水灭火系统所需的工作压力和流量的消防给水系统属于（　　）。

A. 低压消防给水系统　　B. 高压消防给水系统

C. 稳高压消防给水系统　　D. 临时高压消防给水系统

68. 管网支吊架是各种不同型式的支架和吊架的总称，按照支吊架的功能和形式可分为固定支架、滑动支架、导向支架、弹簧支吊架、吊架等。对管网支吊架进行检查，不符合要求的是（　　）。

A. 管卡采用镀锌成型件

B. 管道支吊架的切边均匀、无毛刺，焊缝均匀、完整，外观成形良好，没有欠焊、漏焊、裂纹等缺陷

C. 管道支吊架上面的孔洞采用氧乙炔割孔

D. 管道支吊架材料采用 Q235 普通碳素钢型材制作

69. 干粉灭火系统干粉输送管道的安装过程中，管道支吊架的安装规定，管道末端采用防晃支架固定，支架与末端喷嘴间的距离不应大于（　　）mm。

A. 350　　B. 400　　C. 450　　D. 500

70. 某商城火灾自动报警系统安装完毕后，施工人员对系统主要部件进行调试。其中，区域显示器应在（　　）s 内正确接收和显示火灾报警控制器发出的火灾报警信号。

A. 3　　B. 5　　C. 10　　D. 20

71. 在自动喷水灭火系统的安装过程中，当梁、通风管道、排管、桥架宽度大于（　　）m 时，在其腹面以下部位应增设喷头。

A. 0.6　　B. 0.8　　C. 1.0　　D. 1.2

72. 对雨淋报警阀进行调试时，当报警水压为（　　）MPa，水力警铃应发出报警铃声。

A. 0.02　　B. 0.05　　C. 0.08　　D. 0.10

73. 泡沫灭火系统按照所产生泡沫的倍数不同，可分为低倍数泡沫灭火系统、中倍数泡沫灭火系统和高倍数泡沫灭火系统。其中，中倍数泡沫灭火系统是指产生的灭火泡沫倍数为（　　）的系统。

A. 10 ~ 100　　B. 20 ~ 200　　C. 30 ~ 300　　D. 40 ~ 400

74. 泡沫灭火系统对阀门的质量要求较高，如阀门渗漏，将影响系统的压力，使系统不能正常运行。为保证系统的施工质量，对阀门的强度和严密性进行试验的过程中，不符合要求的做法是（　　）。

A. 强度和严密性试验采用清水进行

B. 强度试验压力为公称压力的 1.2 倍

C. 严密性试验压力为公称压力的 1.1 倍

D. 试验合格的阀门，要排尽内部积水并吹干

75. 对干粉灭火系统进行检查时，启动气体储瓶内压力不低于设计压力，且不超过设计压力的（　　）。

A. 5%　　B. 8%　　C. 10%　　D. 12%

76. 对干粉灭火系统进行模拟喷放试验，下列做法中不符合要求的是（　　）。

A. 模拟喷放试验采用干粉灭火剂和自动启动的方式

B. 当现场条件不允许喷放干粉灭火剂时，可以采用压缩空气模拟喷放

C. 采用的试验气瓶须与干粉灭火系统驱动气体储瓶的型号、规格、阀门结构、充装压力、连接与控制方式一致

D. 试验时应保证出口压力等于设计压力

77. 对机械排烟系统进行联动调试的过程中，下列情况中不符合要求的是（　　）。

A. 当任何一个常闭排烟阀（口）开启时，排烟风机均能联动启动

B. 当火灾自动报警探测器发出火警信号后，机械排烟系统应启动所有联动部位的排烟阀或排烟口、排烟风机，并应将状态信号反馈到消防控制室

C. 有补风要求的机械排烟场所，当火灾确认后，补风系统应启动

D. 排烟系统与通风、空调系统合用，当火灾自动报警探测器发出火警信号后，由通风、空调系统转换为排烟系统的时间应符合规范要求

78. 在对稳压泵进行验收时，要求稳压泵在 1 h 内的启停次数要符合设计要求，启停次数不宜大于（　　）次 /h。

A. 10　　B. 12　　C. 14　　D. 15

79. 各单位应该按照规定的方法、频率开展防火巡查，排查并消除火灾隐患，下列防火巡查的开展频次不符合要求的是（　　）。

A. 单位对消防安全重点部位每日进行一次防火巡查

B. 公众聚集场所在营业期间每 2 小时进行一次防火巡查

C. 医院住院部夜间防火巡查每晚两次

D. 寄宿制的学校夜间防火巡查每晚一次

80. 消防安全重点单位应当每（　　）开展一次灭火和应急疏散预案的演练，其他单位应当每（　　）开展一次灭火和应急疏散预案的演练。

A. 月，季度　　B. 季度，年　　C. 半年，年　　D. 年，两年

二、多项选择题（共 20 题，每题 2 分。每题的备选项中，有 2 个或 2 个以上符合题意，至少有 1 个错项。错选，本题不得分；少选，所选的每个选项得 0.5 分）

81. 职业道德修养是注册消防工程师为锤炼职业道德品质、提高职业道德境界所进行的一种自我教育、自我改造和自我完善的过程。注册消防工程师职业道德修养包括（　　）。

A. 政治理论修养　　B. 业务知识修养

C. 法律知识修养　　D. 人生观的修养

E. 职业道德品质修养

82. 对某 20 000 m^2 的在建工程临时室外消防给水系统进行检查时，符合现行国家工程消防技术标准要求的有（　　）。

A. 临时给水管网为环状

B. 临时室外消防给水干管的管径应依据施工现场临时消防用水量和干管内水流计算速度进行计算确定，且最小管径为 *DN*100 mm

C. 室外消火栓沿在建工程均匀布置，距在建工程的外边线的最小距离为 4 m

D. 室外消火栓的最大间距为 110 m

E. 室外消火栓的最大保护半径为 120 m

83. 疏散走道是疏散时人员从房间门至疏散楼梯或外部出口等安全出口的通道。防火检查中，不符合规范要求的有（　　）。

A. 丙类厂房疏散走道的净宽度为 1.50 m

B. 高层医疗病房双面布房疏散走道的净宽度为 1.40 m

C. 三层住宅疏散走道的净宽度为 1.10 m

D. 电影院观众厅边走道的净宽度为 0.90 m

E. 高层办公楼单面布房疏散走道的净宽度为 1.20 m

84. 某甲类单层厂房，耐火等级为一级，建筑高度为 18 m，建筑面积为 3 000 m^2。下列做法中，符合规范规定的有（　　）。

A. 在厂房外与厂房一面贴邻设置办公室，贴邻面使用无门窗洞口的 3.00 h 防火墙和 1.50 h 的楼板

B. 在厂房外与厂房一面贴邻设置休息室，贴邻面使用无门窗洞口的 4.00 h 防火墙和 1.50 h 的楼板

C. 厂房内设置丙类液体中间储罐的专用房间，采用耐火极限不低于 3.00 h 的防火隔墙和 1.50 h 的楼板与其他部位分隔，房间门应采用甲级防火门

D. 厂房内设置的丙类中间仓库，采用防火墙和耐火极限为 1.00 h 的不燃性楼板与其他部位分隔

E. 厂房内设置的甲类中间仓库，储量不宜超过一昼夜的需要量；靠外墙布置，并采用防火墙和耐火极限不低于 1.50 h 的不燃性楼板与其他部位隔开

85. 某 KTV 设置在建筑高度为 60 m 的多功能组合建筑的第六层，其设计不符合相应

规范要求的有（　　）。

A. 最大房间建筑面积为 220 m^2

B. 房间和房间之间采用了耐火极限为 2.00 h 的防火隔墙和 1.00 h 的楼板进行分隔

C. 房间墙上的门为丙级防火门

D. 房间内设置了自动喷水灭火系统和火灾报警系统，顶棚采用了耐火等级为 B_1 级的装修材料

E. 布置在袋形走道尽端的最远房间的疏散门至最近安全出口的距离为 11 m

86. 在干粉灭火系统的日常维护管理过程中，检查频次正确的做法包括（　　）。

A. 每日检查干粉储存装置外观

B. 每日检查灭火控制器运行情况

C. 每月检查驱动气体储瓶充装量

D. 每月检查启动气体储瓶和驱动气体储瓶压力

E. 每年模拟启动检查

87. 爆炸危险场所的通风、空调系统，因排出有火灾爆炸危险物质没有采取有效措施或由于排风机与电机不配套等引起火灾爆炸的事故时有发生。在对爆炸危险场所进行通风空调系统检查的过程中，符合现行国家工程消防技术标准的做法包括（　　）。

A. 甲类厂房内的空气不循环使用

B. 丙类厂房内含有燃烧或爆炸危险粉尘、纤维的空气，在循环使用前应经净化处理，并使空气中的含尘浓度低于其爆炸下限的 50%

C. 对空气中含有易燃易爆危险物质的房间，其送、排风系统选用防爆型的通风设备

D. 对于遇水可能形成爆炸的粉尘，严禁采用湿式除尘器

E. 排除有爆炸危险粉尘的排风系统，设置导除静电的接地装置

88. 某地下一层商场总面积为 64 000 m^2，使用防火隔间划分为 4 个面积不超过 20 000 m^2 的区域。在检查防火隔间设置的过程中，正确的做法包括（　　）。

A. 每个防火隔间的建筑面积为 6.0 m^2

B. 防火隔间内部装修材料的燃烧性能等级应为 A 级

C. 防火隔间墙采用耐火极限不低于 3.00 h 的防火隔墙，门采用甲级防火门

D. 不同防火分区通向防火隔间的门的最小间距为 3 m

E. 每个防火隔间中放置 4 把用于人员休息的座椅

89. 气体灭火系统开展模拟喷气试验时，正确的做法包括（　　）。

A. IG541 混合气体灭火系统采用其充装的灭火剂进行模拟喷气试验，试验采用的储存容器数应为选定试验的防护区或保护对象设计用量所需容器总数的 5%，且不少于 1 个

B. 二氧化碳灭火系统采用二氧化碳灭火剂进行模拟喷气试验，试验要选定输送管道最长的防护区或保护对象进行，喷放量不小于设计用量的 10%

C. 七氟丙烷灭火系统模拟喷气试验中七氟丙烷灭火剂喷放量不小于设计用量的 10%

D. 高压二氧化碳灭火系统采用其充装的灭火剂进行模拟喷气试验，试验采用的储存

容器数应为选定试验的防护区或保护对象设计用量所需容器总数的 3%

E. 模拟喷气试验宜采用手动启动方式

90. 自动喷水灭火系统施工前对到场的 400 只闭式喷头进行密封性能试验，正确的做法有（　　）。

A. 密封性能试验的试验压力为 3.0 MPa

B. 密封性能试验的保压时间为 5 min

C. 随机从到场喷头中抽取 1%，共 4 只作为试验喷头

D. 当 1 只喷头试验不合格时，再抽取 2%，共 8 只的到场喷头进行重复试验

E. 累计 2 只喷头试验不合格时，拒绝使用该批喷头

91. 对某人防工程进行防火检查，其设置符合规范要求的有（　　）。

A. 地下一层设置油浸电力变压器，采用耐火极限不低于 3.00 h 的不燃烧体墙和耐火极限不低于 1.00 h 的楼板与其他场所隔开

B. 地下二层设置商店营业厅，采用耐火极限不低于 3.00 h 的防火墙和耐火极限不低于 2.00 h 的楼板与其他场所隔开

C. 地下一层设置 KTV，采用耐火极限不低于 2.00 h 的不燃烧体墙和耐火极限不低于 1.00 h 的楼板与其他场所隔开

D. 消防控制室设置在地下一层，并邻近直接通向地面的安全出口，采用耐火极限不低于 2.00 h 的隔墙和耐火极限不低于 1.50 h 的楼板与其他部位隔开

E. 地下一层商店营业厅销售袋装氧气

92. 火灾报警控制器调试前应切断所有外部控制连线，并将任一个总线回路的火灾探测器以及该总线回路上的手动火灾报警按钮等部件相连接，然后接通电源。下列调试结果中，符合规范要求的情况包括（　　）。

A. 使控制器与探测器之间的连线断路，控制器在 90 s 时发出故障信号

B. 在故障状态下，使任一非故障部位的探测器发出火灾报警信号，控制器在 55 s 时发出火灾报警信号

C. 使控制器与备用电源之间的连线断路，控制器在 120 s 时发出故障信号

D. 使控制器与备用电源之间的连线短路，控制器在 90 s 时发出故障信号

E. 系统能够正常复位

93. 对自动喷水灭火系统的干式报警阀组进行检查，下列关于干式报警阀组的安装方法中，符合规范要求的有（　　）。

A. 干式报警阀组宜安装在不发生冰冻的场所

B. 低气压预报警装置安装在配水干管一侧

C. 充气连接管路的接口安装在报警阀气室充注水位以上部位，充气连接管道的直径为 13 mm

D. 安装完成后，向报警阀气室注入高度为 80 mm 的清水

E. 安全排气阀安装在气源与报警阀组之间，靠近报警阀组一侧

94. 消防安全重点单位实行“三项报告”备案制度，备案内容包括（　　）。

A. 消防安全管理人员报告备案　　B. 消防安全责任人员报告备案

C. 消防应急预案报告备案　　D. 消防设施维护保养报告备案

E. 消防安全自我评估报告备案

95. 泡沫液是泡沫灭火系统的关键材料，直接影响系统的灭火效果，把好泡沫液的质量关是至关重要的环节。对于泡沫液用量较多的情况，需要将其送至具备相应资质的检测单位进行检测。下列情况中，需要将泡沫液送检的有（　　）。

A. 6% 型低倍数泡沫液设计用量为 8.0 t

B. 3% 型低倍数泡沫液设计用量为 4.0 t

C. 6% 蛋白型中倍数泡沫液储备量为 3.5 t

D. 6% 合成型中倍数泡沫液储备量为 1.0 t

E. 高倍数泡沫液储备量为 1.0 t

96. 应急照明集中电源应设主电、充电、故障和应急状态指示灯，对应急照明集中电源进行检查时，对于各种状态判断正确的有（　　）。

A. 主电状态用绿色　　B. 故障状态用黄色

C. 故障状态用红色　　D. 充电状态用红色

E. 应急状态用红色

97. 应急预案编制后必须经过演练的检验方可确定，基本的检验标准是能否实现制定预案的预期目标，应急预案演练的原则包括（　　）。

A. 结合实际，合理定位　　B. 着眼实战，讲求实效

C. 精心组织，确保安全　　D. 统筹规划，厉行节约

E. 锻炼队伍，磨合机制

98. 防烟排烟系统调试在系统施工完成及与工程有关的火灾自动报警系统及联动控制设备调试合格后进行，对排烟防火阀的调试要求包括（　　）。

A. 进行手动关闭、复位试验，阀门动作应灵敏、可靠，关闭应严密

B. 模拟火灾，相应区域火灾报警后，相邻防火分区内排烟管道上的其他阀门应联动关闭

C. 阀门关闭后的状态信号应能反馈到消防控制室

D. 阀门关闭后应能联动相应的风机停止

E. 排烟防火阀的调试数量应为全数调试

99. 防火间距是决定建筑之间防火安全的重要因素，对下列建筑进行防火检查时，防火间距设置符合规范要求的包括（　　）。

A. 某高层建筑耐火等级为二级的裙房与另一座高层建筑之间的防火间距为 9 m

B. 某两座建筑高度为 58 m 的写字楼在顶部通过连廊相连，两座写字楼之间的防火间距为 11 m

C. 某座高层住宅建筑通过一座天桥与另一座耐火等级为一级的多层住宅建筑相连，两栋住宅建筑之间的防火间距为 11 m

D. 某耐火等级为四级的单层民用建筑与另一座耐火等级为四级的多层住宅建筑之间的防火间距为 13 m

E. 一座高层建筑与一座二级多层建筑相邻，高层建筑相邻一面外墙为防火墙，其防火间距为 4 m

100. 在建筑物和构筑物钢结构构件表面涂刷钢结构防火涂料，形成耐火隔热保护层，以提高钢结构耐火极限。在对钢结构防火涂料进行检查时，符合规范要求的情况包括（　　）。

A. 设计耐火极限为 1.00 h 时，选用薄涂型钢结构防火涂料

B. 设计耐火极限为 1.50 h 的室内隐蔽钢结构，选用厚涂型钢结构防火涂料

C. 厚涂型钢结构防火涂层最薄处厚度为设计要求的 80%，厚度不足部位的连续面积的长度为 1 m，并在 5 m 范围内未出现类似情况

D. 薄涂型钢结构防火涂层表面有少量裂缝，其最大宽度为 0.4 mm

E. 通过汽油喷灯测试，测得超薄型钢结构防火涂料的膨胀倍数为 8 倍

消防安全技术综合能力
模拟测试（三）

一、单项选择题（共 80 题，每题 1 分。每题的备选项中，只有 1 个最符合题意）

1. 根据《中华人民共和国消防法》，我国消防安全工作的原则不包括（　　）。

A. 政府统一领导　　B. 部门依法监管
C. 单位全面负责　　D. 社团积极参与

2. 从注册消防工程师职业道德原则应具有的特点和作用看，注册消防工程师职业道德最根本的原则包括维护公共安全原则和（　　）。

A. 公平竞争原则　　B. 依法执业原则
C. 实事求是原则　　D. 诚实守信原则

3. 某单位新建三层办公楼项目已获得施工许可，现拟进行消防设计备案，下列提供备案材料的行为中，不符合备案时限要求的是（　　）。

A. 获得施工许可 3 个工作日内提供　　B. 获得施工许可 5 天内提供
C. 获得施工许可 7 天内提供　　D. 获得施工许可 10 个工作日内提供

4. 建筑施工企业不按照消防设计文件和消防技术标准施工，降低消防施工质量的，责令改正或者停止施工，并处（　　）罚款。

A. 1 万元以上 10 万元以下　　B. 2 万元以上 20 万元以下
C. 3 万元以上 15 万元以下　　D. 3 万元以上 30 万元以下

5.《注册消防工程师制度暂行规定》对注册执业进行了规定：取得注册消防工程师资格证书的人员，经注册方可以相应级别注册消防工程师名义执业。注册消防工程师应当在（　　），开展与该机构业务范围和本人资格级别相符的消防安全技术执业活动。

A. 消防机构
B. 高层建筑物业单位
C. 一个经批准的消防技术服务机构或者消防安全重点单位
D. 机关、团体、企业、事业单位

6. 有一项灭火设施的新技术，由于国内没有相关标准，拟采用美国消防协会标准，消防机构将依法组织专家评审，经过（　　）以上评审专家同意的特殊消防设计文件，消防机构可以作为消防设计审核的依据。

A. 1/3　　B. 1/2　　C. 2/3　　D. 3/5

7. 某歌舞厅违反消防管理法规，经消防监督机构通知采取改正措施而拒绝执行，之后发生火灾造成 4 人重伤，该行为属于（　　）。

A. 消防责任事故罪　　B. 重大责任事故罪

C. 重大劳动安全事故罪　　D. 工程重大安全事故罪

8. 进行防火分区检查时，符合现行国家工程消防技术标准要求的是（　　）。

A. 硫黄仓库位于地下一层，全部设置自动喷水灭火系统时，防火分区最大面积可为 120 m^2

B. 二级耐火等级建筑内的商店营业厅仅设置在五层建筑的首层，设置自动灭火系统和火灾自动报警系统并采用不燃或难燃装修材料时，防火分区的面积可为 10 000 m^2

C. 52° 白酒仓库位于地下一层，全部设置自动喷水灭火系统时，防火分区最大面积可为 250 m^2

D. 某办公楼设置在地下的设备用房的防火分区面积最大不应大于 500 m^2，全部设置自动喷水灭火系统时可增至 1 000 m^2

9. 消防安全重点单位实行“三项报告”备案制度，备案内容不包括（　　）。

A. 消防安全管理人员报告备案　　B. 消防安全责任人员报告备案

C. 消防设施维护保养报告备案　　D. 消防安全自我评估报告备案

10. 对某建筑防烟排烟系统进行检查时，符合现行国家工程消防技术标准要求的是（　　）。

A. 加压送风管道采用难燃材料制作

B. 安装排烟管道时，应采取隔热防火措施或与可燃物保持不小于 100 mm 的距离

C. 排烟风机应保证在 280℃的环境条件下能连续工作不少于 30 min

D. 固定式挡烟垂壁可采用隔墙、楼板下不小于 100 mm 的梁或吊顶下凸出不小于 100 mm 的不燃烧体

11. 某建筑高度为 42 m，耐火等级为一级，地上 10 层，地下 2 层。一到三层为商业部分，四层至十层为办公区域，地下第二层为汽车库，建筑内全部设置了自动喷水灭火系统，该建筑的办公区域和汽车库防火分区的最大允许面积分别为（　　）。

A. 3 000 m^2、4 000 m^2　　B. 4 000 m^2、4 000 m^2

C. 4 000 m^2、5 000 m^2　　D. 5 000 m^2、5 000 m^2

12. 在检查手提式、推车式灭火器出厂时间的过程中，应该予以报废处理的是（　　）。

A. 水基型灭火器出厂期满 5 年　　B. 干粉灭火器出厂期满 8 年

C. 洁净气体灭火器出厂期满 10 年　　D. 二氧化碳灭火器出厂期满 11 年

13. 区域火灾风险评估是分析区域安全状况、降低区域火灾风险的有效手段，其中一级指标一般包括火灾危险源、区域基础信息、消防力量和（　　）等。

A. 社会面防控能力　　B. 消防管理

C. 消防宣传教育　　D. 灾害抵御能力

14. 某建筑验收时对喷头进行检查，喷头上的规格型号为 ZSTZ，据此判断该批喷头为（　　）。

A. 水平边墙型喷头　　B. 下垂型喷头

C. 齐平式喷头　　D. 直立型喷头

15. 下列建筑外墙所采用的装饰材料不符合相关规范要求的是（　　）。

A. 建筑高度为 20 m 的办公楼，外墙采用 B_2 级装修材料

B. 建筑高度为 18 m 的商场，外墙采用 B_1 级装修材料

C. 建筑高度为 54 m 的高级酒店，外墙采用 A 级装修材料

D. 建筑高度为 28 m 的展览馆，外墙采用 B_1 级装修材料

16. 消防安全管理人是指单位中担任一定领导职务或者具有一定管理权限的人员，受单位消防安全责任人委托，具体负责组织实施单位消防安全管理工作，其职责不包括（　　）。

A. 拟订年度消防安全管理工作计划，组织实施日常消防安全管理工作

B. 拟订消防安全管理工作的资金投入和组织保障方案

C. 组织实施防火检查和火灾隐患整改工作

D. 根据消防法规的规定建立专职消防队、志愿消防队

17. 当开关、插座、配电箱的基座材料燃烧性能等级为 B_2 级时，为防止电气火灾，必须采用具有良好隔热性能的（　　）进行隔绝。

A. 易燃材料　　B. 可燃材料　　C. 难燃材料　　D. 不燃材料

18. 下列建筑中必须设置消防电梯，才能符合国家工程消防技术标准的是（　　）。

A. 某高度为 33 m 的多功能组合建筑

B. 某住宅建筑 5 层，层高 3 m

C. 埋深为 8 m 的地下建筑，地下建筑总面积为 800 m^2

D. 局部建筑高度为 33 m，且局部高出部分的每层建筑面积为 45 m^2 的丁类厂房

19. 在水喷雾灭火系统报警阀组的安装过程中，不符合国家工程消防技术标准的做法是（　　）。

A. 安装位置靠近保护对象附近，并便于操作

B. 距室内地面高度为 1.2 m，两侧与墙的距离为 0.6 m，正面与墙的距离为 1.2 m

C. 报警阀组凸出部位之间的距离为 0.4 m

D. 安装报警阀组的室内地面设有排水设施

20. 疏散走道是疏散时人员从房间门至疏散楼梯或外部出口等安全出口的通道，通常

作为火灾疏散时第一安全地带。在防火检查中，以下不符合规范要求的是（　　）。

A. 单层甲类厂房疏散走道的净宽度为 1.50 m

B. 高层医疗建筑单面布房疏散走道的净宽度为 1.40 m

C. 五层住宅疏散走道的净宽度为 1.10 m

D. 电影院观众厅边走道的净宽度为 0.70 m

21. 对防烟排烟系统进行验收的过程中，竣工验收判定结论为合格的是（　　）。

A. A=0，B=3，B+C=4　　B. A=0，B=2，B+C=8

C. A=0，B=2，B+C=5　　D. A=1，B=2，B+C=3

22. 某丙类厂房地上 4 层，耐火等级为二级，建筑高度为 22 m，建筑面积为 3 000 m^2。下列做法中，符合规范规定的是（　　）。

A. 在厂房西南角设置员工宿舍，并使用防火墙和耐火极限为 1.50 h 的楼板与其他部位分隔，防火墙上开启的门为甲级防火门

B. 厂房内设置的办公室，采用耐火极限为 2.50 h 的防火隔墙和耐火极限为 1.50 h 的楼板与其他部位分隔，与厂房合用疏散通道

C. 厂房内设置的丙类中间仓库，采用防火墙和耐火极限为 1.00 h 的不燃性楼板与其他部位分隔

D. 厂房内设置丙类液体中间储罐的专用房间，采用耐火极限不低于 3.00 h 的防火隔墙和耐火极限不低于 1.50 h 的楼板与其他部位分隔，房间门应采用甲级防火门

23. 在检查消防水枪的密封性能时，封闭水枪的出水端，将水枪的进水端通过接口与手动试压泵或电动试压泵装置相连，排除枪体内的空气，然后缓慢加压至最大工作压力的（　　）倍，保压（　　）min，水枪不应出现裂纹、断裂或影响正常使用的残余变形。

A. 1.5，2.0　　B. 1.0，1.5　　C. 2.0，1.0　　D. 1.5，1.5

24. 下列关于消防控制室的管理说法不正确的是（　　）。

A. 应实行每日 24 h 专人值班制度，每班不应少于 2 人

B. 值班人员应持有规定的消防控制室操作职业资格证书

C. 自动喷水灭火系统设置为手动状态

D. 自动喷水灭火系统管道上的阀门处于常开状态

25. 某卡拉 OK 厅设置在建筑高度为 55 m 的多功能组合建筑的第四层，其设置不符合相应规范要求的是（　　）。

A. 房间和房间之间采用了耐火极限为 2.50 h 的防火隔墙和耐火极限为 1.00 h 的楼板进行分隔

B. 最大房间建筑面积为 190 m^2

C. 房间墙上的门为乙级防火门

D. 房间内设置了自动喷水灭火系统和火灾报警系统，顶棚采用了耐火等级为 B_1 级的装修材料

26. 一综合办公大楼，建筑屋面 1/3 为坡屋面，其余部分为平屋面。坡屋面部分从综合办公大楼的地面至檐口与屋脊的平均高度为 24.5 m，平屋面从综合办公大楼地面至屋面面层的高度为 22.5 m。按照国家消防工程技术标准规定，该综合办公大楼的建筑高度为（　　）m。

A. 22.5　　B. 24.0　　C. 24.5　　D. 27.0

27. 机械修配厂或修理车间，使用少量的汽油等甲类溶剂清洗零件，该厂房的火灾危险性按（　　）类考虑。

A. 乙　　B. 丙　　C. 丁　　D. 戊

28. 规定建筑物的耐火等级是建筑设计防火技术措施中最基本的措施之一。下列关于民用建筑耐火等级检查要求中，不正确的是（　　）。

A. 一级耐火等级建筑的主要构件都是不燃烧体

B. 二级耐火等级建筑的主要构件，除吊顶为难燃烧体外，其余构件都是不燃烧体

C. 三级耐火等级建筑的主要构件，除吊顶和隔墙体为难燃烧体外（民用建筑的屋顶承重构件可以采用可燃烧体），其余构件都是不燃烧体

D. 四级耐火等级建筑的全部主要构件可采用难燃烧体或可燃烧体

29. 关于干粉灭火系统的日常维护管理，不属于每日检查的项目是（　　）。

A. 驱动气体储瓶充装量　　B. 干粉储存装置外观

C. 灭火控制器运行情况　　D. 启动气体储瓶和驱动气体储瓶压力

30. 在泡沫喷淋管道安装过程中，不符合相关规范的做法是（　　）。

A. 泡沫喷淋管道支吊架与泡沫喷头之间的距离为 0.2 m

B. 泡沫喷淋管道支吊架与末端泡沫喷头之间的距离为 0.4 m

C. 泡沫喷淋分支管上每一直管段、相邻两泡沫喷头之间的管段设置的支吊架均不少于 1 个，且支吊架的间距为 3.6 m

D. 当泡沫喷头的设置高度大于 10 m 时，支吊架的间距为 3.2 m

31. 某建筑的排烟系统采用活动式挡烟垂壁，按现行国家标准和系统使用功能以及质量要求进行施工，下列工作中，不属于挡烟垂壁安装工作的是（　　）。

A. 挡烟垂壁与建筑主体结构安装固定　　B. 模拟火灾时挡烟垂壁动作功能

C. 挡烟垂壁之间的缝隙衔接控制　　D. 挡烟垂壁与建筑主体之间的缝隙控制

32. 某商场消防控制室先后接到地下室仓库内的 2 个感烟探测器、自动喷水灭火系统的水流指示器和报警阀压力开关等的动作信号。下列值班人员的工作程序中，正确的是（　　）。

A. 组织扑救火灾　　B. 电话落实火情

C. 拨打“119”电话报警　　D. 现场查看火情

33.《机关、团体、企业、事业单位消防安全管理规定》（公安部令第 61 号）规定，消

防安全重点单位应当进行每日防火巡查，并确定巡查的内容和频次，公众聚集场所在营业期间的防火巡查，应当至少每（　　）小时一次。

A. 2　　B. 1　　C. 3　　D. 4

34. 对防火分区进行检查时，应该检查防火分区的建筑面积。根据现行国家消防技术标准的规定，下列因素中，不影响防火分区建筑面积划分的是（　　）。

A. 使用性质　　B. 防火间距　　C. 耐火等级　　D. 建筑高度

35. 某大型群众性活动的承办单位依法办理了申报手续，制定了灭火和应急疏散预案，并成立了防火巡查组，下列职责中，不属于防火巡查组职责范围的是（　　）。

A. 巡查活动现场消防设施是否完好有效

B. 巡查活动现场安全出口、疏散通道是否通畅

C. 巡查活动现场舞台布景的设置

D. 巡查活动过程中临时用电线路布置情况

36. 根据《建设工程施工现场消防安全技术规范》（GB 50720），施工单位应编制现场灭火和应急疏散预案。下列内容中，不属于灭火和应急疏散预案主要内容的是（　　）。

A. 应急疏散和救援的程序和措施

B. 应急灭火处置机构及各级人员应急处置职责

C. 动火作业的防火措施

D. 报警、接警处置的程序和通信联络的方式

37. 对某建筑内安装的火灾自动报警系统进行检查时，发现部分模块的连接导线余量不够，根据现行国家消防技术标准，关于模块的连接导线余量的说法中，正确的是，应留有不小于（　　）mm 的余量。

A. 100　　B. 150　　C. 200　　D. 250

38. 某建筑工程施工现场按照现行国家消防技术标准的规定，配置临时消防设施。临时消防应急照明灯具选用自备电源的应急照明灯具时，自备电源的连续供电时间不应小于（　　）min。

A. 30　　B. 60　　C. 40　　D. 50

39. 某大型地下商场，建筑面积为 40 000 m^2，采用兼作人员疏散的下沉式广场进行防火分隔。下列关于下沉式广场的做法中，正确的是（　　）。

A. 用于疏散的净面积为 125 m^2

B. 设置防风雨棚，四周开口高度为 0.5 m

C. 有一部满足疏散宽度要求并直通地面的疏散楼梯

D. 不同区域通向下沉式广场的开口之间的最大水平距离为 10 m

40. 对某建筑高度为 140 m 的住宅建筑进行防火检查，下列关于避难层的检查结果中，不符合现行国家消防技术标准的是（　　）。

A. 设置了可直接对外开启的乙级防火窗

B. 在避难层设置消防电梯出口

C. 在避难层设置的设备用房与避难区之间采用防火墙分隔

D. 在避难层设置消火栓、机械排烟系统和消防专线电话

41. 在对建筑灭火器进行防火检查时，也应注意检查灭火器箱与地面的距离，根据现行国家消防技术标准，灭火器箱底部距地面的高度不应小于（　　）cm。

A. 8　　B. 5　　C. 10　　D. 15

42. 检查自动喷水灭火系统，湿式报警阀前压力为 0.35 MPa，打开湿式报警阀组试水阀，以 1.2 L/s 的流量放水，不带延迟器的水力警铃最迟在（　　）s 内发出报警铃声。

A. 5　　B. 30　　C. 15　　D. 90

43. 某工地按《通用阀门压力试验》（GB/T 13927）、《自动喷水灭火系统第 6 部分：通用阀门》（GB 5135.6）的要求，对消防用蝶阀进行检验。下列检查项目中，不属于进场检验项目的是（　　）。

A. 外观质量检查　　B. 规格型号检查　　C. 开关指示标志　　D. 水头损失检查

44. 下列关于建筑中疏散门宽度的说法中，错误的是（　　）。

A. 电影院观众厅的疏散门，其净宽度不应小于 1.2 m

B. 多层办公建筑内疏散门，其净宽度不应小于 0.9 m

C. 地下歌舞娱乐场所疏散门，其总净宽度应根据疏散人数按每 100 人不小于 1.0 m 计算

D. 住宅建筑的户门，其净宽度不应小于 0.9 m

45. 为了防止建筑物在火灾时发生轰燃，有效的方法是采用自动喷水灭火系统保护建筑物，闭式自动喷水灭火系统必须在（　　）启动并控制火灾的增长。

A. 火灾自动报警系统的感烟探测器探测到火灾之前

B. 火灾自动报警系统的感温探测器探测到火灾之前

C. 火灾自动报警系统接收到手动报警按钮信号之前

D. 起火房间达到轰燃阶段之前

46. 在对建筑外墙装饰材料进行防火检查时，下列做法中，不符合现行国家消防技术标准规定的是（　　）。

A. 3 层综合建筑，外墙的装饰层采用防火塑料装饰板

B. 25 层住宅楼，外墙的装修层采用大理石

C. 建筑高度 48 m 的医院，外墙的装饰层采用多彩涂料

D. 建筑高度 55 m 的教学楼，外墙的装饰层采用铝塑板

47. 根据《气体灭火系统施工及验收规范》（GB 50263），安装气体灭火系统气动驱动装置的管道时，水平管道应采用管卡固定，管卡的间距不宜大于（　　）m，转弯处应增

设 1 个管卡。

A. 0.5　　B. 0.6　　C. 0.7　　D. 0.8

48. 人员密集场所应当定期开展全员消防教育培训，提高全员的消防安全意识和消防安全能力。下列能力中，不属于员工通过教育培训必须具备的消防安全能力的是（　　）。

A. 检查和消除火灾隐患的能力　　B. 扑救初起火灾的能力

C. 组织人员疏散逃生的能力　　D. 救援被困人员的能力

49. 仓库的火灾危险性应根据储存物品的火灾危险性及其数量等因素确定，对储存场所进行防火检查时，应检查储存物品的火灾危险类别、数量和存放方式。某仓库的下列做法中，不符合现行国家消防技术标准的是（　　）。

A. 同一座仓库同时存放数种物品时，存储过程中采用分区存储

B. 同一座仓库放了汽油、机械零件、包装用的木箱，将该仓库划分为甲类储存物品仓库

C. 采用木箱包装的戊类物品，木箱总量大于物品本身重量的 1/4，将仓库的火灾危险性划分为丁类

D. 储存电子元件的仓库，采用纸盒与泡沫塑料包装电子元件，包装材料的体积大于电子元件体积的 1/2，仓库的火灾危险性划分为丙类

50. 对建筑物进行防火检查时，应注意检查建筑物消防用电负荷设置的合理性。下列建筑中，消防用电应按一级负荷供电的是（　　）。

A. 座位数超过 1 500 个的电影院

B. 建筑高度大于 50 m 的乙、丙类厂房和丙类物品库房

C. 座位数超过 3 000 个的体育馆

D. 省级电信和财贸金融建筑

51. 对某 33 层住宅建筑的消防电梯进行防火检查。下列检查内容中，不属于防火检查内容的是（　　）。

A. 电梯的载重量

B. 首层设置的消防员专用操作按钮

C. 消防电梯内安装摄像头

D. 消防电梯从首层到达顶层的时间

52. 某消防安全重点单位根据有关规定制定了消防应急疏散预案，将疏散引导工作分为四大块，下列工作内容中不属于疏散引导工作内容的是（　　）。

A. 拨打“119”电话　　B. 根据火场情况划定安全区

C. 明确疏散引导责任人　　D. 根据需要及时变更疏散路线

53. 消防给水系统维护管理人员应掌握和熟悉消防给水系统的（　　）、性能和操作规程。

A. 灭火机理　　B. 工作原理　　C. 运行规律　　D. 设计原理

54. 消防检测机构对某单位安装的干粉预制灭火装置进行检测。下列检测结果中，不符合现行国家消防技术标准规定的是（　　）。

A. 管道长度为 18 m　　B. 灭火剂储存量为 160 kg

C. 工作压力为 2.3 MPa　　D. 一个防护区使用 3 套预制灭火装置

55. 对气体灭火系统进行维护保养，应定期对系统功能进行测试。下列关于模拟喷气试验的说法中，错误的是（　　）。

A. 每年应对防护区进行一次模拟喷气试验

B. IG541 混合气体灭火系统应采用其充装的灭火剂进行模拟喷气试验

C. 进行七氟丙烷系统模拟喷气试验时，试验瓶的数量不应小于灭火剂储存容器数量的 10%，且不少于一个

D. 高压二氧化碳灭火系统应采用其充装的灭火剂进行模拟喷气试验

56. 某消防技术服务机构的检测人员对一大型商业综合体设置的各类灭火器进行检查。根据《建筑灭火器配置验收及检查规范》（GB 50444）的要求，下列关于灭火器的检查结论中，正确的是（　　）。

A. 每个月对顶层办公区域配置的灭火器进行一次检查，符合要求

B. 每个月对商场部分配置的灭火器进行一次检查，符合要求

C. 每个月对地下室配置的灭火器进行一次检查，符合要求

D. 每个月对锅炉房配置的灭火器进行一次检查，符合要求

57. 对民用建筑的附属用房进行防火检查。下列检查结果中，不符合现行国家消防技术标准的是（　　）。

A. 住宅建筑地下车库的疏散楼梯与地上部分共用楼梯间，并按规范采取分隔措施

B. 将常压燃油锅炉房设置在高层建筑的地下二层

C. 将燃油发电机房布置在商业建筑的地下二层

D. 将油浸变压器室设置在剧场建筑的地下二层

58. 某消防检测机构检查物业公司的临时高压消防给水系统维护管理记录时，发现有一条维护管理记录如下：自动和手动启动消防水泵时，水泵无法实现运转，按下控制柜的机械应急启动操作杆时，水泵能正常运转。下列关于系统故障原因的分析中，正确的是（　　）。

A. 自动巡检变频器故障　　B. 控制电器元件故障

C. 电机供电回路故障　　D. 供电电压不足

59. 对建筑进行火灾风险评估之后，需要采取一定的风险控制措施。下列措施中，不属于风险控制措施的是（　　）。

A. 风险消除　　B. 风险减少　　C. 风险分析　　D. 风险转移

60. 物业管理公司对自动喷水灭火系统进行维护管理，定期巡视检查测试时，根据《自动喷水灭火系统施工及验收规范》（GB 50261）的要求，下列检查项目中，属于每月检

查项目的是（　　）。

A. 消防水源供水能力的测试

B. 室外阀门井中进水管道控制阀的开启状态

C. 控制阀的铅封、锁链

D. 所有报警阀组的试水阀防水测试及其启动性能测试

61. 某建筑地上 5 层，建筑面积为 5 800 m^2，燃气锅炉房采用机械通风，应检查该风机的事故排风量是否不少于（　　）次 /h。

A. 6　　B. 10　　C. 12　　D. 15

62. 某购物中心，地下 2 层，建筑面积 65 000 m^2，设置南、北 2 个开敞的下沉式广场，下列做法中正确的是（　　）。

A. 分割后的购物中心不同区域通向北下沉式广场开口最近边缘的水平距离宜为 12 m

B. 南、北下沉式广场各设置 1 部直通室外地面并满足疏散宽度指标的疏散通道

C. 南下沉式广场上方设防雨棚，其开口面积为室外敞开空间地面面积的 20%

D. 下沉式广场设置商业零售点，但不影响人员疏散

63. 在对泡沫灭火系统进行功能验收时，可用手持折射仪测量混合比的是（　　）。

A. 水成膜泡沫液　　B. 折射仪指数较小的泡沫液

C. 氟蛋白泡沫液　　D. 抗溶水成膜泡沫液

64. 下列关于电气防火说法中，错误的是（　　）。

A. 在供配电线路上加装过流保护装置可保证该线路不会引发大火

B. 在供配电线路上加装剩余电流式电气火灾监控探测器，可有效降低火灾发生概率

C. 采用矿物绝缘电缆可保证该线路本身不会着火

D. 供配电线路上加装过电压保护装置可有效降低火灾发生的概率

65. 某国家重点工程的地下变电站装有 3 台大型油浸变压器，设置了水喷雾灭火系统。系统安装初调完毕后进行实喷试验时，所有离心雾化喷头始终只能喷出水珠，均不能成雾。现场用仪器测得水雾喷头入口处压力为 0.36 MPa，并拆下全部离心雾化型喷头与设计图样、喷头样本和产品相关检测资料核对无异常，那么造成这种现象的原因可能是（　　）。

A. 水泵额定流量偏小　　B. 管网压力偏低

C. 喷头存在质量问题　　D. 管网压力偏高

66. 2015 年 4 月 6 日，某石油化工企业发生对二甲苯爆炸事故，造成 6 人受伤、直接经济损失 9 457 万元。对二甲苯（P-Xylene）是苯的衍生物，有毒，为无色透明液体，简称 PX。二甲苯类物质闪点为 30℃左右，爆炸下限为 1.0% 左右，爆炸性气体混合物按最大试验安全间隙（MESG）或最小点燃电流比（MICR）分级属ⅡA 级，按引燃温度分组属 T1 组，对二甲苯储存火灾危险性属（　　）类。

A. 乙　　B. 丙　　C. 甲　　D. 丁

67. 下列关于自动喷水灭火系统日常维护管理的做法中，正确的是（　　）。

A. 每季度对所有的末端试水阀和报警阀的放水试验阀进行一次放水试验，并应检查系统的压力是否正常

B. 每季度对所有的末端试水阀和报警阀的放水试验阀进行一次放水试验，并应检查系统的出水情况是否正常

C. 每季度对所有的末端试水阀和报警阀的放水试验阀进行一次放水试验，并应检查系统的严密性是否正常

D. 每季度对所有的末端试水阀和报警阀的放水试验阀进行一次放水试验，并应检查系统的启动、报警功能以及出水情况是否正常

68. 对自动灭火系统洒水喷头进行现场检查时，应确认其标识是否齐全。直立型玻璃球喷头溅水盘或者本体上至少应具有商标、型号、公称动作温度、制造厂（代号）、生产日期及（　　）等标识。

A. 玻璃球色标　　B. 响应时间指数

C. 玻璃球公称直径　　D. 水流方向

69. 汶川地震发生后，灾区需在数天内紧急搭建300余万顶帐篷和简易篷布房。相关文献曾给出纸张、织物、木材的最小临界热辐射强度约为10 kW/m^2，并规定应急篷宿区之间的防火间距不应小于2 m。为安全合理地确定帐篷的防火间距，进行了实体火灾试验。距起火帐篷不同测点处的热辐射强度值见下表。事实上，在确定薄膜类建筑的防火间距时，火灾热辐射强度并不是唯一的控制因素，当地的气象条件，尤其是风的影响成为控制性因素。参照《建筑设计防火规范》（GB 50016）相关规定，帐篷防火分区的防火间距不宜小于（　　）m。

与起火帐篷的距离 /m	2	4	6	8	10	12
热辐射强度 /（kW/m^2）	6.378	3.150	2.257	1.411	0.902	0.606

A.12　　B. 2　　C. 8　　D. 10

70. 根据《消防给水及消火栓系统技术规范》（GB 50974）的规定，室内消火栓系统管网安装完成后，对其进行水压试验和冲洗的正确顺序是（　　）。

A. 强度试验—严密性试验—冲洗　　B. 强度试验—冲洗—严密性试验

C. 冲洗—强度试验—严密性试验　　D. 冲洗—严密性试验—强度试验

71. 某建筑消防设置投入运行一年后，因局部功能变化，原有的火灾自动报警及联动控制功能需增容，火灾报警控制器（联动型）原有4块联动控制主板，经核算共需6块联动控制主板才能满足扩容要求。下列系统增容措施中，正确的是（　　）。

A. 从原供货厂家购买2块联动控制主板，由施工单位直接安装调试

B. 由原供货厂家技术人员带2块联动控制主板到现场安装调试

C. 增设符合增容要求的火灾报警控制器（联动型）

D. 断开原有已验收部分的控制线路，接入需增容部分

72. 下列关于气体灭火系统灭火剂输送管道强度试验与气密性试验的说法中，正确的是（　　）。

A. 经气体强度试验合格且在试验后未拆卸过的管道可不进行气密性试验

B. IG541 混合气体灭火剂输送管道的气密性试验压力与气压强度试验压力相差无几，故可只做气密性试验

C. 气压强度试验或气密性试验的加压介质可采用空气、二氧化碳或氮气

D. 同时具备水压强度试验与气压强度试验条件时，可选择任一方式进行试验

73. 根据《建设工程消防监督管理规定》（公安部令第 106 号）的规定，经消防机构审核合格的建设工程消防设计文件，确需修改变更的，应（　　）。

A. 由设计单位技术负责人签发设计变更通知、设计变更文件

B. 由建设单位将设计变更文件报法定机构批准

C. 由设计、施工单位技术负责人共同签发设计变更通知、设计变更文件

D. 由设计单位将设计变更文件报法定机构备案

74. 火灾从点燃到发展至充分燃烧阶段，其热释放速率大体按照时间的平方关系增长，通常采用“t 平方火”火灾增长模型表征实际火灾发展情况。按“t 平方火”火灾增长模型，从火灾发生至热释放速率达到 1 MW 所需时间为 300 s 的火灾是（　　）“t 平方火”。

A. 中速　　B. 慢速　　C. 快速　　D. 超快速

75. 消防应急照明集中电源的应急输出回路中，不应连接的设备是（　　）。

A. 应急照明配电箱　　B. 应急照明分配电装置

C. 应急照明灯具　　D. 应急标志灯具

76. 下列关于自动喷水灭火系统水力警铃故障原因的说法中，错误的是（　　）。

A. 未按照水力警铃的图样进行组件的安装

B. 水力警铃产品质量不合格或损坏

C. 水力警铃的喷嘴堵塞或叶轮、铃锤组件卡阻

D. 水力警铃前的延迟器下部孔板的溢出水孔堵塞

77. 按《机关、团体、企业、事业单位消防安全管理规定》（公安部令第 61 号）的规定，下列内容中，不属于应急预案编制内容的是（　　）。

A. 应急组织机构　　B. 报警和接警处置程序

C. 应急疏散的组织程序和措施　　D. 员工的消防培训计划

78. 某地下商场，地下 1 层，建筑面积近 40 000 m^2，通过设置避难走道划分为建筑面积小于 20 000 m^2 的两个区域，下列关于避难走道的做法，错误的是（　　）。

A. 商场至避难走道入口处设防烟前室，商场开向前室的门采用乙级防火门

B. 避难走道在 2 个不同疏散方向上分别设置 1 个直通室外地面的出口

C. 避难走道入口处防烟前室的使用面积为 6 m^2

D. 避难走道的吊顶、墙面和地面采用不燃烧材料装修

79. 下列关于气体灭火系统功能验收的说法中，错误的是（　　）。

A. 设有灭火剂备用量的系统，必须进行模拟切换操作试验且合格

B. 柜式气体灭火装置进行模拟喷气试验时，宜采用自动启动方式且合格

C. 使用高压氮气启动选择阀的二氧化碳灭火系统，选择阀必须在容器阀动作之后或同时打开

D. 气体灭火系统功能验收时，应按规范要求进行主、备用电源切换试验并合格

80. 安装单位技术人员对某医院综合楼消防给水系统的进场设备、材料进行安装前检查。下列检查方案中，符合相关规范要求的是（　　）。

A. 按 20% 的比例对镀锌铜管进行现场外观检查

B. 持有消防产品强制性认证证书的产品免于现场检查

C. 全数检查阀门的铭牌、安全操作指示标志、产品说明书和水流方向的永久性标志

D. 按 30% 的比例，且不少于 1 个的规定，对螺纹密封件进行现场外观检查

二、多项选择题（共 20 题，每题 2 分。每题的备选项中，有 2 个或 2 个以上符合题意，至少有 1 个错项。错选，本题不得分；少选，所选的每个选项得 0.5 分）

81. 某景区，一字形排列建有 6 栋 2 层木结构建筑，使用性质为餐饮、商店。每栋之间间距 4.0 ~ 8.7 m 不等，部分山墙开有窗户。其中，3 栋每层建筑面积为 630 m^2，另 3 栋每层建筑面积分别为 900 m^2、450 m^2、500 m^2。有关部门组织专家论证后，在相邻建筑山墙之间中线处加砌了平行于山墙且高出屋面 0.5 m、厚 370 mm 的防火墙。后在防火检查中发现，景区位于建筑抗震 7 度设防区，该防火墙顶部无约束支座，其高度大于最大允许砌筑高度。下列处理措施中，正确的有（　　）。

A. 按相关规定封闭相邻山墙上的门窗和洞口

B. 调整相邻山墙上的门窗和洞口不正对，且开口面积之和不大于山墙面积的 10%

C. 将相邻山墙改造为厚 240 mm 的砖墙，且高出屋面 0.5 m

D. 在相邻山墙屋檐处增设水幕

E. 增设湿式自动喷水灭火系统

82. 灭火器日常检查中，发现灭火器达到维修条件或维修期限时，建筑使用管理单位应及时按照规定程序送修，以下应及时送修的有（　　）的灭火器。

A. 未曾使用过但出厂期刚满 2 年

B. 机械损伤

C. 筒体明显锈蚀

D. 灭火剂泄漏

E. 再次维修以后刚满 2 年

83. 对民用建筑实施防火检查时，检查人员应注意查看特殊功能场所设置在地下或半地下，且不应设置在四层及四层以上的用房有（　　）。

A. 托儿所、幼儿园的儿童用房

B. 医院的住院部分

C. 疗养院的住院部分

D. 儿童游乐厅等儿童活动场所

E. 老年人活动场所

84. 某汽车轮毂打磨厂房，地上 2 层，建筑高度为 12 m，建筑面积为 5 600 m^2。在防火检查时获取的下列信息中，正确的有（　　）。

A. 屋顶钢承重构件涂刷防火涂料保护，耐火极限达到 1.0 h

B. 除尘管道避开厂房的梁、柱，沿外墙布置

C. 一层设置办公室，并采用防火墙和耐火极限不低于 1.5 h 的楼板与其他部位分隔

D. 厂房设封闭楼梯间，并采用乙级防火门

E. 排风除尘设备集中布置在室外独立的建筑内，该建筑外墙与厂房的防火间距为 10 m

85. 自动喷水灭火系统的管网安装完毕后应对其进行（　　）。

A. 强度试验

B. 密封性试验

C. 严密性试验

D. 渗漏试验

E. 冲洗

86. 某建筑设有火灾自动报警系统和湿式自动喷水灭火系统，使消防泵控制柜处于自动状态。检测消防泵联动控制功能，能启动消防泵的操作有（　　）。

A. 使消防联动控制器处于自动状态，断开压力开关与消防泵控制柜的控制连接线，在没有任何火灾报警信号的情况下，打开末端试水装置，压力开关动作

B. 使消防联动控制器处于手动状态，打开末端试水装置，压力开关动作

C. 使消防联动控制器处于手动状态，断开压力开关与消防泵控制柜的控制连接线，使末端试水装置所在防火分区内的一个感烟火灾探测器报警，打开末端试水装置，压力开关动作

D. 使消防联动控制器处于自动状态，打开末端试水装置，压力开关动作

E. 使消防联动控制器处于自动状态，断开压力开关与消防泵控制柜的控制连接线，打开末端试水装置，压力开关动作，在消防联动控制器上手动操作启动消防泵

87. 消防技术服务机构对某电信机房安装的瓶组式细水雾灭火系统进行验收前的检测工作，在检验有关产品质量合格证明文件时，发现该灭火系统使用的储水瓶、储气瓶均不具备《气瓶安全技术监察规程》规定的合格证明文件，但产品有某国家级消防产品检验中心出具的型式试验合格报告。下列结论中，正确的有（　　）。

A. 该灭火系统具有合格的型式试验报告，可以使用

B. 该灭火系统不符合《消防产品监督管理规定》及有关安全法规的要求，不能使用

C. 储水瓶、储气瓶应取得《气瓶安全技术监察规程》规定的合格证明文件

D. 该灭火系统可暂时使用，应在产品保修期内更换储水瓶、储气瓶

E. 型式试验合格报告不能证明使用于该工程的储水瓶、储气瓶符合特种设备安全监察管理规定

88. 管径大于 *DN*50 mm 的消防管道水平架空安装时，应按规定设置防晃支架，下列相关要求中，正确的有（　　）。

A. 应在管道拐弯位置处设置一个防晃支架

B. 应在管道三通位置处设置一个防晃支架

C. 应在管道的始端设置一个防晃支架

D. 应在管道的终端设置一个防晃支架

E. 应在管道四通位置处设置一个防晃支架

89. 消防性能化设计以消防安全工程学为基础，是一种先进、有效、科学、合理的防火设计方法。下列属于建筑物消防性能化设计的基本步骤的有（　　）。

A. 确定建筑物的消防安全总体目标

B. 进行性能化防火试设计和评估验证

C. 修改、完善设计并进一步评估验证确实是否满足所确定的消防安全目标

D. 编制设计说明与分析报告

E. 确定建筑各楼层和区域的使用功能

90. 消防技术服务机构对某电视发射塔安装的 IG541 混合气体灭火系统进行验收前检测，在模拟启动试验环节，正确的检测方法有（　　）。

A. 手动模拟启动试验时，按下手动启动按钮，观察相关声光报警系统及启动输出端负载的动作信号、联动设备动作是否正常

B. 手动模拟启动试验时，使压力信号反馈装置动作，观察相关防护区门外的气体喷放指示灯动作是否正常

C. 自动模拟启动试验时，用人工模拟火警使防护区内的任意一个火灾探测器动作，观察单一火警信号输出后，相关报警设备动作是否正常；再用人工模拟火警使防护区内的另一火灾探测器动作，观察复合火警信号输出后，相关动作信号、联动设备动作是否正常

D. 可用一个与灭火系统驱动装置启动电压、电流相同的负载代替灭火系统驱动装置进行模拟启动试验

E. 手动模拟启动试验与自动模拟启动试验任选一项即可

91. 对火灾自动报警系统实施检查维护，每季度应开展一次检查和试验的项目有（　　）。

A. 强制切断非消防电源功能试验

B. 火灾报警装置的声光显示功能试验

C. 水流指示器、压力开关的报警功能试验

D. 1 ~ 3 次主电源和备用电源自动切换试验

E. 防火卷帘抽查试验

92. 下列关于室外消火栓安装的说法中，正确的有（　　）。

A. 地下式消火栓应安装在消火栓井内，消火栓井内径不宜小于 1.2 m

B. 同一建筑物设置的室外消火栓应采用同一厂家的栓口及配件

C. 消火栓栓口安装高度允许偏差为 ±20 mm

D. 地下式消火栓顶部出水口应正对井口

E. 地下式消火栓应设置永久性固定标志

93. 用电设施安装或使用不规范是引发电气火灾事故的重要因素，下列用电设施的安装方案中，正确的有（　　）。

A. 采用A级材料将配电箱箱体与墙面装饰布隔离

B. 开关和插座直接安装在墙面的木饰面板上

C. 白炽灯直接安装在木纹人造板吊顶上

D. 敷设在吊顶内的配电线路穿金属管保护

E. 吊灯安装在塑料贴面装饰板下

94. 火灾自动报警系统施工安装过程中出现的下列现象中，错误的有（　　）。

A. 将火灾报警总线金属管直接穿到安装盒中，并在盒外侧加锁母

B. 将不小心弄断的火灾报警总线重新剥线、搪锡后绞接，用胶布缠绕好后再穿管

C. 将不小心弄断的火灾报警总线重新剥线、搪锡，并在中断处增加一个接线盒，再将金属管切断后按要求接入接线盒

D. 接线过程中，如只剩下一种颜色的导线，将其中一根导线两端分别打个结，以区分电源极性

E. 施工人员在看起来十分干净、干燥的工作环境施工后，还特意将穿管与接线盒的接口处做了密封处理

95. 某办公楼，每层为一个防火分区，设有火灾自动报警系统、室内消火栓系统和防烟排烟系统等消防设施。当正压送风机控制柜处于自动状态时，检测风机的启动情况。下列操作中，能够启动正压送风机的有（　　）。

A. 使消防联动控制器处于自动状态，使用发烟器分别对十层的楼梯间前屋及内走道的各一个感烟探测器进行模拟火灾报警测试，两个探测器先后发出火灾报警信号

B. 使消防联动控制器处于手动状态，使用发烟器对一楼大堂内的一个感烟探测器进行模拟火灾报警测试，探测器发出火灾报警信号，再按下一个手动火灾报警按钮发出火灾报警信号

C. 在消防控制室内的消防联动控制器上手动按下正压送风机的启动按钮

D. 使消防联动控制器处于手动状态，使用发烟器分别对八层的两间办公室内的各一个感烟探测器进行模拟火灾报警测试，两个探测器先后发出火灾报警信号

E. 使消防联动控制器处于自动状态，手动开启设在六层防烟楼梯间的送风口

96. 某办公楼，设置1部消防电梯和2部防烟楼梯间，消防电梯单独设置。在检查消防电梯及其前室时，下列做法中，符合规定的有（　　）。

A. 消防电梯从首层到顶层的运行时间为60 s

B. 在首层的消防电梯入口设置供消防队员专用的操作按钮

C. 在消防电梯前室的入口处采用防火卷帘分隔

D. 地下层为无人员经常停留的汽车库，消防电梯不停靠

E. 消防电梯前室的建筑面积为6 m^2

97. 消防技术人员对某工业区进行安全检查，下列仅设置一个安全出口的生产场所中，

符合安全出口设置要求的场所有（　　）。

A. 某甲类厂房，每层建筑面积 120 m^2，同一时间作业人数 3 人

B. 某戊类厂房，每层建筑面积 300 m^2，同一时间作业人数 24 人

C. 某丁类厂房，每层建筑面积 350 m^2，同一时间作业人数 20 人

D. 某乙类厂房，每层建筑面积 180 m^2，同一时间作业人数 8 人

E. 某丙类厂房，每层建筑面积 260 m^2，同一时间作业人数 18 人

98. 对自动喷水灭火系统进行年度检测，打开某个防火分区的末端试水装置，压力开关和水流指示器均正常动作，但消防水泵却没有启动，出现这种情况的原因有（　　）。

A. 水流指示器前的信号蝶阀故障

B. 水流指示器的报警信号没有反馈到联动控制设备

C. 消防联动控制设备中的控制模块损坏

D. 水泵控制柜的控制模式未设定在“自动”状态

E. 水泵控制柜故障

99. 某纺织厂房，地上 3 层，耐火等级为二级，建筑高度为 18 m，建筑面积为 16 800 m^2，设置 4 部疏散楼梯间。下列关于疏散楼梯间的做法，正确的有（　　）。

A. 厂房的 3 部疏散楼梯间靠外墙布置，并具备天然采光和自然通风条件，设置为封闭楼梯间

B. 厂房的 1 部疏散楼梯间不能自然通风采光，因厂房的建筑高度小于 32 m，防烟楼梯间可不设置前室

C. 厂房的 1 部疏散楼梯间不能自然通风采光，将其改为防烟楼梯间

D. 封闭楼梯间、防烟楼梯间的顶棚、墙面和地面的装修材料均采用不燃烧材料

E. 其中 1 部封闭楼梯间开设防火门确有困难，采用防火卷帘代替

100. 多个建筑的防火检查中发现存在火灾隐患，根据重大火灾隐患综合判定规则，下列火灾隐患中可以直接判定为重大火灾隐患的是（　　）。

A. 乙类仓库设置在建筑的地下室

B. 人员密集的居住场所采用彩钢夹芯板搭建，且彩钢夹芯板芯材的燃烧性能等级为 B_1 级

C. 地下人员密集场所的安全出口总净宽度为国家工程建设消防技术标准规定值的 78%

D. 高层宾馆未设置自动喷水灭火系统

E. 消防用电设备末端不能自动切换

消防安全技术综合能力模拟测试（四）

一、单项选择题（共 80 题，每题 1 分。每题的备选项中，只有 1 个最符合题意）

1. 建设单位应当将大型的人员密集场所和其他特殊建设工程的消防设计文件报送消防机构审核。下列场所中，不属于大型人员密集场所的是（　　）。

A. 建筑面积为 21 000 m^2 的饭店

B. 建筑面积为 1 800 m^2 的医院门诊楼

C. 建筑面积为 1 100 m^2 的劳动密集型企业的员工集体宿舍

D. 建筑面积为 580 m^2 的网吧

2. 某单位新建办公楼项目已获得施工许可，现拟进行消防设计备案。下列提供备案材料的行为中，不符合备案时限要求的是（　　）。

A. 获得施工许可 7 个工作日内提供　B. 获得施工许可 3 天内提供

C. 获得施工许可 5 天内提供　D. 获得施工许可 10 个工作日内提供

3. 根据《机关、团体、企业、事业单位消防安全管理规定》（公安部令第 61 号），机关、团体、企业、事业单位应当至少每（　　）进行一次防火检查。

A. 年　B. 季度　C. 月　D. 周

4. 消防技术服务机构的执业人员，依法获得相应的（　　）后，方可执业。

A. 学位　B. 职称　C. 学历　D. 资格

5. 注册消防工程师职业道德最根本的原则是（　　）和诚实守信。

A. 确保经济效益　B. 维护公共安全　C. 确保工程进度　D. 团结协作配合

6. 注册消防工程师职业道德的基本规范可以归纳为爱岗敬业、公平竞争、客观公正、奉献社会、保守秘密、提高技能和（　　）。

A. 行业协同　B. 依法执业　C. 服务业主　D. 顾全大局

7. 对某商场地下车库的机械排烟系统进行验收时，选择一个防御分区的一个感温探测器和一个手动报警装置进行模拟火灾试验，然后观察排烟阀和排烟风机的动作情况，并使用风速仪测试相应排烟口处的风速。下列现场情况及排烟口处的风速测试结果中，符合验收要求的是（　　）。

A. 相应防烟区的排烟阀开启，并联动相应的排烟风机，排烟口处的风速仪测试结果为 8.5 m/s

B. 相应防烟区的排烟阀开启，并联动相应的排烟风机，排烟口处的风速仪测试结果为 12 m/s

C. 相邻防烟区的排烟阀开启，并联动相应的排烟风机，排烟口处的风速仪测试结果为 8.5 m/s

D. 相邻防烟区的排烟阀开启，并联动相应的排烟风机，排烟口处的风速仪测试结果为 12 m/s

8. 消防设施档案应真实记录建筑消防设施的质量状况，从延续性要求及可追溯性要求出发，完整的档案内容应包括（　　）。

A. 消防设施平面布局、系统验收报告、维护保养记录

B. 消防设施值班、巡查、检测、维护及记录

C. 消防设施基本情况的各类文件资料，消防设施及相关人员动态管理的记录、资料

D. 消防设施巡查记录以及消防控制室值班记录

9. 下列关于防火分区的做法，错误的是（　　）。

A. 建筑局部设有自动灭火系统，防火分区的增加面积按该局部面积增加 0.5 倍计算

B. 建筑第一层至第三层设置自动扶梯，防火分区的建筑面积按连通 3 个楼层的建筑面积叠加计算，并按照规范规定划分防火分区

C. 叠加计算错层式汽车库上下连通层的建筑面积，防火分区的最大允许建筑面积可按规范增加 1 倍

D. 人防工程中的水泵房、污水泵房、水池、厕所等无可燃物的房间面积可不计入防火分区面积

10. 灭火器使用一定年限后，对符合报废条件、报废年限的灭火器，建筑使用管理单位应及时采购符合要求的灭火器进行等效更换。下列灭火器中，正常情况下出厂时间已满 10 年但不满 12 年可不报废的是（　　）。

A. 二氧化碳灭火器　　B. 水基型灭火器

C. 洁净气体灭火器　　D. 干粉灭火器

11. 某建筑的一层至三层为商场，四层至十七层为办公场所，地下一层为商场，地下二层部分为商场，其余部分为设备区。室内装修及消防设施设备均符合相关规定。下列关于该建筑地下商场及设备区防火分区建筑面积的说法中，正确的是（　　）。

A. 商场营业厅 3 000 m^2，设备区 2 000 m^2

B. 商场营业厅 4 000 m^2，设备区 1 000 m^2

C. 商场营业厅 4 000 m^2，设备区 2 000 m^2

D. 商场营业厅 2 000 m^2，设备区 2 000 m^2

12. 某石油化工企业的厂区设置办公区、动力设备用房、消防站、甲类和乙类液体储

蓄罐、液体烃储蓄罐、装卸设施和桶装油品堆场。下列关于工厂总平面布置的做法中，正确的是（　　）。

A. 全厂性的高架火炬设置在生产区全年最小频率风向的上风侧

B. 采用架空电力线路进出厂区的总变电所布置在厂区中心

C. 消防站位于生产区全年最小频率风向的上风侧

D. 散发可燃气体的工艺装置和罐组布置在人员集中场所全年最小频率风向的下风侧

13. 下列内容中，不属于电气防爆检查的是（　　）。

A. 可燃粉尘干式除尘器是否布置在系统的负压段上

B. 导线材质

C. 电气线路敷设方式

D. 带电部件的接地

14. 下列关于干粉灭火系统组件选型及设置要求的说法中，正确的是（　　）。

A. 喷头的单孔直径不应大于 6 mm

B. 应采用快开型选择阀

C. 采用局部应用灭火方式时，可不设置火灾声光警报器

D. 干粉灭火剂输送管道分支可使用四通管件

15. 大型群众性活动承办人的消防安全职责不包括（　　）。

A. 制定灭火和疏散预案并组织演练

B. 办理大型群众性活动所在建筑的消防验收手续

C. 明确消防安全责任分工

D. 确定消防安全管理人员

16. 已确定消防安全管理人的单位，消防安全管理人应履行的消防安全职责是（　　）。

A. 贯彻执行消防法规，保证单位消防安全符合规定，掌握本单位的消防情况

B. 将消防工作与本单位的生产、科研、经营、管理等活动统筹安排，执行年度消防工作计划

C. 拟订年度消防工作计划，组织实施日常消防安全管理工作

D. 确定逐级消防安全责任，批准实施消防安全制度和保障消防安全的操作规程

17. 某消防技术服务机构对已完工的防烟排烟系统进行检测。下列做法中，错误的是（　　）。

A. 采用发烟器分别对消防电梯前室及附近的两个感烟探测器进行模拟火灾试验，待相应的正压送风机启动后，使用风速仪对消防电梯前室设置的送风口处的风速进行测量，获得测量结果并观察消防联动控制器是否接收到相应正压送风机的动作信号

B. 对二层商场电动挡烟垂壁附近的一个感烟探测器进行发烟试验，观察电动挡烟垂壁的自动降落情况

C. 手动打开设在地下车库的排烟阀，待相应的排烟风机启动后，使用风速仪对排烟口

处的风速进行测量，获得测量结果并观察消防联动控制器是否接收到相应排烟阀、排烟风机的动作信号

D. 启动地下车库的排烟系统，手动关闭排烟风机入口处总管上设置的排烟防火阀，观察排烟风机的运行

18. 下列有关消防水泵接合器安装的说法中，错误的是（　　）。

A. 墙壁水泵接合器安装高度距地面宜为 1.1 m

B. 组装时消防水泵接合器的安装，应按接口、本体、连接管、止回阀、安全阀、放空管、控制阀的顺序进行

C. 止回阀的安装方向应使消防用水能从消防水泵接合器进入系统

D. 消防水泵接合器接口与室外消火栓或消防水池的距离宜为 15 ~ 40 m

19. 某 5 层综合楼在建工程，建筑高度为 26 m，单层建筑面积为 2 000 m^2。该工程施工工地设置有临时室内、室外消防给水系统。下列关于临时消防给水系统设置的做法中，错误的是（　　）。

A. 室外消防给水管管径为 *DN*100 mm

B. 室外消防给水系统消防竖管管径为 *DN*100 mm

C. 室内消防给水系统消防竖管在建筑封顶时将竖管连接成环状

D. 室内消防给水系统的消防用水量为 10 L/s

20. 在对建筑外墙装饰材料进行的防火检查中，下列不符合相关规范要求的是（　　）。

A. 某综合楼，地上 10 层，建筑外墙采用铝扣板装饰

B. 某超高层办公楼的裙房建筑外墙采用木纹金属板装饰

C. 某档案馆，建筑高度为 40 m，地上一至四层的建筑外墙采用 PVC 塑料板装饰

D. 某星级酒店，地上 20 层，建筑外墙采用难燃仿花岗岩装饰板装饰

21. 下列关于消防电梯的说法中，正确的是（　　）。

A. 建筑高度大于 24 m 的住宅应设置消防电梯

B. 消防电梯轿厢的内部装修应采用难燃材料

C. 消防电梯应专用于消防灭火救援

D. 满足消防电梯要求的客梯或货梯可以兼作消防电梯

22. 闭式自动喷水灭火系统施工安装前，需对已进场的闭式喷头进行密封性能试验。下列情况中，符合相关施工验收规范要求的是（　　）。

A. 施工单位按规范要求抽样并使用专用试验装置进行密封性能试验

B. 密封性能试验压力为 3 MPa，保压时间为 1 min

C. 施工单位按每批喷头总数量的 1% 抽样送国家法定检测机构进行密封性能试验

D. 施工单位按每批喷头 5 只喷头抽样送国家法定检测机构进行密封性能试验

23. 某钢铁生产企业从国外进口了一套水喷雾灭火系统，用于油浸变压器。该系统使

用的喷头均为撞击型水雾喷头，其产品说明书上标注为“高速雾化喷头”。下列关于能否使用该喷头的说法中，正确的是（　　）。

A. 可以使用，国外产品质量有保证

B. 可以使用，该喷头系高速雾化喷头

C. 可以使用，进口查验时未发现任何问题

D. 不能使用

24. 楼梯间是重要的竖向安全疏散设施。下列建筑设置的楼梯间，不符合相关防火规范要求的是（　　）。

A. 建筑高度为 30 m 的写字楼，设置封闭楼梯间

B. 地上 10 层的医院病房楼，设置防烟楼梯间

C. 一类高层公共建筑的裙房，设置封闭楼梯间

D. 地上 2 层的内廊式老年人公寓，设置敞开楼梯间

25. 甲市、乙市和丙市曾先后发生过 3 起建筑火灾坍塌事故，建筑分别在火灾发生后 115 min、196 min、537 min 时坍塌。坍塌建筑的底部或底部数层均为钢筋混凝土框架结构、上部均为砖混结构。事实上，下列建筑结构中，耐火性能相对较低的是（　　）。

A. 砖混结构　　B. 钢筋混凝土结构

C. 钢结构　　D. 钢筋混凝土排架结构

26. 某超高层办公建筑，建筑总高度为 180 m，共设置有 3 个避难层。投入使用前对避难层进行检查，下列检查结果中，正确的是（　　）。

A. 设置了独立的机械排烟设施

B. 第一个避难层的楼地面与灭火救援地地面的高差为 55 m

C. 通向避难层的疏散楼梯在避难层进行了分隔

D. 避难层兼作设备层，避难区域与设备管道采用耐火极限为 1.0 h 的防火墙分隔

27. 在火灾自动报警系统工程质量验收判定准则中，下列可判定为 B 类不合格的是（　　）。

A. 报警控制器规格型号与设计不符

B. 施工过程质量管理检查记录不完整

C. 火灾探测器的备品数量不足

D. 系统抽检中有一个探测器无法发出报警信号

28. 对自动喷水灭火系统实施检查维护。下列项目中，属于年度检查内容的是（　　）。

A. 报警阀组气动性能测试　　B. 水流指示器动作性能测试

C. 水源供水能力测试　　D. 水泵接合器完好性检查

29. 下列消防安全宣传教育培训，不属于社会单位组织开展的是（　　）。

A. 对新上岗的员工进行上岗前消防安全培训

B. 在火灾多发季节、农业收获季节和重大节假日，组织开展有针对性的消防宣传教育

C. 对在岗员工每年至少进行一次消防安全培训，并通过多种形式开展经常性的消防安全宣传教育

D. 对公众聚集场所员工每半年至少进行一次消防安全培训

30. 下列关于消防水枪抗跌落性能检查的说法中，正确的是（　　）。

A. 水枪应从距地（1.5 ± 0.02）m 高处自由跌落

B. 水枪应从距地（2.0 ± 0.02）m 高处自由跌落

C. 水枪应从距地（1.8 ± 0.02）m 高处自由跌落

D. 水枪应从距地（2.2 ± 0.02）m 高处自由跌落

31. 根据《建筑内部装修设计防火规范》（GB 50222），对商场设置的防烟楼梯间的内装修材料进行检查时，符合规范要求的做法是（　　）。

A. 顶棚、墙面和地面的装修材料的燃烧性能等级分别为 A、A、A

B. 顶棚、墙面和地面的装修材料的燃烧性能等级分别为 A、A、B_1

C. 顶棚、墙面和地面的装修材料的燃烧性能等级分别为 A、B_1、A

D. 顶棚、墙面和地面的装修材料的燃烧性能等级分别为 B_1、A、A

32. 在对下列仓库的安全出口进行检查时，不符合规范要求的是（　　）。

A. 防火分区面积为 100 m^2 的地上锂电池仓库设置了一个安全出口

B. 占地面积为 400 m^2 的地上白酒仓库设置了两个安全出口

C. 地下建筑面积为 400 m^2 的陶瓷制品仓库设置了一个安全出口

D. 占地面积为 200 m^2 的地上镁粉仓库设置了一个安全出口

33. 在火灾场景的设计中，火势的增长快慢可以用“t 平方火”达到 1 MW 的时间进行分类。下列分类中不正确的是（　　）。

A.“t 平方火”达到 1 MW 的时间为 75 s，属于超快速

B.“t 平方火”达到 1 MW 的时间为 150 s，属于中速

C.“t 平方火”达到 1 MW 的时间为 300 s，属于中速

D.“t 平方火”达到 1 MW 的时间为 600 s，属于慢速

34. 确定消防安全重点部位不仅要根据火灾危险源的辨识来确定，还应根据本单位的实际，即物品储存的多少、价值的大小、人员的集中量以及隐患的存在和火灾的危险程度等情况而定，以下不属于消防安全重点部位的为（　　）。

A. 消防控制室　　B. 医院病房

C. 油漆车间　　D. 健身房的游泳池区域

35. 在安装手动火灾报警按钮时，正确的安装方法是（　　）。

A. 安装在墙上时，其底边距地面高度为 0.7 m，连接导线应留有 130 mm 的余量，且在其端部应有明显标志

B. 安装在墙上时，其底边距地面高度为 1.2 m，连接导线应留有 150 mm 的余量，且

在其端部应有明显标志

C. 安装在墙上时，其底边距地面高度为 1.4 m，连接导线应留有 160 mm 的余量，且在其端部应有明显标志

D. 安装在墙上时，其底边距地面高度为 1.8 m，连接导线应留有 180 mm 的余量，且在其端部应有明显标志

36. 某购物中心，地下 2 层，地上 5 层，建筑面积为 35 000 m^2，用防火墙对该建筑进行防火分区分隔。检查过程中，不符合规范要求的设置是（　　）。

A. 防火墙可直接设置在建筑的框架上

B. 防火墙设置在从楼地面基层至梁的底面基层

C. 当防火墙设置在转角，内转角两侧墙上设置乙级防火窗，两侧防火窗之间最近边缘水平距离为 1 m

D. 当防火墙设置在转角，内转角两侧墙上设置普通窗户，两侧窗户之间最近边缘水平距离为 3 m

37. 消防水带压力试验中，要求截取 1.2 m 长的水带，使用手动试压泵或电动试压泵平稳加压至试验压力，保压 5 min，检查是否有渗漏现象，有渗漏则不合格。常用“8”型水带，工作压力为 1.2 MPa，爆破压力不小于（　　）MPa。

A. 1.2　　B. 2.4　　C. 3.6　　D. 4.8

38. 对爆炸危险场所通风、空调系统检查中，不符合现行国家工程消防技术标准的是（　　）。

A. 对含有燃烧或爆炸危险粉尘、纤维的空气的甲、乙类厂房及丙类厂房，空调系统采取不循环使用的方式

B. 对民用建筑内空气中含有容易起火或爆炸危险物质的房间，设置自然通风或独立的机械通风设施且其空气不循环使用

C. 厂房内用于有爆炸危险场所的排风管道，包覆不燃材料后穿过防火墙和有爆炸危险的房间隔墙

D. 对空气中含有易燃易爆危险物质的房间，选用防爆型的通风设备

39. 某地下商场的总建筑面积为 50 000 m^2，采用一个下沉式广场将商场分隔为 A、B、C 三个独立的区域。下列关于该下沉式广场设置的做法中，错误的是（　　）。

A. 直通地面的疏散楼梯一共设 2 部

B. A 区域通向下沉式广场的开口与 B 区域通向下沉式广场的开口之间的水平距离为 16 m

C. 下沉式广场的室外开敞空间用于疏散的净面积为 144 m^2

D. 防风雨棚四周开口部位均匀布置，开口的面积为室外开敞空间地面面积的 30%

40. 基于城市总体布局的消防安全考虑，对于耐火等级低的建筑密集区和棚户区，可采用的消防安全措施中，不正确的是（　　）。

A. 可划分占地面积不大于 2 500 m^2 的防火分区

B. 各分区之间留出不小于 6 m 的防火通道

C. 各分区之间设置高出建筑屋面不小于 40 cm 的防火墙

D. 对于无市政消火栓或消防给水不足、无消防车通道的区域，要结合本区域内给水管道的改建，增设给水管道管径和消火栓，或修建消防水池

41. 在检查消防车道设置的过程中，不符合规范要求的做法是（　　）。

A. 河道边临空建造的高层民用建筑，消防车道沿建筑的一个长边设置，且该长边所在建筑立面为消防车登高操作面

B. 消防车道的净宽度和净空高度均为 4.5 m

C. 消防车道的坡度为 7%

D. 高层民用建筑尽头式消防车道的回车场面积为 12 m × 12 m

42. 在安装消防应急照明和疏散指示系统时，电线电缆选择和线路敷设安装不正确的是（　　）。

A. 潮湿场所安装时，灯具的供电线路和控制线路，均应选择耐腐蚀的橡胶电缆，接线处应有防腐蚀和防潮处理

B. 应急照明分配电装置的输出线路和集中控制型系统的控制线路选择燃烧性能等级为 B_1 级的电线电缆时，不能敷设在燃烧性能为同级别的电缆桥架或线槽中

C. 应急照明分配电装置的输出线路和集中控制型系统的控制线路选择燃烧性能等级为 A 级的电线电缆时，可明敷

D. 系统的配电支线应采用铜芯导线，控制线路应采用多股铜芯导线

43. 在检查建筑之间防火间距时，防火间距测量方法错误的是（　　）。

A. 建筑之间的防火间距，从相邻建筑外墙的最近水平距离进行测量，当外墙有凸出的可燃或难燃构件时，从凸出部分的外缘进行测量

B. 建筑与储罐之间的防火间距，按建筑外墙至储罐外壁的最近水平距离测量

C. 堆场与道路的防火间距，为堆垛外缘距道路中心线最小水平距离

D. 储罐与铁路的防火间距，为储罐外壁距铁路中心线的最小水平距离

44. 根据《消防给水及消火栓系统技术规范》（GB 50974），室内消火栓管网水压强度测试合格后应对其进行冲洗，正确的冲洗顺序为（　　）。

A. 先室内、后室外，先地下、后地上

B. 先室内、后室外，先地上、后地下

C. 先室外、后室内，先地上、后地下

D. 先室外、后室内，先地下、后地上

45. 某地下一层商场总面积为 48 000 m^2，使用防火隔间划分为三个面积不超过 20 000 m^2 的区域，在检查防火隔间设置的过程中，不正确的做法是（　　）。

A. 防火隔间内部装修材料的燃烧性能等级应为 A 级

B. 防火隔间的建筑面积为 6.0 m^2

C. 不同防火分区通向防火隔间的门的最小间距为 5 m

D. 防火隔间墙采用耐火极限不低于 3.00 h 的防火隔墙，门采用乙级防火门

46. 开展七氟丙烷灭火系统模拟喷气试验时，宜采用（　　）进行试验。

A. 七氟丙烷　　B. 二氧化碳　　C. 氦气　　D. 氮气

47. 自动喷水灭火系统施工前对闭式喷头进行密封性能试验时，当出现 1 只不合格时，应再抽取（　　），且不得少于（　　）只的到场喷头进行重复试验，累计（　　）只及以上喷头试验不合格的，不得使用该批喷头。

A. 1%，5，3　　B. 2%，5，2　　C. 2%，10，2　　D. 2%，10，3

48. 对某人防工程进行防火检查，其设置符合规范要求的是（　　）。

A. 地下一层设置幼儿园　　B. 地下一层设置油浸电力变压器

C. 地下二层设置商店营业厅　　D. 地下二层设置 KTV

49. 下列关于社会消防技术服务机构的说法，错误的是（　　）。

A. 消防设施维护保养检测机构的资质分为一级、二级和三级

B. 消防安全评估机构的资质分为一级和二级

C. 消防技术服务机构应该设立技术负责人和项目负责人

D. 消防技术服务机构的法人应具备较高等级的注册消防工程师资格

50. 在试验压力为 0.14 ~ 1.2 MPa 范围内，对自动喷水灭火系统水流指示器进行检查，属于不正常的情况是（　　）。

A. 流量为 12.0 L/min 时，水流指示器不报警

B. 流量在 25.0 L/min 时，水流指示器不报警

C. 流量在 45.0 L/min 时，水流指示器不报警

D. 具有延迟功能的水流指示器，检查桨片动作后报警延迟 60 s

51. 对消防水泵进行检查时，若开启测试阀，消防水泵不能正常自动启动，可能的故障原因不包括（　　）。

A. 流量开关或压力开关设定值不正确

B. 控制柜控制回路或电气元件损坏

C. 水泵控制柜未设定在“自动”状态

D. 水泵控制柜未设定在“手动”状态

52. 消防技术服务机构资质证书有效期为（　　）年，有效期届满需要续期的，应当在有效期届满（　　）个月前向原许可消防机构提出申请。

A. 2，2　　B. 3，3　　C. 5，5　　D. 2，3

53. 一单层仓库，储存有汽油、煤油和柴油三种物品，该仓库的最大允许建筑面积是（　　）m^2，其建筑耐火等级最低为（　　）级。

A. 750，三　　B. 2 000，三　　C. 750，二　　D. 2 000，三

54. 在安装水泵接合器的过程中，错误的做法是（　　）。

A. 墙壁水泵接合器安装在玻璃幕墙下方

B. 组装式水泵接合器的安装，按接口、本体、连接管、止回阀、安全阀、放空管、控制阀的顺序进行

C. 水泵接合器接口的位置安装在距离消防水池 30 m 处

D. 井盖半径为 0.3 m，在安装地下消防水泵接合器时，进水口与井盖底面的距离为 0.4 m

55. 对某建筑工地进行检查，下列关于施工现场应急照明的设置中，错误的是（　　）。

A. 自备发电机房及变配电房应设置临时应急照明

B. 作业场所应急照明的照度为正常工作所需照度的 90%

C. 疏散通道的照度值为 0.6 lx

D. 选用自备电源的应急照明灯具，自备电源的连续供电时间为 30 min

56. 自动喷水灭火系统的报警阀组在供水管网试压、冲洗合格后进行安装，下列关于干式报警阀组安装方法符合规范要求的是（　　）。

A. 低气压预报警装置安装在配水干管一侧

B. 干式报警阀组宜安装在可能发生冰冻的场所

C. 安装完成后，向报警阀气室注入高度为 150 mm 的清水

D. 安全排气阀安装在气源和报警阀组之间，并靠近气源一侧

57. 在消防给水管网的安装过程中，下列关于防晃支架设置的说法，错误的是（　　）。

A. 管径大于 *DN*50 mm 的管道拐弯、三通及四通位置处应设 1 个防晃支架

B. 配水管宜在中点设一个防晃支架，当管径小于 *DN*50 mm 时可不设

C. 配水干管及配水管、配水支管的长度超过 15 m，每 15 m 长度内应至少设 1 个防晃支架，当管径不大于 *DN*40 mm 可不设

D. 防晃支架的强度应满足管道、配件及管内水的重量再加 20% 的水平方向推力时不损坏或不产生永久变形

58. 各级各类学校应当将消防安全知识纳入教学培训内容，中小学应该每（　　）开展一次应急疏散演练。

A. 月　　B. 季度　　C. 学期　　D. 学年

59. 开展消防评估的原则不包括（　　）。

A. 系统性原则　　B. 科学性原则

C. 实用性原则　　D. 可操作性原则

60. 消防用电设备供配电系统启动装置要求，当消防用电负荷为一级时，应在主电源断电后（　　）s 内供电。

A. 30　　B. 40　　C. 50　　D. 60

61. 某五星级酒店设有消防控制中心，配备 8 名值班人员轮值。下列消防安全职责中，不属于消防控制中心值班人员职责的是（　　）。

A. 填写消防控制室值班记录表

B. 记录消防控制室室内消防设备的火警或故障情况

C. 对火灾报警控制器进行日常检查

D. 实施日常防火检查和巡查

62. 在对层高为 3.5 m 的地下车库进行防烟分区检查时，应注意检查挡烟垂壁的材料和挡烟垂壁的高度是否满足现行国家消防技术标准的要求。下列挡烟垂壁的说法中，错误的是（　　）。

A. 挡烟垂壁的最下端低于机械排烟口

B. 挡烟垂壁凸出顶棚 500 mm

C. 制作挡烟垂壁的材料为 5 mm 厚的普通玻璃

D. 在挡烟垂壁明显位置设置永久性标志铭牌

63. 某中型石油库航空煤油的立式固定顶储罐设置了低倍数泡沫灭火系统，采用水成膜泡沫液，运行几年后，消防设施检测机构对该系统进行检测与评估。下列检测结果中，不符合现行国家消防技术标准的是（　　）。

A. 泡沫混合液的连续工作时间为 45 min

B. 泡沫混合液的发泡倍数为 10

C. 系统最不利点泡沫发生装置出泡沫的时间为 4.6 min

D. 泡沫混合液的供给强度为 4.7 L/（min · m^2）

64. 对消防设施进行定期检测是消防设施维护管理工作的一项重要内容，确定自动喷水灭火系统末端试水的检测周期所依据的标准是（　　）。

A.《建筑消防设施检测技术规程》（GA 503）

B.《建筑消防设施的维护管理》（GB 25201）

C.《自动喷水灭火系统施工及验收规范》（GB 50261）

D.《自动喷水灭火系统设计规范》（GB 50084）

65. 消防工程施工工地的进场检验含合法性检查、一致性检查及产品质量检查。某工地对消火栓进行检查，下列检查项目中，属于合法性检查项目的是（　　）。

A. 型式检验报告　　B. 抽样试验　　C. 型号规格　　D. 设计参数

66. 电气防爆中，线路的敷设主要检查电气线路的敷设方式是否与爆炸环境中气体、蒸气的密度相适应，下面关于电气线路敷设的做法，不符合规范要求的是（　　）。

A. 当爆炸环境中气体、蒸气的密度比空气大时，电气线路敷设可选择埋入地下

B. 当爆炸环境中气体、蒸气的密度比空气小时，电气线路敷设在较低处；当电缆沟敷设时，内部应填沙

C. 铜铝线相接时，采用铜铝过渡接头

D. 敷设电气线路的沟道、钢管或电缆，在穿过不同区域之间的墙或楼板的孔洞时，应采用难燃材料封堵，以防止爆炸性混合物或蒸气沿沟道、电缆管道流动

67. 细水雾灭火系统由加压供水设备、系统管网、分区控制阀组、细水雾喷头和火灾自动报警及联动控制系统等组成。细水雾灭火系统按照驱动源类型可以分为（　　）。

A. 高压系统、中压系统和低压系统　　B. 现场安装系统和预安装系统

C. 开式系统和闭式系统　　D. 泵组式系统和瓶组式系统

68. 对建筑进行防火检查时，应注意检查建筑的疏散楼梯的形式。下列建筑中，应采用防烟楼梯间的是（　　）。

A. 建筑高度为 32 m 的高层丙类仓库　　B. 建筑高度为 36 m 的住宅建筑

C. 建筑高度为 23 m 的医院建筑　　D. 建筑高度为 30 m 的学校办公楼

69. 某工地在自动喷水灭火系统施工安装前进行进场检测。下列关于报警阀组现场检查验收项目要求中，正确的是（　　）。

A. 附件配置、外观标识、外观质量、渗漏试验和强度试验等

B. 附件配置、外观标识、外观质量、渗漏试验和报警阀结构等

C. 阀门材质、外观标识、外观质量、渗漏试验和强度试验等

D. 压力等级、外观标识、外观质量、渗漏试验和强度试验等

70. 有爆炸危险区域内的楼梯间、室外楼梯或有爆炸危险的区域与相邻区域连通处，应设置门斗等防护措施。下列门斗的做法中，符合现行国家消防技术标准规定的是（　　）。

A. 门斗隔墙的耐火极限为 2.0 h，门采用甲级防火门且与楼梯间门错位

B. 门斗隔墙的耐火极限为 1.5 h，门采用甲级防火门且与楼梯间门正对

C. 门斗隔墙的耐火极限为 2.0 h，门采用乙级防火门且与楼梯间门正对

D. 门斗隔墙的耐火极限为 2.5 h，门采用乙级防火门且与楼梯间门错位

71. 根据现行国家消防技术标准，下列净化或输送有爆炸危险粉尘和碎屑的设施上不需要设置泄压装置的是（　　）。

A. 除尘器　　B. 过滤器　　C. 管道　　D. 风机

72. 某消防检测机构对一栋二类高层办公楼的消防给水系统进行检测。该建筑室外有两路消防进水，自动喷水灭火系统设计流量为 27 L/s，设计扬程为 1.0 MPa；室内消火栓系统设计流量为 20 L/s，设计扬程为 0.98 MPa；高位消防水箱最低有效水位距最高层喷头的有效距离为 10 m。查验验收报告，系统所有检测合格。检测消防泵性能及其运转情况，下列检测结果中，符合现行国家消防技术标准的是（　　）。

A. 自动喷水泵零流量时的压力为 1.5 MPa

B. 消火栓泵出流量 25 L/s 时电机停止工作

C. 该自动喷水灭火系统最不利点静水压力为 0.1 MPa

D. 室内消火栓系统试验消火栓出流量为 3 L/s 时，消火栓泵没有启动

73. 某大型人防工程内的避难走道，与 4 个防火分区相连，每个防火分区的建筑面积均为 2 000 m^2。对该避难走道进行防火检查，下列检查结果中，不符合现行国家消防技术标准的是（ ）。

A. 避难走道的两端各设置了 1 个直通地面的安全出口

B. 每个防火分区至避难走道入口处设置了防烟前室，其使用面积为 6 m^2

C. 避难走道内部采用轻钢龙骨石膏板做吊顶

D. 其中一个防火分区通向避难走道的门至该避难走道最近直通地面的出口的距离为 65 m

74. 某住宅小区采用临时高压消防给水系统、电动消防水泵供水、高位消防水箱稳压，运行维护管理时，根据现行国家消防技术标准，正确的做法是（ ）。

A. 每季度检查供电情况

B. 每年测试泵的流量和压力

C. 每周对稳压泵的停泵、启泵压力进行检查

D. 每月手动启动消防泵运行，并检查供电情况

75. 为防止电气火灾发生，应采取有效措施预防电气线路过载。下列预防电气线路过载的措施中，正确的是（ ）。

A. 根据负载的情况选择合适的电线

B. 安装电气火灾监控器

C. 安装剩余电流保护装置

D. 安装测温式电气火灾监控探测器

76. 对干粉灭火系统进行周期性检查维护管理，下列检查项目中，不属于年度功能检查项目的是（ ）。

A. 模拟启动检查

B. 气瓶和干粉储罐充装量

C. 模拟备用瓶组功能试验

D. 模拟紧急启停功能

77. 在对建筑外保温系统进行防火检查时，下列做法中，符合现行国家消防技术标准要求的是（ ）。

A. 建筑高度为 20 m 的医院病房楼，基层墙体与装饰层之间有空腔，外墙外保温系统采用燃烧性能等级为 B_2 级的保温材料

B. 建筑高度为 27 m 的住宅楼，基层墙体与装饰层之间无空腔，外墙外保温系统采用燃烧性能等级为 B_2 级的保温材料

C. 建筑高度为 15 m 的员工集体宿舍，基层墙体与装饰层之间无空腔，外墙外保温系统采用燃烧性能等级为 B_1 级的保温材料

D. 建筑高度为 18 m 的办公楼，基层墙体与装饰层之间有空腔，外墙外保温系统采用燃烧性能等级为 B_2 级的保温材料

78. 对建筑内部装修防火工程进行验收时，应对电气设备及灯具的设置进行检查。在对某建筑的内装修工程检查时，下列检查结果中，不符合现行国家消防技术标准规定的

是（　　）。

A. 插座安装在木质装修材料上

B. 配电箱的壳体和底板采用金属材料制作，安装在轻钢龙骨纸面石膏板墙上

C. 吊顶内的电线采用金属管保护

D. 开关安装在水泥板隔墙上

79. 检测建筑内自动喷水灭火系统报警阀水力警铃声强时，打开报警阀试水阀，放水流量为 1.5 L/s，水力警铃喷嘴处压力为 0.1 MPa。在距离水力警铃 3 m 处测试水力警铃声强。根据现行国家消防技术标准，警铃声强至少不应小于（　　）dB。

A. 70　　B. 60　　C. 65　　D. 75

80. 对建筑进行防火检查时，应对建筑内设置的应急照明和疏散指示标志进行检查，下列关于公共建筑内安装应急照明灯具的说法中，错误的是（　　）。

A. 在侧面墙上顶部安装时，其底部距地面不得低于 1.8 m

B. 消防应急照明灯具应均匀布置

C. 在距地面 1 m 以下侧面墙上安装时应采用嵌入式安装

D. 在侧面墙上顶部安装时，其底部距地面不得低于 2 m

二、多项选择题（共 20 题，每题 2 分。每题的备选项中，有 2 个或 2 个以上符合题意，至少有 1 个错项。错选，本题不得分；少选，所选的每个选项得 0.5 分）

81. 某高层宾馆按照指定的消防应急预案，组织进行灭火和应急疏散演练。下列程序中，正确的有（　　）。

A. 确认火灾后，消防控制室值班人员先报告值班领导

B. 接到火警后，立即通知保安人员进行确认

C. 确认火灾后，消防控制室值班人员立即将火灾报警联动控制开关转入自动状态，同时拨打“119”报警电话报警

D. 确认火灾后，通知宾馆内各层客人疏散

E. 确认火灾后，组织宾馆专业消防队进行初期灭火

82. 某丙类厂房建筑高度为 45 m，对消防救援窗口进行防火检查中，下列做法符合规范要求的有（　　）。

A. 消防救援窗口采用易碎安全玻璃，并在外侧设置明显标志

B. 每个防火分区设置 1 个消防救援窗口

C. 消防救援窗口设置在 3 层以上楼层

D. 消防救援窗口的净高度和净宽度均为 1.20 m

E. 消防救援窗口的下沿距室内地面高度为 1.2 m

83. 对自动喷水灭火系统喷头的安装情况进行检查，下列说法中正确的有（　　）。

A. 湿式系统在吊顶下不应该安装下垂型喷头

B. 喷头安装应在系统试压、冲压合格后进行

C. 喷头的型号、规格、使用场所应符合规范规定

D. 同一隔间内不能同时安装 3 mm 和 5 mm 两种玻璃球洒水喷头

E. 水平边墙型洒水喷头溅水盘与顶板的距离不应小于 150 mm，且不应大于 300 mm

84. 建筑灭火器配置缺陷项分为三类，分别为严重（A）、重（B）、轻（C）。下列灭火器装置中，属于严重缺陷项的有（　　）。

A. 堆场上露天设置 MFT/ABC20 灭火器

B. 柴油发电机房设置 1 具磷酸铵盐灭火器及 1 具碳酸氢钠灭火器

C. 建筑地下室灭火器被锁在灭火器箱中

D. 普通住宅内配置的灭火器未取得 3 C 认证证书

E. 民用机场候机厅配置的灭火器型号为 MF/ABC4

85. 对某地下一层人防工程进行消防安全检查，下列检查结果中，不符合现行国家消防技术标准要求的有（　　）。

A. 设置了排烟机房，且采用防火墙和常闭甲级防火门与其他场所隔开

B. 设置了一个建筑面积为 200 m^2 的电子游戏厅，并采取了相应的防火分隔措施

C. 设置了一个建筑面积为 2 000 m^2 的超市，并采取了相应的防火分隔措施

D. 设置了一个建筑面积为 200 m^2 的幼儿早教中心，并采取了相应的防火分隔措施

E. 设置了一个建筑面积为 150 m^2 的餐厅，其操作间采用液化石油气燃料

86. 某住宅小区，有 18 栋 20 层住宅，建筑高度为 57 m，20 层楼板标高为 54.2 m，高位消防水箱底标高为 62.6 m。室内消防采用联合供水的临时高压消防给水系统，设计流量为 57 L/s；室外埋地供水干管采用 *DN*200 mm 球墨铸铁管，长 2 000 m，漏水率为 1.40 L/（min · km）；室内管网总的漏水量为 0.25 L/s。下列关于该系统稳压设施的设置和参数的设计的做法中，符合安全可靠、经济合理要求的有（　　）。

A. 临时高压消防给水系统采用高位消防水箱加稳压泵稳压的方式

B. 高位消防水箱出水管的流量开关启动流量设计值为 1.2 L/s

C. 高位消防水箱出水管的流量开关启动流量设计值为 0.25 L/s

D. 高位消防水箱出水管的流量开关启动流量设计值为 0.30 L/s

E. 临时高压消防给水系统采用高位消防水箱稳压的方式

87. 某建筑高度为 50 m 的高层建筑，设有 3 台湿式报警阀。下列关于末端试水装置的说法中，正确的有（　　）。

A. 每层最不利点喷头处均应设置末端试水设置

B. 末端试水装置的出流量应由系统流量系数最大的喷头确定

C. 末端试水装置应由试水阀、压力表、试水接头组成

D. 末端试水装置的出水应采取孔口出流的方式排入排水管道

E. 末端试水装置处排水管道的直径不宜小于 *DN*75 mm

88. 某电信大楼设备机房设置气体灭火系统，有 3 个相同的防护区，采用 IG541 气体灭火系统进行防护，防护区吊顶为活动吊顶，下方空间分别设置一套组合分配系统。下列

检查结论中，正确的有（　　）。

A. 防护区吊顶上方空间与吊顶下方空间的设计浓度相同，符合规范要求

B. 防护区吊顶上方空间与吊顶下方空间的喷头喷放时间相同，符合规范要求

C. 防护区泄压口的安装高度低于防护区净高度的 2/3，不符合规范要求

D. 两套系统分别设置启动装置，同一防护区吊顶上方空间与吊顶下方空间的启动装置同时启动，符合规范要求

E. 两个集流管上的储存容器规格及充装压力分布为 90 L、15 MPa 和 70 L、15 MPa，符合规范要求

89. 消防设施检查机构的人员对建筑物内安装的火灾自动报警系统进行检查时，应对引入火灾报警及联动控制器的电缆和导线进行检查。下列检查结果中，符合现行国家消防技术标准要求的有（　　）。

A. 端子板的每个接线端，接线最多为 2 根

B. 24 V 供电的控制线路采用电压等级为 300 V/500 V 的铜芯导线

C. 接地导线采用截面积为 16 mm^2 的铝芯导线

D. 每根电缆芯和导线留有 200 mm 的余量

E. 传输总线采用截面积为 5 mm^2 的阻燃双绞线

90. 在对易燃易爆危险环境进行防火检查时，应注意检查电气设备和电缆电线的选型及其安装情况。下列做法中，符合现行国家消防技术标准要求的有（　　）。

A. 在爆炸性气体混合物级别为ⅡA 级的爆炸性气体环境中，选用ⅡB 级别的防爆电气设备

B. 在爆炸危险区域为 I 区的爆炸性环境采用截面积为 2.0 mm^2 的铜芯照明电缆

C. 安装的正压型电气设备与通风系统联锁

D. 电气设备房间与爆炸性环境相通，采取对爆炸性环境保持相对正压的措施

E. 在爆炸危险区域不同的方向，接地干线有 1 处与接地体连接

91. 对建筑的疏散楼梯进行工程验收时，下列关于疏散楼梯间检查的做法中，正确的有（　　）。

A. 检查疏散楼梯间在各层的位置是否改变

B. 检测疏散楼梯的净宽度，每部楼梯的测量点不少于 3 处

C. 检查地下与地上共用的楼梯间在首层地下室的出入口处是否设置防火隔墙和乙级防火门完全隔开

D. 测量疏散楼梯间的门完全开启时楼梯平台的有效宽度

E. 检查通向建筑屋面的疏散楼梯间的门的开启方向是否正确

92. 某消防服务机构对建筑面积为 30 000 m^2 的大型地下商场进行安全评估，在对防火隔间进行检查时发现，防火分区通向防火隔间的门为乙级防火门，两个乙级防火门的间距为 4 m，隔间的装修为轻钢龙骨石膏板吊顶，阻燃壁纸装饰墙面，隔间内有几位顾客坐在座椅上休息。根据现行国家消防技术标准，该防火隔间不符合标准规定的有（　　）。

A. 防火隔间的门为乙级防火门

B. 采用轻钢龙骨石膏板吊顶

C. 设置供人员休息用的座椅

D. 不同防火分区开向防火隔间门的距离为 4 m

E. 采用阻燃壁纸装饰墙面

93. 针对人员密集场所存在下列隐患情况，根据《重大火灾隐患判定方法》，可判定重大隐患要素的有（　　）。

A. 一个防火分区设置的 6 樘防火门有 2 樘损坏

B. 商场营业厅内的疏散距离超过规定距离的 20%

C. 火灾自动报警系统处于故障状态，不能恢复正常运行

D. 设置的防烟排烟系统不能正常使用

E. 安全出口被封堵

94. 对建筑内部精装修工程进行防火检查时，应注意检查装修施工单位有关规定的情况。根据现行国家消防技术标准，下列规定中，应由施工单位遵守的有（　　）。

A. 施工现场应具备相应的工程质量检验制度

B. 防火装修材料进入施工现场后应对材料进行见证取样检验

C. 材料进场时应检查装修材料的燃烧性能，并填写进场检查记录

D. 装修施工过程中，应分阶段对所选用防火装修材料进行抽样检验

E. 内部装修不应影响消防设施的使用功能

95. 某 12 层公共建筑，防烟楼梯间及其合用前室采用正压送风系统，正压风机设置在屋顶。消防设施检测机构对该建筑物的正压送风系统进行检测，检测结果为：第十一层送风量满足设计值，第五层正压送风量满足设计值，第五层正压送风量为设计风值的 80%，第二层正风送风量为设计风值的 60%。造成这一结果的原因可能是（　　）。

A. 风机风量压力不足

B. 风道尺寸偏小

C. 部件造型不当

D. 风道泄漏

E. 风口位置不当

96. 下列关于消防水泵接合器的安装要求的说法中，正确的有（　　）。

A. 应安装在便于消防车接近使用的地点

B. 墙壁式消防水泵接合器不应安装在玻璃墙下方

C. 墙壁式消防水泵接合器与门窗洞口的净距离不应小于 2.0 m

D. 距室外消火栓或消防水池的距离宜为 5 ~ 40 m

E. 地下消防水泵接合器进水口与井盖底部的距离不应小于井盖的直径

97. 安全疏散距离是安全疏散设计的一项重要内容。关于安全疏散距离的设置，下列说法中，符合现行国家消防技术标准要求的有（　　）。

A. 商场营业厅内任意点至疏散门的距离不应大于 30 m

B. 设置自动喷水系统的场所，室内任意点至安全出口的安全疏散距离可在规范规定值的基础上增加 25%

C. 高层建筑在首层未采用防烟楼梯间前室时，可将直通室外的门设置在离楼梯间不大于 15 m 处

D. 建筑内开向敞开式外廊的房间疏散门至最近安全出口的直线距离，可在规范规定值的基础上增加 5 m

E. 位于二级耐火等级建筑内的卡拉 OK 厅，厅内任一点至直通疏散走道的疏散门的直线距离不应大于 9 m

98. 根据《火灾自动报警系统施工及验收规范》（GB 50166），下列关于火灾自动报警系统周期性维护保养的说法中，正确的有（　　）。

A. 点型感烟火灾探测器投入运行 3 年后，应每隔 2 年至少全部清洗一遍

B. 每年应用专用检测仪器对所安装的全部探测器试验至少 1 次

C. 每年应用专用检测仪器对所安装的全部手动报警装置试验至少 1 次

D. 每年应对全部防火卷帘的试验至少 1 次

E. 每年应对全部电动防火门的试验至少 1 次

99. 南方某工业厂区，占地面积为 180 hm^2，长方形地块，其宽度为 1 000 m，消防水泵房为独立建筑且设置在地块的中心位置，消防给水系统采用室内外合用的临时高压系统，系统设计流量和压力分别为 120 L/s、1.0 MPa，厂区消防控制室至消防水泵房行走距离为 800 m。验收时，下列检测结果中，符合现行国家消防技术标准的有（　　）。

A. 消防水泵房地面与室外地坪高差为 50 mm，没有挡水设施

B. 室外最不利点消火栓到消防泵房的行走距离为 1 350 m

C. 稳压泵设计流量为 3 L/s

D. 消防水泵“五用一备”

E. 消防水泵房不设置值班室

100. 在对建筑中由火灾自动报警系统联动启动的雨淋喷水灭火系统进行检测时，应检测雨淋阀组联动控制功能，根据现行国家消防技术标准的规定，下列关于开启雨淋阀组的联动触发信号的说法中，正确的有（　　）。

A. 同一报警区域内两个及以上独立的感温火灾探测器的报警信号

B. 同一报警区域内两个及以上独立的感烟火灾探测器的报警信号

C. 同一报警区域内一个感烟火灾探测器与一个手动火灾报警按钮的报警信号

D. 同一报警区域内一个感烟火灾探测器与一个感温火灾探测器的报警信号

E. 同一报警区域内一个感温火灾探测器与一个手动火灾报警按钮的报警信号

消防安全技术综合能力模拟测试（五）

一、单项选择题（共 80 题，每题 1 分。每题的备选项中，只有 1 个最符合题意）

1. 消防设施检测机构在某单位自动喷水灭火系统未安装完毕的情况下出具了合格的“建筑消防设施检测报告”。针对这种行为，根据《中华人民共和国消防法》，应对消防设施检测机构进行处罚。下列罚款中，正确的是（　　）。

A. 5 万元以上 10 万元以下　　B. 10 万元以上 20 万元以下

C. 5 000 元以上 5 万元以下　　D. 1 万元以上 5 万元以下

2. 某商场发生火灾时，商场现场工作人员没有履行组织引导疏散的义务，造成 1 名顾客死亡。根据《中华人民共和国消防法》的有关规定，可依法对该现场工作人员予以处罚。下列处罚中，正确的是（　　）。

A. 5 000 元以上 5 万元以下罚款　　B. 5 日以上 10 日以下拘留

C. 10 日以上 15 日以下拘留　　D. 3 万元以上 30 万元以下罚款

3. 某建筑进行内部装修，一名电工违章电焊施工作业，结果引发火灾，造成 3 人死亡。根据《中华人民共和国刑法》，对该电工依法追究刑事责任。下列定罪中，正确的是（　　）。

A. 重大劳动安全事故罪　　B. 重大责任事故罪

C. 消防责任事故罪　　D. 工程重大安全事故罪

4. 某单位在县城新建一个商场，依法取得了当地市公安消防支队出具的消防设计审核合格意见书，建设单位在施工过程中拟对原设计进行修改。该商场建设单位的下列做法中，正确的是（　　）。

A. 向当地县公安消防大队重新申请消防设计审核

B. 将设计变更告知当地县公安消防大队

C. 向当地市公安消防支队重新申请消防设计审核

D. 将设计变更告知当地市公安消防支队

5. 根据《注册消防工程师制度暂行规定》，下列行为中，不属于注册消防工程师义务的是（　　）。

A. 在规定范围内从事消防安全技术执业活动

B. 履行岗位职责

C. 不得允许他人以本人名义执业

D. 不断更新知识，提高消防安全技术能力

6. 对厂房、仓库进行防火检查时，应检查厂房、仓库的平面布置情况。某家具厂的下列做法中，不符合规范要求的是（　　）。

A. 厂房内设置员工宿舍，采用防火墙和甲级防火门与生产车间分隔，并设置独立出口

B. 厂房内设置办公室，并采用耐火极限为 2.5 h 的防火墙与生产车间分隔

C. 厂房内设置办公室，连通生产车间的门采用乙级防火门

D. 靠外墙设置存放油漆的中间仓库，采用防火墙与生产区分隔，且设置直通室外的出口

7. 关于防火阀和排烟防火阀在建筑通风和排烟系统中的设置要求，下列说法中，错误的是（　　）。

A. 排烟防火阀开启和关闭的动作信号应反馈至消防联动控制器

B. 防火阀和排烟防火阀应具备温感器控制方式

C. 安装在排烟风机入口总管处的排烟防火阀关闭后，应直接联动控制排风机停止运转

D. 当建筑内每个防火分区的通风、空调系统均独立设置时，水平风管与竖向总管的交界处应设置防火阀

8. 某建筑物内火灾自动报警系统施工结束后，调试人员对通过管路采样的吸气式火灾探测器进行调试。下列调试方式和结果中，不符合现行国家消防标准要求的是（　　）。

A. 在其中一根采样管最末端（最不利处）采样孔加入试验烟，控制器在 120 s 内发出火灾报警信号

B. 断开其中一根探测器的采样管路，控制器在 100 s 内发出故障信号

C. 断开其中一根探测器的采样管路，控制器在 120 s 内发出故障信号

D. 在其中一根采样管最末端（最不利处）采样孔加入试验烟，控制器在 100 s 内发出火灾报警信号

9. 某油库采用低倍数泡沫灭火系统，根据《泡沫灭火系统施工及验收规范》（GB 50281）有关维护管理规定，下列检查项目中，属于每两年检查一次的项目是（　　）。

A. 储罐立管除锈　　B. 喷泡沫试验

C. 冲洗管道　　D. 自动控制设施功能测试

10. 对建筑防烟排烟系统的，验收包含资料验收、外观质量检查、系统功能测试和合格判定四部分内容，下列文件资料中，不属于资料验收内容的是（　　）。

A. 施工图等设计文件　　B. 联动调试记录表

C. 立项批准文件　　D. 风管系统安装及检查记录

11. 某超高层建筑，室内消火栓系统采用临时高压消防给水系统，并采用减压阀减压分区供水，减压阀设置在该区域最高部位，减压阀至最不利消火栓的水头损失为 0.04 MPa，其

阀后静、动压设计压力值分别为 0.50 MPa、0.40 MPa。下列系统调试检测结果中，不符合现行国家消防技术标准的是（　　）。

A. 减压阀后静压为 0.495 MPa，出水达到设计流量时，阀后动压为 0.395 MPa

B. 试验消火栓出水时，阀后动压为 0.45 MPa

C. 出水量为设计流量的 150% 时，阀后动压为 0.23 MPa

D. 在试验消火栓出水、设计流量出水和 150% 设计流量出水时，减压阀的噪声没有明显异常

12. 泡沫产生装置进场检验时，下列检查项目中，不属于外观检查项目的是（　　）。

A. 材料材质　　B. 铭牌标记　　C. 机械损伤　　D. 表面涂层

13. 室内消火栓的性能和质量应符合《室内消火栓》（GB 3445）的要求。对室内消火栓进行施工现场检验时，下列检验项目中，不属于进场检验项目的是（　　）。

A. 油漆等外观质量检查　　B. 机械损伤检查

C. 水压强度试验　　D. 密封性能试验

14. 某建筑的电子计算机房采用气体灭火系统保护，在一个防护区内安装了 3 台预制灭火装置。根据《气体灭火系统设计规范》（GB 50370），3 台预制灭火装置动作响应时差最大不得大于（　　）s

A. 1　　B. 2　　C. 3　　D. 4

15. 防烟排烟系统施工安装前需对风管部件进行现场检查，下列检查项目中，不属于现场检查项目的是（　　）。

A. 电动防火阀　　B. 送风口　　C. 正压送风机　　D. 柔性短管

16. 对剩余电流式电气火灾监控系统进行检查时，应主要检查剩余电流式探测器的安装情况。检查发现的下列做法中，正确的是（　　）。

A. 将相线和 PE 线穿过剩余电流式探测器

B. 将 PE 线和中性线穿过剩余电流式探测器

C. 将相线和中性线穿过剩余电流式探测器

D. 将相线、中性线和 PE 线穿过剩余电流式探测器

17. 对高位消防水箱进行维护保养，应定期检查水箱水位，检查水位的周期至少应为每（　　）检查一次。

A. 日　　B. 月　　C. 季度　　D. 年

18. 细水雾灭火系统喷头的安装，应在管道安装完毕，试压、吹扫合格后进行。喷头与管道连接处的密封材料宜采用（　　）。

A. 聚四氟乙烯　　B. 麻丝　　C. 黏结剂　　D. O 型密封圈

19. 消防设施检测机构对某厂房进行验收前的消防设施检测，检查了火灾探测器的类别、型号、适用场所、安装高度等，发现的下列情况中，不符合现行国家消防技术标准要

求的是（　　）。

A. 类别为 B 的点型感温火灾探测器安装高度为 6 m

B. 类别为 A_2 的点型感温火灾探测器安装高度为 7 m

C. 类别为 C 的点型感温火灾探测器安装高度为 5 m

D. 类别为 A_1 的点型感温火灾探测器安装高度为 8 m

20. 对工业建筑进行防火检查时，应注意检查工业建筑的火灾危险性、耐火等级和建筑面积。下列工业建筑中，可以采用三级耐火等级的是（　　）。

A. 建筑面积为 1 500 m^2 的金属冶炼车间

B. 建筑面积为 350 m^2 的氨压缩机房

C. 蒸发量为 7 t/h 的燃煤锅炉房

D. 独立建筑的建筑面积为 280 m^2 的单层制氨车间

21. 消防应急预案演练可以按照组织形式、演练内容、演练目的与作用等不同分类方法进行划分。下列演练中，属于按照演练内容进行划分的是（　　）。

A. 检验性演练　　B. 综合性演练

C. 示范性演练　　D. 研究性演练

22. 对建筑防烟排烟系统的运行进行周期性维护管理时，下列项目中不属于每半年检查项目的是（　　）。

A. 防火阀　　B. 排烟口　　C. 送风口（阀）　　D. 联动功能

23. 消防技术服务机构对某大型商场内设置的疏散照明设施进行检测，下列检测结果中，不符合《建筑设计防火规范》（GB 50016）要求的是（　　）。

A. 避难间疏散照明的地面最低水平照度为 10.0 lx

B. 营业厅疏散照明的地面最低水平照度为 2.0 lx

C. 楼梯间疏散照明的地面最低水平照度为 5.5 lx

D. 前室疏散照明的地面最低水平照度为 6.0 lx

24. 某建筑自动喷水灭火系统采用玻璃球洒水喷头，其中部分喷头玻璃球色标为黄色，该喷头公称动作温度为（　　）℃。

A. 57　　B. 68　　C. 79　　D. 93

25. 根据《水喷雾灭火系统技术规范》（GB 50219），对水喷雾灭火系统应进行联动试验检查，系统响应时间、工作压力和流量应符合设计要求：当系统为手动控制时，应以手动方式进行至少（　　）次试验，检查系统的动作情况及信号反馈情况。

A. 3　　B. 4　　C. 1　　D. 5

26. 对建筑灭火器的配置进行检查时，应注意检查灭火器适用性，宾馆客房区域的走道上不应设置（　　）。

A. 水型灭火器　　B. 碳酸氢钠灭火器

C. 泡沫灭火器　　　　　　　　　　D. 磷酸铵盐灭火器

27. 注册消防工程师应当在工作过程中加强职业道德修养，坚持“慎独”是进行道德修养的方法之一，“慎独”指的是（　　）。

A. 学习先进模范任务，立志在本岗位建功立业

B. 能够及时调整和修正自己的执业行为方向

C. 加强有关专业知识的学习，提高职业道德水平

D. 能够自觉地严格要求自己，遵守职业道德原则和规范

28. 对自动喷水灭火系统定期进行巡视检查测试时，下列关于湿式报警阀组检测试验的内容及要求的说法中，错误的是（　　）。

A. 测试过程中系统排出的水应通过排水设施全部排走，湿式报警阀处的排水立管不宜小于 *DN*75 mm

B. 开启末端试水装置，以 1.2 L/s 的流量放水，水流指示器、湿式报警阀、压力开关动作

C. 消防联动控制器应准确接收并显示水流指示器、压力开关、水泵的反馈信号

D. 压力开关应直接联锁启动消防水泵

29. 消防车登高操作场地是消防灭火救援的重要设施。下列关于消防车登高操作场地设置的说法中，错误的是（　　）。

A. 高层建筑应至少沿一个长边或周边长度的 1/4 且不小于一个长边长度的底边连续布置消防车登高操作场地

B. 消防车登高操作场地靠建筑外墙一侧的边缘距离建筑外墙不应大于 10 m

C. 消防车登高操作场地的坡度不宜大于 3%

D. 高层建筑的消防车登高面不应布置裙房

30. 对高层医院病房楼进行防火检查时，应注意检查避难间的设置情况。下列对某医院病房楼避难间的检查结果中，符合现行国家消防技术标准的是（　　）。

A. 每个避难间为 3 个护理单元服务

B. 利用防烟楼梯间和消防电梯合用前室做避难间

C. 避难间采用耐火极限不低于 2.0 h 的防火隔墙和乙级防火门与其他部位分隔

D. 在二层及以上的每个病房楼层设置避难间

31. 下列检测消防应急灯具的应急工作时间方法中，错误的是（　　）。

A. 切断所有消防应急灯具的电源，巡视每台灯具的应急工作情况，发现灯具熄灭时，记录灯具的应急工作时间

B. 切断集中电源型消防应急灯具的主电源，使其中一个供电回路供电的所有灯具转入应急工作状态，巡视每台灯具的应急工作情况，发现灯具熄灭时，记录灯具的应急工作时间

C. 依次切断不同防火分区内所有的消防应急灯具的主电源，巡视每台灯具的应急工作情况，发现灯具熄灭时，记录灯具的应急工作时间

D. 切断集中电源型消防应急灯具的主电源，使所有灯具转入应急工作状态，观察任

意一台灯具，发现该灯具熄灭时，记录灯具的应急工作时间

32. 某丙类火灾危险性厂房，地上 4 层，耐火等级为二级，建筑高度为 22.5 m，建筑面积为 25 000 m^2，在第四层靠外墙部位设置成品喷漆工段，建筑面积为 120 m^2。下列做法中，符合规定的是（　　）。

A. 将厂房一层原 150 m^2 的办公区改建为 3 间员工宿舍，并采用防火墙与其他部位分隔

B. 在厂房二层新增 4 间办公室，该办公区采用耐火极限为 2.5 h 的防火隔墙和耐火极限为 1.0 h 的楼板与其他部分分隔，并通过相邻车间的封闭楼梯间疏散

C. 丙类润滑油中间储蓄罐容量为 4.7 m^3，设置在厂房一层的单独房间内，该房间采用防火墙和耐火极限不低于 1.5 h 的楼板与其他部位分隔

D. 在厂房四层设置中间仓库，储存喷漆工段一昼夜生产所需的油漆，该仓库采用耐火极限为 2.5 h 的防火隔墙和耐火极限为 1.5 h 的楼板与其他部位分隔

33. 下列关于消防控制室内设置的消防控制室图形显示装置与火灾报警控制器、电气火灾监控设备、火灾报警传输设备等之间关系描述中，错误的是（　　）。

A. 火灾报警控制器可将所有信息传输至图形显示装置

B. 通过操作图形显示装置，可控制消防水泵控制器的工作状态

C. 电气火灾监控系统是由另一生产企业提供的产品，不能与火灾报警控制器连接的图形显示装置直接通信，所以连接了该企业提供的图形显示装置

D. 火灾报警传输设备可直接连接图形显示装置

34. 根据《建筑设计防火规范》（GB 50016），对某高层公共建筑进行的下列防火检查项目中，符合规范要求的是（　　）。

A. 疏散走道通向防烟楼梯前室的门采用乙级防火门

B. 位于内走道的卡拉 OK 房间内最远点到房间门的距离为 14.9 m

C. 首层疏散外门宽度为 1.1 m

D. 位于内走道尽端的网吧房间门到最近的安全出口的距离为 12 m

35. 下列对建筑内部装修泡沫塑料进行阻燃处理的要求中，正确的是（　　）。

A. 必须在材料进场前完成

B. 必须由阻燃处理专业企业在材料进场前完成

C. 可用喷涂二级饰面型防火涂料的方式处理

D. 可在施工现场进行，但处理后应按规范要求抽样检验

36. 根据《消防给水及消火栓系统技术规范》（GB 50974），对消防给水系统供水设施进行维护管理，每（　　）应手动启动消防水泵运转一次，并应检查供电电源的情况。

A. 月　　B. 年　　C. 半年　　D. 季度

37. 消防安全重点单位应按照灭火和应急疏散预案，至少每（　　）进行一次演练。

A. 月　　B. 季度　　C. 年　　D. 半年

38. 区域火灾风险评估可以选择三个级别的指标体系，关于指标分级说法错误的是（　　）。

A. 火灾危险源、区域基础信息和消防力量属于一级指标

B. 城市公共消防基础设施、灭火救援能力、火灾预警能力属于二级指标

C. 消防安全责任制落实情况、应急预案完善情况、重大隐患排查整治情况属于三级指标

D. 客观因素、人为因素属于三级指标

39. 对钢结构防火涂料的厚度和膨胀倍数进行检查，下列做法和结果中，不符合国际技术标准要求的是（　　）。

A. 使用防火涂料测厚仪测量薄型、超薄型钢结构防火涂料的厚度和膨胀倍数

B. 在已施工涂料的构件上，选取 2 个不同的涂层部位，分别用防火涂料测厚仪测量其厚度

C. 点燃专用燃气喷枪分别对准选定的位置，喷灯外焰应充分接触涂层，供火时间 12 min，用游标卡尺测量其发泡层厚度，结果除以供火前的测试厚度

D. 薄型钢结构防火涂料的膨胀倍数为 6.5 倍，超薄型钢结构防火涂料的膨胀倍数为 11.5 倍

40. 泡沫灭火系统使用的常压钢制泡沫液储罐通常采用现场制作的方式，下列关于现场制作要求的说法中，正确的是（　　）。

A. 泡沫液管道吸液口应紧贴常压钢制泡沫液储罐底面

B. 现场制作的常压钢制泡沫液储罐应进行严密性试验，试验时间应在 30 min 以上，目测不能有渗漏

C. 现场制作的常压钢制泡沫液储罐，仅需对内表面进行防腐处理

D. 现场制作的常压钢制泡沫液储罐的防腐处理应在严密性试验前进行

41. 某机加工企业需在生产车间内设置中间仓库储存硝酸，下列设置要求中，符合规范规定的是（　　）。

A. 中间仓库靠外墙布置，采用防火墙及耐火极限不低于 1.0 h 的楼板与其他部位分隔，硝酸储量不超过一昼夜用量

B. 中间仓库靠外墙布置，采用耐火极限不低于 2.5 h 的防火隔墙和 1.5 h 的楼板与其他部位分隔，硝酸储量不超过一昼夜用量

C. 中间仓库靠外墙布置，采用耐火极限不低于 2.0 h 的防火隔墙和 1.5 h 的楼板与生产部位分隔，硝酸储量不超过一昼夜用量

D. 中间仓库靠外墙布置，采用防火墙及耐火极限不低于 1.5 h 的不燃性楼板与其他部位分隔，硝酸储量不超过一昼夜用量

42. 下列关于消防供配电线路说法中，错误的是（　　）。

A. 消防设备供电线路穿越不同防火分区穿孔处应做防火封堵

B. 消防供电线路穿越不同防火分区穿孔处所用封堵材料均应为无机材料

C. 消防设备供电线路应采用阻燃电缆或耐火电缆

D. 消防供电线路进入配电柜、控制器等电器柜的穿孔处应做防火封堵

43. 下列关于干粉灭火系统管理要求的说法，正确的是（　　）。

A. 储存容器允许的最低环境温度为 -30℃

B. 地上防护区有固定窗扇时可不设机械排风装置

C. 驱动气体储瓶管理应执行《气瓶安全技术监察规程》

D. 自动控制状态下的干粉灭火系统不得延迟喷放

44. 消防控制室的下列检查记录中，应该立即整改的项目是（　　）。

A. 消防联动控制器处于手动控制状态

B. 消防水池水位略高于正常水位下限

C. 有 5 个探测器出过故障，但现在处于正常状态

D. 消防水泵控制柜处于手动控制状态

45. 消防技术检测机构对某油田采油储罐区设置的泡沫灭火系统进行维护保养检查。该系统使用柴油动力给水泵组，当主泵启动 5 min 时，控制器接到水温超高信号。对此情况，正确的处理措施为（　　）。

A. 立即停机停水，进行维修

B. 立即停机停水，水温降低后再开机

C. 在 10 s 内切换至备用泵

D. 允许主泵继续运行

46. 下列接线方式中，符合电气防火要求的是（　　）。

A. 将 2 根不同线径的单芯铜导线直接压接在同一个端子上

B. 将铜导线和铝导线直接绞接后用胶布缠绕

C. 将铜导线和铝导线搪锡后接到接线端子上

D. 将单芯导线搪锡后绞接，再用防水胶布缠绕

47. 对在同一配置单元内设置有两种类型的灭火器的场所进行验收检查时，下列检查结论中正确的是（　　）。

A. 核查灭火器的类型、数量、规格、灭火级别均符合设计要求，而且两种灭火剂的充装量相等，判定灭火器的配置合格

B. 核查灭火器的类型、数量、规格、灭火级别均符合设计要求，而且两种灭火剂的类型不相容，判定灭火器的配置合格

C. 核查灭火器的类型、数量、规格、灭火级别均符合设计要求，而且两种灭火剂的类型相容，判定灭火器的配置合格

D. 核查灭火器的类型、数量、规格、灭火级别均符合设计要求，但两种灭火剂的充装量不相等，判定灭火器的配置不合格

48. 自动喷水灭火系统水流指示器的安装应在管道试压和冲洗合格后进行，在水流指示器前管道上安装的信号阀与水流指示器之间的距离不宜小于（　　）mm。

A. 400　　B. 500　　C. 300　　D. 600

49. 某消防技术服务机构承接了某仓库干式自动喷水灭火系统维护保养工作，在对差动式干式报警阀进行检查时，发现安装在通往延迟塞管道上的小孔排水阀偶尔有水滴滴出，但报警阀启动后就不滴了。下列关于此情况的说法中，正确的是（　　）。

A. 报警阀正常

B. 报警阀故障，应拆下报警组进行检修

C. 报警阀故障，应立即堵住排水阀出口

D. 报警阀故障，因影响不大，暂不采取措施

50. 下列关于气体灭火系统维护管理的说法中，正确的是（　　）。

A. 气体灭火系统的储存器应定期抽样送国家级消防产品检验中心检验

B. 应按《气瓶安全技术监察规程》的规定对气体灭火系统使用的钢瓶进行维护保养

C. 每两个季度应对高压二氧化碳储存容器逐个进行称重检查

D. 发现七氟丙烷灭火系统储存容器内的压力低于额定工作压力时，应立即使用氮气增压

51. 设置剪刀楼梯是当相邻两个安全出口的间距难以满足不应小于 5 m 时的变通措施，对底部数层为商场和步行购物街、上部为塔楼的建筑进行防火检查时，检查人员应注意核对设置剪刀楼梯的合理性，任一门户或疏散门至最近疏散楼梯间入口的距离不应大于（　　）m。

A. 5　　B. 10　　C. 7　　D. 12

52. 某商场，地上 6 层，建筑高度为 32 m，第一层至第四层为商业营业厅，第五层为餐饮场所，第六层为电影院。建筑采用与基层墙体、装饰层之间有空腔的外墙外保温系统。下列关于该系统的做法中，错误的是（　　）。

A. 采用难燃材料在其表面设置完全覆盖的防护层

B. 外墙外保温材料采用不燃材料

C. 在每层楼板处，采用防火封堵材料封堵该系统与基层墙体、装饰层之间的空腔

D. 屋面外保温材料采用难燃材料

53. 某商场消防设施维护管理人员对商场设置的防烟排烟系统进行日常巡查。下列内容中，不属于防烟排烟系统日常巡查的是（　　）。

A. 每天检查送风机、排烟风机及其控制柜的外观及工作状态

B. 每天检查挡烟垂壁及其控制装置外观及工作状态

C. 每天检查送风阀、排烟阀联动启动送风机、排烟风机的功能

D. 每天检查电动排烟窗、自然排烟设施的外观

54. 既有建筑改造工程的外脚手架，应采用（　　）材料搭设。

A. 难燃　　B. 可燃　　C. 易燃　　D. 不燃

55. 根据《消防给水及消火栓系统技术规范》（GB 50974）的规定，下列关于室内消火栓系统日常维护管理的说法中，正确的是（　　）。

A. 每季度应该对消火栓进行一次严密性试验检查，发现有不正常的消火栓应及时更换

B. 每季度应该对消火栓进行一次外观和漏水检查，发现有不正常的消火栓应及时更换

C. 每季度应该对消火栓进行一次出水试验检查，发现有不正常的消火栓应及时更换

D. 每季度应该对消火栓进行一次水压强度试验检查，发现有不正常的消火栓应及时更换

56. 某政府办公楼，地下 1 层，地上 16 层，建筑高度为 52 m，建筑面积为 36 800 m^2。该办公楼的下列场所中，不属于消防安全重点部位的是（　　）。

A. 档案室　　B. 健身房

C. 自备柴油发电机房　　D. 计算机数据中心

57. 某建筑物内设有火灾自动报警系统，下列关于火灾探测器的安装质量检查结果中，不符合安装要求的是（　　）。

A. 安装在顶棚上的点型感烟探测器距多孔送风顶棚孔口的水平距离为 1 m

B. 安装在宽度为 2 m 的内走道顶棚上的点型感温探测器的间距为 12 m

C. 在净高度为 12 m 的中庭安装的一对红外光束感烟探测器距地面的垂直距离为 11 m，且在这一高度上没有任何遮挡物

D. 会议室内感烟探测器的报警确认灯朝向会议室的门口

58. 某百货大楼，地上 4 层，局部 6 层，建筑高度为 36 m，建筑面积为 28 700 m^2。下列做法中，错误的是（　　）。

A. 防火墙上的防火门采用向疏散方向开启的平开门，并在关闭后能从任何一侧手动开启

B. 办公区走道上的甲级防火门采用常开防火门，在火灾情况下能自行关闭并反馈信号

C. 变形缝附近的防火门设置在 6 层建筑一侧

D. 因消防电梯前室的门洞尺寸较大，防火门安装和使用不便，采用防火卷帘代替

59. 对灭火器整体结构及箱门开启性能实质检查，翻盖型灭火器箱的翻盖开启角度不得小于（　　）。

A. 155°　　B. 165°　　C. 170°　　D. 100°

60. 对某建筑内的防烟分区设置情况进行防火检查，不应检查的内容是（　　）。

A. 防烟分区的面积　　B. 挡烟垂壁

C. 送风口的风速　　D. 防烟分区的划分

61. 对某企业进行消防安全检查时，发现一组 1211 灭火器，其出厂期已满 6 年，对该灭火器的正确处理方式是（　　）。

A. 报废　　B. 更换　　C. 维修　　D. 再充装

62. 对自动喷水灭火系统报警阀组操作性能进行检查，下列情况中属于功能不正常的是（　　）。

A. 排水流量为 12.0 L/min 时，未报警　　B. 排水流量为 20.0 L/min 时，未报警
C. 排水流量为 12.0 L/min 时，报警　　D. 流量大于 40 L/min 时，未报警

63. 某建筑高度为 22 m 的办公楼，地上 6 层，耐火等级为二级，第四层使用人数最多，为 400 人，第五、六层每层的人数均为 200 人，则第四层和第五层楼梯的最小疏散总宽度分别为（　　）。

A. 4.0 m、2.0 m　　B. 4.0 m、3.0 m　　C. 5.0 m、2.0 m　　D. 5.0 m、3.0 m

64. 保持临时用房、临时设施与在建工程的防火间距是防止施工现场火灾相互蔓延的关键，在对临时用房防火间距进行检查时，不符合规范要求的是（　　）。

A. 临时用房与在建工程的防火间距为 5 m
B. 可燃材料库房与固定动火作业场所的防火间距为 8 m
C. 可燃材料库房与临时变配电房的防火间距为 6 m
D. 厨房操作间与固定动火作业场所的防火间距为 8 m

65. 在对可燃气体探测器进行系统调试时，依次逐个对探测器施加达到响应浓度值的可燃气体标准样气，采用秒表测量、观察等方法检查探测器的报警功能，探测器应在（　　）s 内响应；撤去可燃气体，探测器应在（　　）s 内恢复到正常监视状态。

A. 10，20　　B. 15，30　　C. 20，40　　D. 30，60

66. 常压泡沫液储罐的安装过程中，不符合要求的做法是（　　）。

A. 现场制作的常压钢质泡沫液储罐，泡沫液管道出液口高于泡沫液储罐最低液面 1.20 m
B. 泡沫液管道吸液口为喇叭形，距泡沫液储罐底面 0.20 m
C. 现场制作的常压钢质泡沫液储罐需要进行严密性试验，试验压力为储罐装满水后的静压力，试验时间为 40 min
D. 现场制作的常压钢质泡沫液储罐内、外表面需要按设计要求进行防腐处理

67. 在干式自动喷水灭火系统中，连接干式报警阀的充气连接管路的直径不应小于（　　）mm。

A. 5　　B. 10　　C. 12　　D. 15

68. 对雨淋报警阀组进行检测，下列情况中不符合要求的是（　　）。

A. 公称直径为 250 mm 的雨淋报警阀，在联动信号发出 80 s 时启动
B. 公称直径为 150 mm 的雨淋报警阀，在联动信号发出 10 s 时启动
C. 公称直径为 180 mm 的雨淋报警阀，在联动信号发出 15 s 时启动
D. 公称直径为 220 mm 的雨淋报警阀，在联动信号发出 60 s 时启动

69. 某大型地下商场共 2 层，每层建筑面积为 7 800 m^2，地下二层室内地面与室外出入口地坪高差为 12 m，内设火灾自动报警系统和自动灭火系统，装修材料均采用不燃或难燃材料。下列关于该商场消防设计中，符合规范规定的是（　　）。

A. 该商场每层划分为 4 个防火分区

B. 该商场疏散楼梯间采用封闭楼梯间

C. 该商场营业厅墙面和顶棚均采用 A 级装修材料，地面采用 B_1 级装修材料

D. 该商场的建筑构件均采用不燃性构件，承重墙的耐火极限为 2.5 h

70. 对储压型和储气瓶型干粉灭火系统进行检查时，喷头安装高度不正确的是（　　）。

A. 对于储压型系统，当采用全淹没灭火系统时，喷头的最大安装高度为 7 m

B. 对于储压型系统，当采用局部应用系统时，喷头的最大安装高度为 7 m

C. 对于储气瓶型系统，当采用全淹没灭火系统时，喷头的最大安装高度为 8 m

D. 对于储气瓶型系统，当采用局部应用系统时，喷头的最大安装高度为 7 m

71. 对某建筑高度为 280 m 的综合商业楼进行检查，其避难层设置不符合规范规定的是（　　）。

A. 避难层设置消防电梯出口

B. 从首层到第一个避难层之间的高度为 48 m，相邻避难层之间的高度为 49 m

C. 避难间位置靠近楼梯间并采用耐火极限不低于 2.00 h 的防火隔墙和乙级防火门与其他部位分隔

D. 避难间的净面积能满足设计避难人员避难的要求，每个护理单元面积为 30 m^2

72. 应急照明集中电源应设主电、充电、故障和应急状态指示灯，对应急照明集中电源进行检查时，黄色灯亮表明电源处于（　　）状态。

A. 主电　　B. 充电　　C. 故障　　D. 应急

73. 街区道路布置和市政消火栓的布局能满足灭火救援需要，街区道路中心线间距离一般在（　　）m 以内，市政消火栓沿可通行消防车的街区道路布置，间距不得大于（　　）m。

A. 100，150　　B. 160，120　　C. 160，100　　D. 150，100

74. 消防车道常见设置形式有环形消防车道、尽头式消防车道、穿越建筑的消防车道和与环形消防车道相连的中间消防车道等形式。对占地面积大于 30 000 m^2 的液化石油气储罐区进行检查，消防车道的正确设置形式为（　　）。

A. 环形消防车道　　B. 尽头式消防车道

C. 穿越建筑的消防车道　　D. 与环形消防车道相连的中间消防车道

75. 对细水雾灭火系统进行气压试验时，不符合要求的做法是（　　）。

A. 试验介质为空气

B. 干式系统的试验压力为 0.28 MPa，且稳压 24 h，压力降不大于 0.01 MPa

C. 预作用系统的试验压力为 0.28 MPa，且稳压 24 h，压力降不大于 0.01 MPa

D. 双流体系统气体管道的试验压力为水压强度试验压力的 60%

76. 自动喷水灭火系统每季度进行一次检查与维护的项目不包括（　　）。

A. 水源供水能力测试

B. 水流指示器报警试验

C. 电磁阀启动试验

D. 室外阀门井中的控制阀门开启状况及其使用性能测试

77. 对气体灭火系统的外观检查中，不符合要求的是（　　）。

A. 同一规格的灭火剂储存容器，其高度差为 15 mm

B. 同一规格的驱动气体储存容器，其高度差为 15 mm

C. 球阀或蝶阀结构的总控阀标有阀位指示标志（“开”和“关”或者“OPEN”和“CLOSE”），指示标志清晰易见

D. 组件所有外露接口均设有防护堵盖，且封闭良好，接口螺纹和法兰密封面无损伤

78. 回路内应装设断路器、熔断器之类的过电流防护电器来防范电气过载引起的灾害，应保证防护电器有效动作的电流最大不应大于回路载流量（　　）倍。

A. 1.10　　B. 1.25　　C. 1.30　　D. 1.45

79. 应急照明回路沿电缆管井垂直敷设时，公共建筑应急照明配电箱供电范围不宜超过（　　）层，住宅建筑不宜超过（　　）层。

A. 5，10　　B. 6，12　　C. 7，14　　D. 8，16

80. 消防站的设置位置便于消防车迅速通往工艺装置区和罐区，宜位于化工企业生产区（　　）且避开工厂主要人流道路。

A. 全年最小频率风向的上风侧　　B. 全年最小频率风向的下风侧

C. 全年最大频率风向的上风侧　　D. 全年最大频率风向的下风侧

二、多项选择题（共20题，每题2分。每题的备选项中，有2个或2个以上符合题意，至少有1个错项。错选，本题不得分；少选，所选的每个选项得0.5分）

81. 注册消防工程师进行职业道德修养的具体方法包括（　　）。

A. 自我反思　　B. 向榜样学习

C. 坚持“慎独”　　D. 提高法律素养

E. 提高道德选择能力

82. 对某 52 000 m^2 的在建工程临时室外消防给水系统进行检查时，符合现行国家工程消防技术标准的要求的有（　　）。

A. 临时室外消防用水量设计为火灾延续时间 1 h

B. 临时给水管网为环状

C. 临时室外消防给水干管的管径应依据施工现场临时消防用水量和干管内水流计算速度进行计算确定，且最小管径为 *DN*100 mm

D. 室外消火栓沿在建工程均匀布置，距在建工程的外边线的最小距离为 4.5 m

E. 室外消火栓的最大间距为 110 m

83. 对某办公大楼湿式自动喷水灭火系统进行检测的过程中，发现报警阀组漏水，可能导致报警阀组漏水的原因包括（　　）。

A. 系统侧管道接口渗漏　　B. 报警管路测试控制阀渗漏

C. 复位杆未复位　　D. 阀瓣密封垫老化或损坏

E. 排水阀门未完全关闭

84. 细水雾灭火系统是一种灭火效能高、环保、使用范围较广的灭火系统。在对细水雾灭火系统的管网试压试验中，以下试验条件或操作符合规范要求的有（　　）。

A. 水压试验环境温度应不低于 0℃，当低于 0℃时，应采取防冻措施

B. 试验压力为系统工作压力的 1.5 倍

C. 试验用水的水质与管道的冲洗水一致，水中氯离子含量不超过 25 mg/kg

D. 试验的测试点设在系统管网的最高点

E. 当压力升至试验压力后，稳压 5 min，管道无损坏、变形，再将试验压力降至设计压力，稳压 90 min

85. 火灾自动报警系统竣工后，建设单位应负责组织施工、设计、监理等单位进行检测，施工单位应提供的资料包括（　　）。

A. 施工现场质量管理检查记录，工程质量事故处理报告

B. 建筑施工许可证

C. 火灾自动报警系统施工过程质量管理检查记录

D. 火灾自动报警系统内各设备的检验报告、合格证及相关材料

E. 竣工检测申请报告、设计变更通知书、竣工图

86. 某大型商场共有 6 个防火分区，对其设置的消防电梯进行检查时，下列检查结果符合规范要求的有（　　）。

A. 一共 6 部消防电梯，分别位于 6 个不同的防火分区

B. 消防电梯的井底应设置排水设施，排水井的容量为 1.5 m^3

C. 采用耐火极限为 3 h 防火卷帘

D. 消防电梯与防烟楼梯间合用前室，其使用面积为 12 m^2

E. 6 部消防电梯从首层到顶层的运行时间最长为 55 s

87. 消防安全重点单位是指发生火灾可能性较大以及发生火灾可能造成重大的人身伤亡或者财产重大损失的单位。《机关、团体、企业、事业单位消防安全管理规定》确定了消防安全重点单位的范围，下列单位中属于消防安全重点单位的有（　　）。

A. 保龄球馆、旱冰场、桑拿浴室

B. 客房数为 80 间的旅馆

C. 老人住宿床位为 48 张的养老院

D. 建筑面积为 600 m^2 的客运车站候车厅

E. 建筑面积在 3 000 m^2 的公共图书馆

88. 在对高层办公建筑的幕墙进行检查的过程中，幕墙外立面开口之间的防火设置符合规范要求的做法包括（　　）。

A. 上、下层开口之间采用实体墙分隔，墙体的高度为 1.20 m

B. 上、下层开口之间采用耐火完整性为 1.00 h 的防火玻璃墙分隔，墙体的高度为 1.20 m

C. 室内设置自动喷水灭火系统，上、下层开口之间防火璃墙高度为 0.8 m

D. 室内设置自动喷水灭火系统，上、下层开口之间不燃性实体墙高度为 0.6 m

E. 采用防火挑檐分隔，挑檐的宽度为 1.1 m

89. 在安装干粉输送管道时，正确的做法包括（　　）。

A. 采用螺纹连接时，安装后的螺纹根部有 2 ~ 3 扣外露螺纹，连接处外部清理干净并作防腐处理

B. 采用法兰连接时，拧紧后，凸出螺母的长度不能大于螺杆直径的 1/2，确保有不少于 2 扣外露螺纹

C. 管道穿过墙壁、楼板处需安装套管

D. 经过防腐处理的无缝钢管不采用焊接连接，当与选择阀等个别连接部位需采用法兰焊接连接时，要对被焊接损坏的防腐层进行二次防腐处理

E. 管道末端采用防晃支架固定，支架与末端喷头间的距离为 800 mm

90. 应急预案编制后必须经过演练的检验方可确定，应急预案演练的目的包括（　　）。

A. 检验预案　　B. 完善准备

C. 合理定位　　D. 磨合机制

E. 科普宣教

91. 我国常用的气体灭火系统包括（　　）。

A. 二氧化碳灭火系统　　B. 氮气灭火系统

C. 七氟丙烷灭火系统　　D. IG541 灭火系统

E. 热气溶胶预制灭火系统

92. 泡沫炮系统是一种以泡沫炮为泡沫产生与喷射装置的低倍数泡沫系统，有固定式与移动式之分，其适用场所包括（　　）。

A. 直径小于 18 m 的非水溶性液体固定顶储罐

B. 围堰内的甲、乙、丙类液体流淌火灾

C. 甲、乙、丙类液体汽车槽车栈台或火车槽车栈台

D. 飞机库

E. 汽车库

93. 消防救援口是指设置在厂房、仓库、公共建筑的外墙上，便于消防队员迅速进入建筑内部，有效开展人员救助和灭火行动的窗口。对某高层商业综合体进行防火检查中，

消防救援口设置符合规范要求的有（　　）。

A. 消防救援口设置位置与消防车登高操作场地相对应

B. 窗口的玻璃易于破碎，并在外侧设置易识别的明显标志

C. 每个防火分区设有一个消防救援口

D. 消防救援口的净高度和净宽度均为 1.00 m，窗口下沿距室内地面为 1.10 m

E. 消防救援口沿建筑外墙在每层设置，设置间距为 18 m

94. 下列汽车加油加气站中，不应在城市中心建设的有（　　）。

A. 一级加油站　　B. LNG 加油站

C. CNG 加气母站　　D. 一级加气站

E. 一级加油加气合建站

95. 建筑耐火等级指建筑物整体的耐火性能，是由组成建筑物的墙、柱、梁、楼板等主要构件的（　　）决定，分为一、二、三、四级。

A. 燃烧性能　　B. 材料材质

C. 阻燃性能　　D. 最低耐火极限

E. 阻燃级别

96. 建筑内的管道和管道井是火灾烟气和火灾蔓延的通道之一，在对竖向井道进行检查时，符合规范要求的包括（　　）。

A. 电缆井在每层楼板处采用难燃材料封堵

B. 电缆井道井壁耐火极限不低于 1.00 h，井壁上的检查门为丙级防火门

C. 电梯井独立设置，井内严禁敷设可燃气体和甲、乙、丙类液体管道

D. 垃圾斗采用不燃烧材料制作，并能自行关闭

E. 电梯门的耐火极限不低于 1.00 h，并同时符合相关完整性和隔热性要求

97. 某商场地上 4 层，地下 2 层，建筑高度为 20 m，总建筑面积为 36 000 m^2。每层建筑面积为 6 000 m^2，地下二层商场室内地面与室外出入口地坪高差为 12 m。对该商场地下部分进行防火检查，符合规范要求的设置包括（　　）。

A. 设置防烟楼梯间　　B. 设置带乙级防火门的封闭楼梯间

C. 自动喷水灭火系统　　D. 设置开敞楼梯间

E. 设置防烟排烟设施

98. 阀门是控制消防系统管道内水的流动方向、流量及压力的，是具有可动机构的机械，是消防给水系统中不可缺少的部件。在消防给水管网的安装过程中，阀门的选用应根据（　　）来选择。

A. 介质的性质　　B. 最大工作压力

C. 最高工作温度　　D. 介质的流量

E. 介质的流动方向

99. 对不同类型喷头进行安装时，安装方式正确的包括（　　）。

A. 隐蔽式喷头安装时，喷头根部螺纹及其部分或者全部本体嵌入顶棚护罩内，喷头下垂安装于配水支管上

B. 干式喷头连接于特殊的短立管上，根据其保护区域结构特征和喷头型号、规格，直立向上、下垂或者水平安装于配水支管上

C. 齐平式喷头安装时，喷头根部螺纹及其部分本体下垂安装于顶棚内配水支管上，部分或者全部热敏元件随部分喷头本体安装于吊顶下

D. 边墙型喷头根据选定的型号、规格，水平安装于顶棚下的边墙上，或者直立向上、下垂安装于顶棚下

E. 下垂型喷头连接 *DN*25 mm 的短立管或者直接向上直立安装于配水支管上

100. 对建筑内灭火器配置进行检查时，下列灭火器的配置符合要求的有（　　）。

A. 每个配置单元内灭火器为 1 具

B. 开门型灭火器箱的箱门开启角度为 170°

C. 翻盖型灭火器箱的翻盖开启角度为 100°

D. 嵌墙式灭火器箱中，手提式灭火器顶部与地面距离为 1.50 m，底部与地面距离为 0.08 m

E. 同一配置单元配置灭火剂不相容的两类灭火器

消防安全技术综合能力
模拟测试（一）参考答案及解析

一、单项选择题（共 80 题，每题 1 分。每题的备选项中，只有 1 个最符合题意）

1. B 《中华人民共和国消防法》总则中规定，“消防工作贯彻预防为主、防消结合的方针，按照政府统一领导、部门依法监管、单位全面负责、公民积极参与的原则，实行消防安全责任制，建立健全社会化的消防工作网络”。

2. B 从注册消防工程师职业道德原则应具有的特点和作用来看，注册消防工程师职业道德最根本的原则包括维护公共安全原则和诚实守信原则。

3. C 对建筑消防设施每年至少进行一次全面检测，确保完好有效，检测记录应当完整准确，存档备查。

4. B 《中华人民共和国消防法》明确了消防机构实施消防安全检查的时限和工作要求，规定消防机构应当自受理申请之日起 10 个工作日内，根据消防技术标准和管理规定，对该场所进行消防安全检查。未经消防安全检查或者经检查不符合消防安全要求的，不得投入使用、营业。

5. D 《中华人民共和国消防法》规定，消防产品质量认证、消防设施检测等消防技术服务机构出具虚假文件的，责令改正，处 5 万元以上 10 万元以下罚款，并对直接负责的主管人员和其他直接责任人员处 1 万元以上 5 万元以下罚款；有违法所得的，并处没收违法所得；给他人造成损失的，依法承担赔偿责任；情节严重的，由原许可机关依法责令停止执业或者吊销相应资质、资格。

6. B 当事人对火灾事故认定有异议的，可以自火灾事故认定书送达之日起 15 日内，向上一级消防机构提出书面复核申请；对省级人民政府消防机构做出的火灾事故认定有异议的，向省级人民政府公安机关提出书面复核申请。

7. C 强令他人违章电焊属于强令他人违章冒险作业，涉嫌下列情形之一的，应予以立案追诉：（1）造成死亡 1 人以上，或者重伤 3 人以上的。（2）造成直接经济损失 50 万元以上的。（3）发生矿山生产安全事故，造成直接经济损失 100 万元以上的。（4）其他造成严重后果的情形。

8. C 消防安全责任人应履行下列职责：（1）贯彻执行消防法规，保障单位消防安全符合规定，掌握本单位的消防安全情况。（2）将消防工作与本单位的生产、科研、经营、管理等活动统筹安排，批准实施年度消防工作计划。（3）为本单位的消防安全提供必要的经费和组织保障。（4）确定逐级消防安全责任，批准实施消防安全制度和保障消防安全的操作规程。（5）组织防火检查，督促落实火灾隐患整改，及时处理涉及消防安全的重大问题。（6）根据消防法规的规定建立专职消防队、志愿消防队。（7）组织制定符合本单位实际的灭火和应急疏散预案，并实施演练。选项 C 中组织管理专职消防队和志愿消防队是消防安全管理人的职责。

9. C　消防电梯的设置范围：（1）建筑高度大于 33 m 的住宅建筑。（2）一类高层公共建筑和建筑高度大于 32 m 的二类高层公共建筑。（3）设置消防电梯的建筑的地下或半地下室，埋深大于 10 m 且总建筑面积大于 3 000 m^2 的其他地下或半地下建筑（室）。（4）符合下列条件的建筑可不设置消防电梯：①建筑高度大于 32 m 且设置电梯，任一层工作平台上的人数不超过 2 人的高层塔架。②局部建筑高度大于 32 m，且局部高出部分的每层建筑面积不大于 50 m^2 的丁、戊类厂房。

10. C　报警阀调试宜采用检测、试验管道进行供水。自动和手动方式启动的雨淋报警阀，应在联动信号发出或手动控制操作后 15 s 内启动；公称直径大于 200 mm 的雨淋报警阀，应在 60 s 内启动。报警阀调试时，当报警水压为 0.05 MPa，水力警铃应发出报警铃声。

11. A　消防设施现场检查结束后，根据各类设施的施工及验收规范确定的工程施工质量缺陷类别，按照下列规则对各类消防设施的施工质量作出验收判定结论：消防给水及消火栓系统、自动喷水灭火系统、防烟排烟系统和火灾自动报警系统等工程施工质量缺陷划分为严重缺陷项（A）、重缺陷项（B）和轻缺陷项（C）。火灾自动报警系统的工程施工质量缺陷，当 A=0，B ≤ 2，且 B+C ≤检查项的 5% 时，竣工验收判定为合格；否则，竣工验收判定为不合格。

12. C　在检查消防水枪的抗跌落性能时，将消防水枪（旋转开关处于关闭位置）以喷嘴垂直朝上、喷嘴垂直朝下，以及水枪轴线处于水平（若有开关时，开关处于消防水枪轴线之下处并处于关闭位置）三个位置，从离地（2.0 ± 0.02）m 高处（从水枪的最低点算起）自由跌落到混凝土地面上。

13. B　防烟楼梯间前室的使用面积为：公共建筑、高层厂房（仓库）不应小于 6.0 m^2，住宅建筑不应小于 4.5 m^2；所设前室可与消防电梯间前室合用，合用前室的使用面积为：公共建筑、高层厂房（仓库）不应小于 10.0 m^2，住宅建筑不应小于 6.0 m^2。选项 B 中为建筑面积，使用面积小于 6.0 m^2，故选项 B 错误。

14. D　玻璃球喷头玻璃球色标与对应公称动作温度见下表：

公称动作温度 /℃	57	68	79	93	107	121	141	163	182	204	227	260	343
玻璃球色标	橙	红	黄	绿		蓝		紫		黑			

由上表可知，当设计动作温度为 68℃时，应使用红色玻璃球喷头，故选项 D 错误。

15. B　湿式报警阀组漏水故障原因分析：（1）排水阀门未完全关闭。（2）阀瓣密封垫老化或者损坏。（3）系统侧管道接口渗漏。（4）报警管路测试控制阀渗漏。（5）阀瓣组件与阀座之间因变形或者污垢、杂物阻挡出现不密封状态。

16. B　下列情况不应采用性能化设计评估方法：（1）国家法律、法规和现行国家工程建设消防技术标准有强制性条文规定的。（2）国家现行工程建设消防技术标准已有明确规定，且无特殊使用功能的建筑。（3）居住建筑。（4）医疗建筑、教学建筑、幼儿园、托儿所、老年人建筑、歌舞娱乐游艺场所。（5）室内净高小于 8.0 m 的丙、丁、戊类厂房和丙、丁、戊类仓库。（6）甲、乙类厂房、甲、乙类仓库，可燃液体、气体储存设施及其他易燃易爆工程或场所。

17. D　区域火灾风险评估可按照以下步骤进行：信息采集、风险识别、评估指标体系建立、风险分析与计算、确定评估结论、风险控制措施。

18. C　穿越防火墙的管道：防火墙内不得设置排气道，以及可燃气体和甲、乙、丙类液体的管道；对穿过防火墙的其他管道，应检查是否采用防火封堵材料将墙与管道之间的空隙紧密填实；穿过防火墙处的管道保温材料应采用不燃材料；当管道为难燃及可燃材料时，应在防火墙两侧的管道上采取防火措施。

19. A　消防水带压力试验：截取 1.2 m 长的消防水带，使用手动试压泵或电动试压泵平稳加压至试验压力，保压 5 min，检查是否有渗漏现象，有渗漏则不合格。

20. D　管网灭火系统应设自动控制、手动控制和机械应急操作三种启动方式。预制灭火系统应设自动控制和手动控制两种启动方式。

21. C　根据《建筑设计防火规范》（GB 50016），老年人建筑及儿童活动场所设置在一、二级耐火等级的建筑内时，应设置在建筑物的首层或二、三层，不应超过三层；当设置在三级耐火等级的建筑内时，应设置在首层及二层；当设置在四级耐火等级的建筑内时，应设置在首层。设置在高层建筑内时，应设置独立的安全出口和疏散楼梯；设置在单、多层建筑内时，宜设置独立的安全出口和疏散楼梯。

22. A　利用末端试水装置、楼层试水阀对水流指示器进行进场动作、报警检查试验时，首先检查消防联动控制设备和末端试水装置、楼层试水阀的完好性，符合试验条件的，开启末端试水装置或者试水阀，发现水流指示器在规定时间内不报警的，首先检查水流指示器的控制线路，若存在断路、接线不实等情况的，重新接线至正常；之后，检查水流指示器，发现有异物、杂质等卡阻桨片的，及时清除异物、杂质；发现调整螺母与触头未到位的，重新调试到位。

23. B　根据建筑的使用性质、建筑层数、建筑高度等因素判断建筑内疏散楼梯间设置的合理性。地下或半地下建筑（室）疏散楼梯间的设置应符合下列要求：3 层及以上或室内地面与室外出入口地坪高差大于 10 m 的地下或半地下建筑（室），其疏散楼梯应采用防烟楼梯间；其他地下或半地下建筑（室），其疏散楼梯可采用封闭楼梯间。

24. B　使用达到下列规定年限的灭火器，建筑（场所）使用管理单位要分批次向灭火器维修企业送修：（1）手提式、推车式水基型灭火器出厂期满 3 年；首次维修以后每满 1 年。（2）手提式、推车式干粉灭火器、洁净气体灭火器、二氧化碳灭火器出厂期满 5 年；首次维修以后每满 2 年。

25. B　设置商业服务网点的住宅建筑，其居住部分与商业服务网点之间应采用耐火极限不低于 2.00 h 且无门、窗、洞口的防火隔墙和不低于 1.50 h 的不燃性楼板完全分隔。住宅部分和商业服务网点部分的安全出口和疏散楼梯应分别独立设置。商业服务网点中每个分隔单元之间应采用耐火极限不低于 2.00 h 且无门、窗、洞口的防火隔墙相互分隔，当每个分隔单元任一层建筑面积大于 200 m^2 时，该层应设置两个安全出口或疏散门。

26. A　外立面开口之间的防火措施：建筑外墙上在上、下层开口之间，如果采用实体墙分隔，当室内设置自动喷水灭火系统时，墙体的高度不应小于 0.8 m，否则墙体的高度不应小于 1.2 m；如果采用防火挑檐分隔，挑檐的宽度不应小于 1.0 m、长度不小于开口宽度；如果上、下层开口之间因实体墙设置有困难，采用防火玻璃墙分隔，对于高层建筑，防火玻璃墙的耐火完整性不低于 1.00 h，对于多层建筑，防火玻璃墙的耐火完整性不低于 0.50 h。对于住宅建筑，还需要检查外墙上相邻户开口之间的墙体宽度，如果小于 1.0 m，开口之间要设置凸出外墙不小于 0.6 m 的隔板。

27. C　歌舞娱乐放映游艺场所可布置在地下一层，但地下一层地面与室外出入口地坪的高差不得大于 10 m，一个厅、室的建筑面积不得大于 200 m^2；儿童活动场所不得设置在四层及以上楼层；会议厅设置在四层及以上楼层时建筑面积不应超过 400 m^2；消防控制室不得设置在地下二层。

28. B　消防水泵房的设置部位：附设在建筑内的消防水泵房，不得设置在地下三层及以下或室内地面与室外出入口地坪高差大于 10 m 的地下楼层内；如单独建造，建筑物的耐火等级不低于二级。消防水泵房应采用耐火极限不低于 2.00 h 的防火隔墙和耐火极限不低于 1.50 h 的楼板与其他部位分隔，开向建筑内的门采用乙级防火门。消防水泵房的疏散门直通室外或安全出口。

29. D　对于台阶式地坪，当位于不同高程地坪上的同一建筑之间有防火墙分隔，各自有符合规范规定的安全出口，且可沿建筑的两个长边设置贯通式或尽头式消防车道时，可分别确定各自的建筑高度。否则，建筑高度按其中建筑高度最大者确定。局部凸出屋顶的瞭望塔、冷却塔、水箱间、微波天线间或设施、电梯机房、排风和排烟机房以及楼梯出口小间等辅助用房占屋面面积不大于 1/4 时，不需计入建筑高度。对于住宅建筑，设置在底部且室内高度不大于 2.2 m 的自行车库、储藏室、敞开空间，室内外高差或建筑的地下或半地下室的顶板面高出室外设计地面的高度不大于 1.5 m 的部分，不计入建筑高度。室内顶板面高出室外设计地面的高度不大于 1.5 m 的地下或半地下室，设置在建筑底部且室内高度不大于 2.2 m 的自行车库、储藏室、敞开空间，以及建筑屋顶上凸出的局部设备用房、出屋面的楼梯间等，可不计入建筑层数内。

30. C　建筑内上下层相连通的中庭，其连通部位的顶棚、墙面装修材料燃烧性能等级须为 A 级，其他部位可采用不低于 B_1 级的装修材料。

31. C　消防安全责任制是单位消防安全管理制度中最根本的制度。制度需要明确单位消防安全责任人、消防安全管理人以及全体人员应履行的消防安全职责，明确逐级和岗位消防安全职责，确定各级、各岗位的消防安全责任人，签订责任书，落实消防安全责任。

32. C　疏散走道两侧应采用一定耐火极限的隔墙与其他部位分隔，隔墙须砌至梁、板底部且不应留有缝隙。疏散走道两侧隔墙的耐火极限，一、二级耐火等级的建筑不应低于 1.00 h，三级耐火等级的建筑不应低于 0.50 h，四级耐火等级的建筑不应低于 0.25 h。

33. A　消防救援口是指设置在厂房、仓库、公共建筑的外墙上，便于消防员迅速进入建筑内部，有效开展人员救助和灭火行动的窗口。防火检查中，通过对建筑外立面的检查，核实消防救援口的设置是否符合现行国家工程建设消防技术标准的要求。主要检查内容有：（1）消防救援口设置位置与消防车登高操作场地相对应。窗口的玻璃应易于破碎，并在外侧设置易识别的明显标志。（2）消防救援口的净高度和净宽度均不小于 1.00 m，窗口下沿距室内地面不宜大于 1.20 m。（3）消防救援口沿建筑外墙在每层设置，设置间距不宜大于 20 m，且保证每个防火分区不少于 2 个。

34. C　消防车登高面的设置：高层建筑至少沿一个长边或周边长度的 1/4 且不小于一个长边长度的底边连续布置消防车登高面，此范围内裙房的进深不得大于 4 m，且在此范围内设有直通室外的楼梯或直通楼梯间的入口，便于消防员尽快安全到达着火层。对于建筑高度不大于 50 m 的建筑，消防车登高面可间隔布置，间隔的距离不宜大于 30 m。

消防车登高操作场地的设置：消防车登高操作场地与消防车道连通，与厂房、仓库、民用建筑之间不得设置妨碍消防车操作的树木、架空管线等障碍物和车库出入口。场地靠建筑外墙一侧的边缘距离建筑外墙不宜小于 5 m，且不应大于 10 m；场地的坡度不宜大于 3%，长度和宽度分别不应小于 15 m 和 10 m。对于建筑高度大于 50 m 的建筑，场地的长度和宽度分别不应小于 20 m 和 10 m。

35. B　细水雾灭火系统管网的冲洗要求有：（1）管网冲洗的水流速度、流量不小于系统设计的流速、流量。（2）管网冲洗分区、分段进行；水平管网冲洗时，其排水管位置应低于配水支管。（3）管网冲洗的水流方向与灭火时管网的水流方向一致。（4）管网冲洗要连续进行。出口处水的颜色、透明度与入口处水的颜色、透明度基本一致，用白布检查无杂质，冲洗方可结束。

36. B　自动喷水灭火系统的下列项目至少每年进行一次检查与维护：（1）水源供水能力测试。（2）水泵接合器通水加压测试。（3）储水设备结构材料检查。（4）水泵流量性能测试。（5）系统联动测试。

37. C　排烟窗的温控释放装置、排烟防火阀的易熔片应有10%的备用件，且不少于10只。

38. C　设在变形缝处附近的防火门，须安装在楼层较多的一侧，且门扇开启后不得跨越变形缝。变形缝的填充材料和变形缝的构造基层采用不燃材料。变形缝内不得设置电缆、电线、可燃气体和甲、乙、丙类液体的管道。确需穿过时，在穿过处加设不燃材料制作的套管或采取其他防变形措施，并采用防火封堵材料封堵。当通风、空调系统的风管穿越防火分隔处的变形缝时，其两侧设置公称动作温度为70℃的防火阀。

39. B　室内消火栓按结构型式可分为直角出口型室内消火栓、45°出口型室内消火栓、旋转型室内消火栓、减压型室内消火栓、旋转减压型室内消火栓、减压稳压型室内消火栓、旋转减压稳压型室内消火栓等。

40. D　柴油发电机房设置要求：（1）设置层数。柴油发电机房不应布置在人员密集场所的上一层、下一层或贴邻，宜布置在建筑物的首层及地下一、二层。（2）与建筑其他部位的防火分隔。采用耐火极限不低于2.00 h的防火隔墙和耐火极限不低于1.50 h的不燃性楼板与其他部位分隔，门采用甲级防火门。（3）储油间的设置。机房内设置储油间的总储存量不应大于1 m^3，且储油间采用耐火极限不低于3.00 h的防火隔墙与发电机间分隔；确需在防火隔墙上开门时，设置甲级防火门。

41. A　厂房和仓库耐火等级的要求有以下几点：（1）使用或储存特殊贵重的机器、仪表、仪器等设备或物品时，建筑耐火等级不应低于二级。（2）高层厂房，甲、乙类厂房，使用或产生丙类液体的厂房和有火花、赤热表面、明火的丁类厂房，油浸变压器室、高压配电装置室、锅炉房、高架仓库、高层仓库、甲类仓库、多层乙类仓库和储存可燃液体的多层丙类仓库、粮食筒仓，其耐火等级不应低于二级。（3）单、多层丙类厂房，多层丁、戊类厂房，单层乙类仓库，单层丙类仓库，储存可燃固体的多层丙类仓库和多层丁、戊类仓库，粮食平房仓，其耐火等级不应低于三级。（4）建筑面积不大于300 m^2的独立甲、乙类单层厂房，建筑面积不大于500 m^2的单层丙类厂房或建筑面积不大于1 000 m^2的单层丁类厂房，燃煤锅炉房且锅炉的总蒸发量不大于4 t/h时，可采用三级耐火等级的建筑。

42. C　城市消防远程监控系统由用户信息传输装置、报警传输网络、监控中心以及火警信息终端等几部分组成。

43. A　根据《消防安全技术实务（2018年版）》辅导教材中生产的火灾危险性分类及举例和储存物品的火灾危险性分类及举例，可判断面粉加工厂属于乙类厂房，沥青中间仓库属于丙类中间仓库，汽油中间仓库属于甲类中间仓库，某酚醛泡沫塑料及其制品仓库属于丁类仓库。对于甲、乙类厂房，办公室、休息室等不得设置在厂房内，故选项A错误。确需贴邻本厂房时，厂房的耐火等级不应低于二级，并采用耐火极限不低于3.00 h的防爆墙与厂房分隔且设置独立的安全出口。对于甲、乙类中间仓库，储量不宜超过一昼夜的需要量；靠外墙布置，并应采用防火墙和耐火极限不低于1.50 h的不燃性楼板与其他部位隔开。对于丙类仓库，采用防火墙和耐火极限不低于1.50 h的楼板与其他部位分隔，仓库的耐火等级和面积要同时符合丙类仓库的相关规定，且中间仓库与所服务车间的建筑面积之和不大于该类厂房有关一个防火分区的最大允许建筑面积。对于丁、戊类仓库，采用耐火极限不低于 2.00 h 的防火隔墙和 1.00 h 的楼板与其他部位分隔，仓库的耐火等级和面积符合丁、戊类仓库的相关规定。故选项 B、C、D 正确。

44. B　不同耐火等级厂房和仓库建筑构件的燃烧性能和耐火极限：一级耐火等级单层厂房屋顶承重构件的耐火极限应不低于 1.50 h；一级耐火等级的单层、多层厂房（仓库），当采用自动喷水灭火系统进行全保护时，其屋顶承重构件的耐火极限不应低于 1.00 h。

45. C　装运液化石油气和其他易燃易爆化学物品的专用码头、车站布置在城市或港区的独立安全地段。装运液化石油气和其他易燃易爆化学物品的专用码头与装运其他物品的码头之间的距离不小于最大装运船舶长度的两倍，距主航道的距离不小于最大装运船舶长度的一倍。

46. D　对防火间距实地进行测量时，沿建筑周围选择相对较近处测量间距，测量值的允许负偏差不得大于规定值的 5%。具体测量方法：（1）建筑物之间的防火间距按相邻建筑外墙的最近水平距离计算，当外墙有凸出的可燃或难燃构件时，从其凸出部分外缘算起。建筑物与储罐、堆场的防火间距，为建筑外墙至储罐外壁或堆场中相邻堆垛外缘的最近水平距离。（2）储罐之间的防火间距为相邻两储罐外壁的最近水平距离。储罐与堆场的防火间距为储罐外壁至堆场中相邻堆垛外缘的最近水平距离。（3）堆场之间的防火间距为两堆场中相邻堆垛外缘的最近水平距离。（4）变压器之间的防火间距为相邻变压器外壁的最近水平距离。变压器与建筑物、储罐或堆场的防火间距，为变压器外壁至建筑外墙、储罐外壁或相邻堆垛外缘的最近水平距离。（5）建筑物、储罐或堆场与道路、铁路的防火间距，为建筑外墙、储罐外壁或相邻堆垛外缘距道路最近一侧路边或铁路中心线的最小水平距离。

47. B　目前，在建筑中大量采用大面积、大跨度的防火卷帘替代防火墙进行水平防火分隔的做法，存在较大消防安全隐患。因此，对设置在中庭以外用于防火分隔的防火卷帘，须检查其设置宽度。当防火分隔部位的宽度不大于 30 m 时，防火卷帘的宽度不应大于 10 m；当防火分隔部位的宽度大于 30 m 时，防火卷帘的宽度不大于该部位宽度的 1/3，且不应大于 20 m。查看防火卷帘外观，检查周围是否存放商品或杂物。手动启动防火卷帘，观察防火卷帘运行平稳性能以及与地面的接触情况；使用秒表、卷尺测量卷帘的启、闭运行速度；使用声级计在距卷帘表面的垂直距离 1 m、距地面的垂直距离 1.5 m 处水平测量卷帘启、闭运行的噪声。防火卷帘的导轨运行平稳，不允许有脱轨和明显的倾斜现象。双帘面卷帘的两个帘面同时升降，两个帘面之间的高度差不大于 50 mm。垂直卷帘的电动启、闭运行速度为 2 ～ 7.5 m/min；其自重下降速度不大于 9.5 m/min。卷帘启、闭运行的平均噪声不大于 85 dB。与地面接触时，座板与地面平行，接触均匀且不得倾斜。

48. A　防烟分区一般根据建筑内部的功能分区和排烟系统的设计要求，按其用途、面积、楼层划分。具体检查要求为：（1）防烟分区不得跨越防火分区。（2）有特殊用途的场所，如防烟楼梯间、消防电梯、避难层间等，必须独立划分防烟分区；不设排烟设施的部位（包括地下室）可不划分防烟分区。

49. B 卷帘式挡烟垂壁挡烟部件由两块或两块以上织物缝制时，搭接宽度不得小于 20 mm；当单节挡烟垂壁的宽度不能满足防烟分区要求，采用多节垂壁搭接的形式使用时，卷帘式挡烟垂壁的搭接宽度不得小于 100 mm；翻板式挡烟垂壁的搭接宽度不得小于 20 mm。宽度测量值的允许负偏差不得大于规定值的 5%。

50. A 当公共建筑仅设一个安全出口或一部疏散楼梯时，检查内容以及检查结果应符合下列要求：除托儿所、幼儿园外的单层公共建筑或多层公共建筑的首层，建筑面积不大于 200 m^2 且人数不超过 50 人的厂房每个防火分区或一个防火分区的每个楼层的安全出口不少于 2 个。当厂房仅设一个安全出口时，检查内容以及检查结果符合下列要求：甲类厂房，每层建筑面积不大于 100 m^2，且同一时间的作业人数不超过 5 人。乙类厂房，每层建筑面积不大于 150 m^2，且同一时间的作业人数不超过 10 人。丁、戊类厂房，每层建筑面积不大于 400 m^2，且同一时间的作业人数不超过 30 人。

51. C 消防电梯应分别设置在不同防火分区内，且每个防火分区不少于 1 台。消防电梯井、机房与相邻其他电梯井、机房之间采用耐火极限不低于 2.00 h 的防火隔墙分隔；在隔墙上开设的门采用甲级防火门。消防电梯的井底应设置排水设施，排水井的容量不小于 2 m^3，排水泵的排水量不小于 10 L/s。消防电梯间前室的门口宜设置挡水设施。消防电梯行驶速度从首层到顶层的运行时间不应超过 60 s。

52. A 高层医疗建筑单面布房疏散走道净宽度不应小于 1.40 m，双面布房疏散走道净宽度不应小于 1.50 m；疏散走道两侧应采用一定耐火极限的隔墙与其他部位分隔，隔墙须砌至梁、板底部且不应留有缝隙。疏散走道两侧隔墙的耐火极限，一、二级耐火等级的建筑不应低于 1.00 h，三级耐火等级的建筑不应低于 0.5 h，四级耐火等级的建筑不应低于 0.25 h。地上建筑的水平疏散走道，其顶棚装饰材料采用 A 级装修材料，其他部位应采用不低于 B_1 级的装修材料。

53. A 考虑到目前国内主战举高消防车——50 m 高云梯车的操作要求，从首层到第一个避难层之间的高度不应大于 50 m，两个避难层之间的高度以不大于 50 m 为宜。避难层应设置消防电梯出口。病房楼的避难间位置应靠近楼梯间并采用耐火极限不低于 2.00 h 的防火隔墙和甲级防火门与其他部位分隔，服务的护理单元不得超过 2 个。避难间可以利用平时使用的房间，如利用每层的监护室，也可以利用电梯前室，但合用前室不适合用作避难间，以防病床影响人员通过楼梯疏散。避难间的净面积能满足设计避难人员避难的要求，并按每个护理单元不小于 25.0 m^2 确定。当避难间兼作其他用途时，须保证其避难安全和可供避难的净面积不变。

54. A 供暖管道不得穿过存在与供暖管道接触能引起燃烧或爆炸的气体、蒸气或粉尘的房间，必须穿过时，应采用不燃材料隔热。同时，供暖管道与可燃物之间保持的距离应满足以下要求：当供暖管道的表面温度大于 100℃时，两者距离不应小于 100 mm 或采用不燃材料隔热；当供暖管道的表面温度不大于 100℃时，两者距离不应小于 50 mm 或采用不燃材料隔热。对于甲、乙类厂房（仓库），建筑内供暖管道和设备的绝热材料采用不燃材料。

55. A 建筑的外墙外保温系统外侧按要求设置不燃材料制作的防护层，并将保温材料完全包覆。除采用保温材料与两侧墙体构成无空腔复合保温结构体外，当采用燃烧性能等级为 B_1、B_2 级的保温材料时，防护层厚度首层不应小于 15 mm，其他层不应小于 5 mm。建筑的外墙内保温系统采用不燃材料做防护层；当采用燃烧性能等级为 B_1 级的保温材料时，防护层厚度不应小于 10 mm。建筑的屋面外保温系统采用燃烧性能等级为 B_1、B_2 级的保温材料时，按要求设置不燃材料制作且厚度不小于 10 mm 的防护层。当建筑的外墙外保温系统采用燃烧性能等级为 B_1、B_2 级的保温材料时，应在保温系统的每层沿楼板位置设置不燃材料制作的水平防火隔离带，隔离带的设置高度不应小于 300 mm，且与建筑外墙体全面积粘贴密实。当建筑的屋面和外墙外保温系统均采用燃烧性能等级为 B_1、B_2 级的保温材料时，还要检查外墙和屋面分隔处是否按要求设置不燃材料制作的防火隔离带，宽度不得小于 500 mm。电气线路不得穿越或敷设在燃烧性能等级为 B_1 级或 B_2 级的保温材料中；对确需穿越或敷设的，应采取穿金属管并在金属管周围采用不燃隔热材料进行防火隔离等防火保护措施。

56. D 在检查建筑的泄压设施时，主要对有爆炸危险的厂房或仓库、厂房或仓库内有爆炸危险的部位，检查其泄压设施设置的有效性。检查要求有：（1）有爆炸危险的甲、乙类厂房宜采用敞开或半敞开式，承重结构宜采用钢筋混凝土或钢框架、排架结构。（2）泄压设施的材质宜采用轻质屋面板、轻质墙体和易于泄压的门、窗等，并应采用安全玻璃等在爆炸时不产生尖锐碎片的材料。作为泄压设施的轻质屋面板和墙体，每平方米的重量不宜大于 60 kg。（3）泄压设施的设置应避开人员密集场所和主要交通道路，并宜靠近有爆炸危险的部位。（4）散发较空气轻的可燃气体、可燃蒸气的甲类厂房，宜采用轻质屋面板作为泄压面积。顶棚尽量平整、无死角，厂房上部空间保证通风良好。

57. B 消防控制室可设置在建筑物的首层或地下一层靠外墙部位，远离电磁场干扰较强及其他可能影响消防控制设备工作的房间；如单独建造，建筑物的耐火等级不低于二级。采用耐火极限不低于 2.00 h 的防火隔墙和耐火极限不低于 1.50 h 的楼板与其他部位分隔，开向建筑内的门采用乙级防火门。消防控制室的疏散门直通室外或安全出口。为避免消防控制室被淹或因进水受到影响，需设置挡水措施，若消防控制室设置在地下时，还需检查是否设置排水沟等防淹措施。

58. C 消防水源的维护管理应符合下列规定：（1）每季度应监测市政给水管网的压力和供水能力。（2）每年应对天然河、湖等地表水消防水源的常水位、枯水位、洪水位，以及枯水位流量或蓄水量等进行一次检测。（3）每年应对水井等地下水消防水源的常水位、最低水位、最高水位和出水量等进行一次测定。（4）每月应对消防水池、高位消防水池、高位消防水箱等消防水源设施的水位等进行一次检测；消防水池（箱）玻璃水位计两端的角阀在不进行水位观察时应关闭。（5）在冬季每天要对消防储水设施进行室内温度和水温检测，当结冰或室内温度低于 5℃时，要采取确保不结冰和室温不低于 5℃的措施。（6）每年应检查消防水池、消防水箱等蓄水设施的结构材料是否完好，发现问题时及时处理。（7）永久性地表水天然水源消防取水口有防止水生生物繁殖的管理技术措施。

59. D 甲、乙类厂房内的空气不应循环使用。丙类厂房内含有燃烧或爆炸危险粉尘、纤维的空气，在循环使用前应经净化处理，并使空气中的含尘浓度低于其爆炸下限的25%。民用建筑内空气中含有容易起火或爆炸危险物质的房间，应设置自然通风或独立的机械通风设施，且其空气不应循环使用。电石生产车间和氢化钠生产车间为甲类厂房，面粉加工车间为乙类厂房，棉花加工车间为丙类厂房。

60. A 水泵接合器的安装规定：（1）组装式水泵接合器的安装，应按接口、本体、连接管、止回阀、安全阀、放空管、控制阀的顺序进行，止回阀的安装方向应使消防用水能从水泵接合器进入系统；整体式水泵接合器的安装，按其使用安装说明书进行。（2）水泵接合器接口的位置应方便操作，安装在便于消防车接近的人行道或非机动车行驶地段，距室外消火栓或消防水池的距离宜为15 ~ 40 m。（3）墙壁水泵接合器的安装应符合设计要求。设计无要求时，其安装高度距地面宜为0.7 m；与墙面上的门、窗、孔洞的净距离不应小于2.0 m，且不应安装在玻璃幕墙下方。（4）地下水泵接合器的安装，应使进水口与井盖底面的距离不大于0.4 m，且不应小于井盖的半径；井内应有足够的操作空间并应做好防水和排水措施，防止地下水渗入。寒冷地区井内应做防冻保护。（5）水泵接合器与给水系统之间不应设置除检修阀门以外的其他阀门；检修阀门应在水泵接合器周围就近设置，且应保证便于操作。另外，地下消防水泵接合器应采用铸有“消防水泵接合器”标志的铸铁井盖，并在附近设置指示其位置的永久性固定标志。

61. B 对于符合下列判定要素之一的，直接判定为重大火灾隐患：（1）生产、储存和装卸易燃易爆危险品的工厂、仓库和专用车站、码头、储罐区，未设置在城市的边缘或者相对独立的安全地带。（2）生产、储存、经营易燃易爆危险品的场所与人员密集场所、居住场所设置在同一建筑物内，或者与人员密集场所、居住场所的防火间距小于国家工程建设消防技术标准规定值的75%。（3）城市建成区内的加油站、天然气或者液化石油气加气站、加油加气合建站的储量达到或者超过《汽车加油加气站设计与施工规范》（GB 50156）对一级站的规定。（4）甲、乙类生产场所和仓库设置在建筑的地下室或者半地下室。氨压缩机房属于乙类厂房，布置在地下一层，根据上述第四条标准可直接判定为重大火灾隐患。

62. B 《自动喷水灭火系统施工及验收规范》（GB 50261）中规定喷头验收应符合下列要求：（1）喷头设置场所、规格、型号、公称动作温度、响应时间指数（RTI）应符合设计要求。检查数量：抽查设计喷头数量10%，总数不少于40个，合格率应为100%。（2）喷头安装间距，喷头与楼板、墙、梁等障碍物的距离应符合设计要求。检查数量：抽查设计喷头数量5%，总数不少于20个，距离偏差 ±15 mm、合格率不小于95%时为合格。

63. D 《建筑设计防火规范》（GB 50016）中规定，甲、乙、丙类液体的地上式、半地下式储罐或储罐组，其四周应设置不燃性防火堤。防火堤的设置应符合下列规定：防火堤内的储罐布置不宜超过2排，单罐容量不大于1 000 m^3且闪点大于120℃的液体储罐不宜超过4排；防火堤的有效容量不应小于其中最大储罐的容量。对于浮顶罐，防火堤的有效容量可为其中最大储罐容量的一半；防火堤内侧基脚线至立式储罐罐壁的水平距离不应小于罐壁高度的一半。防火堤内侧基脚线至卧式储罐的水平距离不应小于 3 m；防火堤的设计高度应比计算高度高出 0.2 m，且应为 1.0 ~ 2.2 m，在防火堤的适当位置应设置便于灭火救援人员进出防火堤的踏步；沸溢性油品的地上式、半地下式储罐，每个储罐均应设置一个防火堤或防火隔堤；含油污水排水管应在防火堤的出口处设置水封设施，雨水排水管应设置阀门等封闭、隔离装置。防火堤的设计高度计算：$5\ 000\ m^3 \div 5\ 000\ m^2=1.0\ m$，1.0 m+0.2 m=1.2 m，故选项 D 不符合标准规定。

64. D 老年人建筑及儿童活动场所当设置在一、二级耐火等级的建筑内时，应设置在建筑物的首层或二、三层，不应超过三层；当设置在三级耐火等级的建筑内时，应设置在首层及二层；当设置在四级耐火等级的建筑内时，应设置在首层。设置在高层建筑内时，应设置独立的安全出口和疏散楼梯；设置在单、多层建筑内时，宜设置独立的安全出口和疏散楼梯。选项 D 将儿童活动场所设置在了三层以上，因此不符合标准。附设在建筑内的消防水泵房，不得设置在地下三层及以下或室内地面与室外出入口地坪高差大于 10 m 的地下楼层内。锅炉房不得布置在人员密集场所的上一层、下一层或贴邻，应设置在首层或地下一层的靠外墙部位，如为常（负）压燃油或燃气锅炉，可设置在地下二层或屋面上。设置在屋顶上的常（负）压燃气锅炉，距离通向屋面的安全出口不应小于 6 m。歌舞娱乐放映游艺场所，一个厅、室的建筑面积不应大于 200 m^2；建筑面积大于 50 m^2 的厅、室，疏散出口应不少于 2 个。

65. A 手提式灭火器装有间歇喷射机构。除二氧化碳灭火器以外的推车式灭火器的喷射软管前端，装有可间歇喷射的喷射枪，并设有喷射枪夹持装置，灭火器推行时喷射枪不会脱落。间歇喷射机构属于手提式灭火器。

66. A 消防水泵接合器是供消防车向消防给水管网输送消防用水的预留接口。它既可用于补充消防水量，也可用于提高消防给水管网的水压。

67. C 《火灾自动报警系统设计规范》（GB 50116）规定，在宽度小于 3 m 的内走道顶棚上设置点型探测器时，宜居中布置。感温火灾探测器的安装间距不应超过 10 m；感烟火灾探测器的安装间距不应超过 15 m；探测器至端墙的距离，不应大于探测器安装间距的 1/2。因此，本题中探测器至端墙的距离不应大于 7.5 m。

68. B 下沉式广场防风雨棚不得完全封闭，四周开口部位要均匀布置，开口的面积不得小于室外开敞空间地面面积的 25%，开口高度不得小于 1.0 m；开口设置百叶时，百叶的有效排烟面积可按百叶通风口面积的 60% 设置。

69. C 闭式喷头密封性能试验检查要求有以下几点：（1）密封性能试验的试验压力为 3.0 MPa，保压时间不少于 3 min。（2）随机从每批到场喷头中抽取 1%，且不少于 5 只作为试验喷头。当 1 只喷头试验不合格时，再抽取 2%，且不少于 10 只的到场喷头进行重复试验。（3）试验以喷头无渗漏、无损伤判定为合格。累计 2 只以及 2 只以上喷头试验不合格的，不得使用该批喷头。

70. D 泡沫灭火系统组件的现场检查主要包括组件的外观质量检查、性能检查、强度和严密性检查等。其中，外观质量检查又包括机械损伤检查、表面涂层检查等。

71. C 《建筑消防设施的维护管理》（GB 25201）中规定，应急照明系统的检测内容包括：切断正常供电，测量应急灯具照度、电源切换、充电、放电功能；测试应急电源供电时间；通过报警联动，检查应急灯具自动投入功能。

72. C 消防安全管理人是指单位中担任一定领导职务或者具有一定管理权限的人员，受单位消防安全责任人委托，具体负责组织实施单位消防安全管理工作，并对单位消防安全责任人负责。消防安全管理人履行下列职责：（1）拟订年度消防工作计划，组织实施日常消防安全管理工作。（2）组织制定消防安全制度和保障消防安全的操作规程并检查督促其落实。（3）拟订消防安全管理工作的资金投入和组织保障方案。（4）组织实施防火检查和火灾隐患整改工作。（5）组织实施对本单位消防设施、灭火器材和消防安全标志的维护保养，确保其完好有效，确保疏散通道和安全出口畅通。（6）组织管理专职消防队和志愿消防队。（7）在员工中组织开展消防知识、技能的宣传教育和培训，组织灭火和应急疏散预案的实施和演练。（8）单位消防安全责任人委托的其他消防安全管理工作。

73. B 《注册消防工程师制度暂行规定》第十二条规定，一级注册消防工程师资格考试报名条件有以下几点：（1）取得消防工程专业大学专科学历，工作满6年，其中从事消防安全技术工作满4年；或者取得消防工程相关专业大学专科学历，工作满7年，其中从事消防安全技术工作满5年。（2）取得消防工程专业大学本科学历或者学位，工作满4年，其中从事消防安全技术工作满3年；或者取得消防工程相关专业大学本科学历，工作满5年，其中从事消防安全技术工作满4年。（3）取得含消防工程专业在内的双学士学位或者研究生班毕业，工作满3年，其中从事消防安全技术工作满2年；或者取得消防工程相关专业在内的双学士学位或者研究生班毕业，工作满4年，其中从事消防安全技术工作满3年。（4）取得消防工程专业硕士学历或者学位，工作满2年，其中从事消防安全技术工作满1年；或者取得消防工程相关专业硕士学历或者学位，工作满3年，其中从事消防安全技术工作满2年。（5）取得消防工程专业博士学历或者学位，从事消防安全技术工作满1年；或者取得消防工程相关专业博士学历或者学位，从事消防安全技术工作满2年。（6）取得其他专业相应学历或者学位的人员，其工作年限和从事消防安全技术工作年限均相应增加1年。

74. A 《水喷雾灭火系统技术规范》（GB 50219）中要求联动试验应符合下列规定：（1）采用模拟火灾信号启动系统，相应的分区雨淋报警阀（或电动控制阀、气动控制阀）、压力开关和消防水泵及其他联动设备均应能及时动作并发出相应的信号。（2）采用传动管启动的系统，启动1只喷头，相应的分区雨淋报警阀、压力开关和消防水泵及其他联动设备均应能及时动作并发出相应的信号。（3）系统的响应时间、工作压力和流量应符合设计要求。当为手动控制时，以手动方式进行1 ~ 2次试验；当为自动控制时，以自动和手动方式各进行1 ~ 2次试验，并用压力表、流量计、秒表计量。

75. D 对设置在中庭以外用于防火分隔的防火卷帘，须检查其设置宽度。当防火分隔部位的宽度不大于 30 m 时，防火卷帘的宽度不大于 10 m；当防火分隔部位的宽度大于 30 m 时，防火卷帘的宽度不大于该部位宽度的 1/3，且不大于 20 m。防火卷帘应具有火灾时靠自重自动关闭功能。选项 D 中设置 15 m 宽的防火卷帘超出 40 m 的 1/3，故选项 D 错误。

76. A 《消防给水及消火栓系统技术规范》（GB 50974）中要求，干式消火栓系统的充水时间不应大于 5 min，并应符合下列规定：（1）在供水干管上宜设干式报警阀、雨淋阀或电磁阀、电动阀等快速启闭装置，当采用电动阀时开启时间不应超过 30 s。（2）当采用雨淋阀、电磁阀和电动阀时，在消火栓箱处应设置直接开启快速启闭装置的手动按钮。（3）在系统管道的最高处应设置快速排气阀。

77. D 疏散引导组组长由一名副职领导担任，成员由相关部门及其人员组成。疏散引导组履行以下工作职责：（1）掌握活动举办场所各安全通道、出口位置，了解安全通道、出口畅通情况。（2）在关键部位设置工作人员，确保通道、出口畅通。（3）在发生火灾或突发事件的第一时间，引导参加活动的人员从最近的安全通道、安全出口疏散，确保参加活动人员的生命安全。

78. A 初起火灾处置程序和措施：应急预案中需要明确火灾发生后，扑救初起火灾、引导人员疏散的基本程序、要求。（1）指挥部、各行动小组和志愿消防队迅速集结，按照职责分工，进入相应位置开展灭火救援行动。（2）发现火灾时，起火部位现场员工应当于 1 min 内形成灭火第一战斗力量，在第一时间内采取如下措施：灭火器材、设施附近的员工利用现场灭火器、消火栓等器材、设施灭火；电话或火灾报警按钮附近的员工拨打“119”电话报警，报告消防控制室或单位值班人员；安全出口或通道附近的员工负责引导人员疏散。若火势扩大，单位应当于 3 min 内形成灭火第二战斗力量，及时采取如下措施：通信联络人员按照应急预案要求通知预案涉及的员工赶赴火场，向火场指挥员报告火灾情况，将火场指挥员的指令下达有关员工；灭火行动组根据火灾情况利用本单位的消防器材、设施扑救火灾；疏散引导组按分工组织引导现场人员疏散；安全救护组负责协助抢救、护送受伤人员；现场警戒组阻止无关人员进入火场，维持火场秩序。（3）相关部位人员负责关闭空调系统和煤气总阀门，及时疏散易燃易爆化学危险物品及其他重要物品。

79. A 对干粉灭火系统进行维护管理时，下列项目至少每月检查一次：（1）干粉储存装置部件。（2）驱动气体储瓶充装量。

80. A 与基层墙体、装饰层之间无空腔的建筑外墙外保温系统的保温材料应符合下列要求：（1）住宅建筑：建筑高度大于 100 m 时，保温材料的燃烧性能等级应为 A 级；建筑高度大于 27 m，但不大于 100 m 时，保温材料的燃烧性能等级不应低于 B_1 级；建筑高度不大于 27 m 时，保温材料的燃烧性能等级不应低于 B_2 级。（2）除住宅建筑和设置人员密集场所的建筑外，其他建筑：建筑高度大于 50 m 时，保温材料的燃烧性能等级应为 A 级；建筑高度大于 24 m，但不大于 50 m 时，保温材料的燃烧性能等级不应低于 B_1 级；建筑高度不大于 24 m 时，保温材料的燃烧性能等级不应低于 B_2 级。大学教学楼为人员密集场所，保温材料的燃烧性能等级要求为 A 级。故选项 A 错误。

二、多项选择题（共 20 题，每题 2 分。每题的备选项中，有 2 个或 2 个以上符合题意，至少有 1 个错项。错选，本题不得分；少选，所选的每个选项得 0.5 分）

81. ABDE　对自动喷水灭火系统进行周期性检查维护时，下列项目至少每月进行一次:（1）电动、内燃机驱动的消防水泵（稳压泵）启动运行测试。（2）喷头完好状况、备用量及异物清除等检查。（3）系统所有阀门状态及其铅封、锁链完好状况检查。（4）消防气压给水设备的气压、水位测试，消防水池、消防水箱的水位以及消防用水不被挪用的技术措施。（5）水泵接合器完好性检查。（6）过滤器排渣、完好状况检查。（7）报警阀启动性能测试。（8）电磁阀启动试验。根据《自动喷水灭火系统施工及验收规范》（GB50261），自动喷水灭火系统维护管理工作检查项目中水源控制阀、报警阀组进行外观检查为每日检查项目。

82. DE　根据《建筑设计防火规范》（GB 50016），该厂房火灾危险性为乙类，配电站不应设置在乙类车间内；有爆炸危险的甲、乙类厂房的分控制室宜独立设置，当贴邻外墙设置时，应采用耐火极限不低于 3.00 h 的防火隔墙与其他部位分隔。办公室、休息室等不应设置在甲、乙类厂房内，确需贴邻本厂房时，其耐火等级不应低于二级，并应采用耐火极限不低于 3.00 h 的防爆墙与厂房分隔，且应设置独立的安全出口。厂房内设置中间仓库时，应符合下列规定:（1）甲、乙类中间仓库应靠外墙布置，其储量不宜超过一昼夜的需要量。（2）甲、乙、丙类中间仓库应采用防火墙和耐火极限不低于 1.50 h 的不燃性楼板与其他部位分隔。（3）丁、戊类中间仓库应采用耐火极限不低于 2.00 h 的防火隔墙和 1.00 h 的楼板与其他部位分隔。

83. ACDE　疏散走道通向前室以及前室通向楼梯间的门应采用乙级防火门，首层外门采用玻璃门没有问题，故选项 A 正确。高层建筑、人员密集的公共建筑、人员密集的多层丙类厂房，甲、乙类厂房，其封闭楼梯间的门应采用乙级防火门，并且应向疏散方向开启，除首层外向楼梯间方向开启，即向疏散方向开启，但首层若向楼梯间方向开启，则不是向疏散方向开启，故选项 B 错误。多层办公楼不需设消防电梯，封闭楼梯间可以作为日常通行用，故可设常开防火门，故选项 C 正确。室内外高差为 9.9 m，小于 10 m，故选项 D 正确。设自喷可增加 25%，则 $30 \times 1.25=37.5$（m）。由于题干 2 个防烟楼梯间的入口中心线之间的距离为 60 m，则每个房间到最近安全出口的距离 $\leq$ 30 m，在 37.5 m 范围内，故选项 E 正确。

84. ABCD　根据《重大火灾隐患判定方法》（GB 35181），重大火灾隐患的直接判定要素有:（1）生产、储存和装卸易燃易爆危险品的工厂、仓库和专用车站、码头、储罐区，未设置在城市的边缘或相对独立的安全地带。（2）生产、储存、经营易燃易爆危险品的场所与人员密集场所、居住场所设置在同一建筑物内，或与人员密集场所、居住场所的防火间距小于国家工程建设消防技术标准规定值的 75%。（3）城市建成区内的加油站、天然气或液化石油气加气站、加油加气合建站的储量达到或超过 GB 50156 对一级站的规定。（4）甲、乙类生产场所和仓库设置在建筑的地下室或半地下室。（5）公共娱乐场所、商店、地下人员密集场所的安全出口数量不足或其总净宽度小于国家工程建设消防技术标准规定值的 80%。（6）旅馆、公共娱乐场所、商店、地下人员密集场所未按国家工程建设消防技术标准的规定设置自动喷水灭火系统或火灾自动报警系统。（7）易燃液体、可燃液体、可浓度报警、火灾报警设施。（8）在人员密集场所违反消防安全规定使用、储存或销售易燃易爆危险品。（9）托儿所、幼儿园的儿童用房以及老年人活动场所，所在楼层位置不符合国家工程建设消防技术标准的规定。（10）人员密集场所的居住场所采用彩钢夹芯板搭建，且彩钢夹芯板芯材的燃烧性能等级低于 GB 8624 规定的 A 级。

85. ACDE　应急预案演练应根据需要准备必要的演练材料、物资和器材，制作必要的模型设施等，主要包括：（1）信息材料：主要包括应急预案和演练方案的纸质文本、演示文档、图表、地图、软件等。（2）物资设备：主要包括各种应急抢险物资、特种装备、办公设备、录音摄像设备、信息显示设备等。（3）通信器材：主要包括固定电话、移动电话、对讲机、海事电话、传真机、计算机、无线局域网、视频通信器材和其他配套器材，尽可能使用已有通信器材。（4）演练情景模型：应搭建必要的模拟场景及装置设施。

86. BCDE　《建筑消防设施的维护管理》（GB 25201）中规定，火警报警、故障报警、火警优先打印机打印、自检、消音、复位等功能，火灾显示盘和 CRT 显示器的报警、显示功能，均是火灾自动报警系统报警控制器的检测内容。

87. ABDE　通过查阅消防设计文件、建筑设计和内部装修图样等资料，了解建筑类别、装修范围、使用功能等基本要素，确定建筑各部位装修材料需要的燃烧性能等级后开展现场检查，核实现场内部装修材料选用、施工与按规定提供的施工现场质量管理检查记录、装修材料进场验收记录、建筑内部装修工程防火施工过程检查记录和建筑内部装修工程防火验收记录等记录内容的一致性。对装修材料燃烧性能判定时，需要注意：（1）安装在金属龙骨上燃烧性能等级达到 B_1 级的纸面石膏板、矿棉吸声板，可作为燃烧性能等级为 A 级的装修材料。（2）当采用不同装修材料进行分层装修时，各层装修材料的燃烧性能等级均要符合相关规定。对于复合型装修材料，可通过提交专业检测机构进行整体测试后确定其燃烧性能等级。（3）对现场阻燃处理的木质材料、纺织织物、复合材料等检查时，结合材料的燃烧性能型式检验报告、现场进行阻燃处理的材料和所使用的阻燃剂的见证取样检验报告、现场对材料进行阻燃处理的施工记录及隐蔽工程验收记录等相关资料，对照报告及记录内容开展现场核查，重点核查上述报告或记录内容与实际使用材料的一致性。（4）对公共场所内使用的阻燃制品，还要检查阻燃制品标识使用证书、现场检验标识加贴的情况。

88. ABD　铝合金轮毂抛光厂房为乙类，乙类厂房应采用耐火极限不低于 4.00 h 的防火墙划分防火分区，故选项 A 错误。电石仓库为甲类，甲类仓库应采用耐火极限不低于 4.00 h 的防火墙划分防火分区，故选项 B 错误。防火墙两侧的窗采用乙级防火窗，窗洞之间的水平距离不限，故选项 C 正确。烟草成品库为丙类，丙类库房应采用耐火极限不低于 4.00 h 的防火墙划分防火分区，故选项 D 错误。通风、空气调节机房和变配电室开向建筑内的门应采用甲级防火门，消防控制室和其他设备房开向建筑内的门应采用乙级防火门，故选项 E 正确。

89. BE 消防电梯的设置要求包括以下内容：（1）消防电梯应分别设置在不同的防火分区内，且每个防火分区不应少于1台。（2）建筑高度大于32 m且设置电梯的高层厂房（仓库），每个防火分区内宜设置1台消防电梯。（3）消防电梯应具有防火、防烟、防水功能。（4）消防电梯应设置前室或与防烟楼梯间合用的前室。设置在仓库连廊、冷库穿堂或谷物筒仓工作塔内的消防电梯，可不设置前室。消防电梯前室应符合以下要求：①前室宜靠外墙设置，并应在首层直通室外或经过长度不大于30 m的通道通向室外。②前室的使用面积公共建筑不应小于6 m^2。与防烟楼梯间合用的前室，公共建筑不应小于10 m^2，住宅建筑不应小于6 m^2。③前室或合用前室的门应采用乙级防火门，不应设置卷帘。（5）消防电梯井、机房与相邻电梯井、机房之间应设置耐火极限不低于2.00 h的防火隔墙，隔墙上的门应采用甲级防火门。（6）消防电梯要层层停靠，包括地下室各层。为了赢得宝贵的时间，消防电梯的行驶速度从首层至顶层的运行时间不宜大于60 s。（7）电梯轿厢的内部装修应采用不燃材料。选项B中消防电梯前室的建筑面积为6 m^2，使用面积小于6 m^2，不符合要求；选项E使用了防火卷帘，也不符合要求。

90. ACE 使控制器与探测器之间的连线断路和短路，控制器应在100 s内发出故障信号（短路时发出火灾报警信号除外）。在故障状态下，使任一非故障部位的探测器发出火灾报警信号，控制器应在1 min内发出火灾报警信号，并应记录火灾报警时间；再使其他探测器发出火灾报警信号，检查控制器的再次报警功能。使控制器与备用电源之间的连线断路和短路，控制器应在100 s内发出故障信号。

91. ABCD 消防水泵的检测验收要求：（1）消防水泵运转应平稳，应无不良噪声的振动。（2）对照图样，检查工作泵、备用泵、吸水管、出水管及出水管上泄压阀、水锤消除设施、止回阀、信号阀等的规格、型号、数量，应符合设计要求；吸水管、出水管上的控制阀应锁定在常开位置，并有明显标记。（3）消防水泵应采用自灌式引水或其他可靠的引水措施，并保证全部有效储水被有效利用。（4）分别开启系统中的每一个末端试水装置、试水阀和试验消火栓，水流指示器、压力开关、低压压力开关、高位消防水箱流量开关等信号的功能，均符合设计要求。（5）打开消防水泵出水管上试水阀，当采用主电源启动消防水泵时，消防水泵应启动正常；关掉主电源，主、备用电源应能正常切换；消防水泵就地和远程启停功能应正常，并向消防控制室反馈状态信号。（6）在阀门出口用压力表检查消防水泵停泵时，水锤消除设施后的压力不应超过水泵出口设计额定压力的1.4倍。（7）采用固定和移动式流量计和压力表测试消防水泵的性能，水泵性能应满足设计要求。（8）消防水泵启动控制应置于自动启动挡。

92. BC 疏散楼梯的净宽度是指梯段一侧的扶手中心线到墙面或梯段另一侧的扶手中心线到墙面之间最小水平距离。根据建筑使用性质的不同，检查内容以及检查结果应符合下列要求：（1）一般公共建筑疏散楼梯的净宽度不应小于1.1 m；高层医疗建筑疏散楼梯的净宽度不应小于1.3 m；其他高层公共建筑疏散楼梯的净宽度不应小于1.2 m。（2）住宅建筑疏散楼梯的净宽度不应小于1.1 m；当住宅建筑高度不大于18 m且疏散楼梯一边设置栏杆时，其疏散楼梯的净宽度不应小于1.0 m。（3）厂房、汽车库、修车库的疏散楼梯的最小净宽度不应小于 1.1 m。（4）人防工程中商场、公共娱乐场所、健身体育场所疏散楼梯的净宽度不应小于 1.4 m；医院疏散楼梯的净宽度不应小于 1.3 m；其他建筑疏散楼梯的净宽度不应小于 1.1 m。

93. AC　室外管网漏损量：2.4 × 2 ÷ 60=0.08（L/s），管网总泄漏量：0.2+0.08=0.28（L/s）。稳压泵设计流量不小于室外漏损量，且不小于 1.00 L/s。

94. ABCE　自动喷水灭火系统调试包括水源测试、消防水泵调试、稳压泵调试、报警阀调试、排水设施调试和联动试验等内容。调试过程中，系统出水通过排水设施全部排走。

95. ADE　灭火器报废分为四种情形：一是列入国家颁布的淘汰目录的灭火器，二是达到报废年限的灭火器，三是使用中出现或者检查中发现存在严重损伤或者重大缺陷的灭火器，四是维修时发现存在严重损伤、重大缺陷的灭火器。有下列情形之一的灭火器，予以报废处理：（1）列入国家颁布的淘汰目录的灭火器。有的灭火器因灭火剂具有强腐蚀性、毒性，有的因操作需要倒置使用并对操作人员具有一定的危险性，有的因环保要求，已列入国家颁布的淘汰目录，这类灭火器一经发现应予以报废处理，包括：①酸碱型灭火器。②化学泡沫型灭火器。③倒置使用型灭火器。④氯溴甲皖、四氯化碳灭火器。⑤ 1211 灭火器、1301 灭火器。⑥国家政策明令淘汰的其他类型灭火器。（2）达到报废年限的灭火器。手提式、推车式灭火器出厂时间达到或者超过下列规定期限的，予以报废处理：①水基型灭火器出厂期满 6 年。②干粉灭火器、洁净气体灭火器出厂期满 10 年。③二氧化碳灭火器出厂期满 12 年。（3）存在严重损伤、重大缺陷的灭火器。灭火器使用、检查、维修过程中，发现存在下列情形之一的，予以报废处理：①永久性标志模糊，无法识别。②筒体或者气瓶被火烧过。③筒体或者气瓶有严重变形。④筒体或者气瓶外部涂层脱落面积大于筒体或者气瓶总面积的 1/3。⑤筒体或者气瓶外表面、连接部位、底座有腐蚀的凹坑。⑥筒体或者气瓶有锡焊、铜焊或补缀等修补痕迹。⑦筒体或者气瓶内部有锈屑或内表面有腐蚀的凹坑。⑧水基型灭火器筒体内部的防腐层失效。⑨筒体或者气瓶的连接螺纹有损伤。⑩筒体或者气瓶水压试验不符合水压试验的要求。⑪灭火器产品不符合消防产品市场准入制度。⑫灭火器由不合法的维修机构维修的。

96. ABCD　疏散开始时间即从起火到开始疏散的时间。一般情况下，疏散开始时间与火灾探测系统、报警系统、起火场所、人员相对位置、疏散人员状态及状况、建筑物形状及管理状况、疏散诱导手段等因素有关。疏散开始时间可分为探测时间、报警时间和人员的疏散预动时间。疏散行动时间即从疏散开始至疏散到安全地点的时间，它由疏散动态模拟模型得到。疏散行动时间的预测以建筑中人员在疏散过程中是有序进行、不发生恐慌为前提。

97. BE　排烟口风速过低的可能原因有风道阻力过大和风道漏风量过大。

98. ABCE　火灾自动报警系统每季度应检查和试验下列功能，并按要求填写相应的记录：（1）采用专用检测仪器分期分批试验探测器的动作及确认灯显示。（2）试验火灾警报器的声光显示。（3）试验水流指示器、压力开关等报警功能、信号显示。（4）对主电源和备用电源进行 1 ～ 3 次自动切换试验。（5）用自动或手动检查下列消防控制设备的控制显示功能：①室内消火栓、自动喷水、泡沫、气体、干粉等灭火系统的控制设备。②抽验电动防火门、防火卷帘门，数量不小于总数的 25%。③选层试验消防应急广播设备，并试验公共广播强制转入火灾应急广播的功能，抽检数量不小于总数的 25%。④消防应急照明与疏散指示标志的控制装置。⑤送风机、排烟机和自动挡烟垂壁的控制设备。⑥消防电梯迫降功能。⑦应抽取不小于总数 25% 的消防电话和电话插孔在消防控制室进行对讲通话试验。

99. ABCD　钢筋混凝土结构可以用于甲、乙类厂房的承重结构，故选项 A 正确。有爆炸危险的甲、乙类厂房的总控制室应独立设置，故选项 B 正确。散发较空气重的可燃气体、可燃蒸气的甲类厂房和有粉尘、纤维爆炸危险的乙类厂房，应采用不发火花的地面，故选项 C 正确。有爆炸危险的甲、乙类厂房的分控制室宜独立设置，当贴邻外墙设置时，应采用耐火极限不低于 3.00 h 的防火隔墙与其他部位分隔，故选项 D 正确。泄压设施宜采用轻质屋面板、轻质墙体和易于泄压的门、窗等，应采用安全玻璃等在爆炸时不产生尖锐碎片的材料，故选项 E 错误。

100. AC　对气体灭火系统预制灭火装置的检查要求有：（1）一个防护区设置的预制灭火系统，其装置数量不宜超过 10 台。（2）同一防护区设置多台装置时，其相互间的距离不得大于 10 m。（3）防护区内设置的预制灭火系统的充压压力不应大于 2.5 MPa。（4）预制灭火系统应设自动控制和手动控制两种启动方式。

消防安全技术综合能力
模拟测试（二）参考答案及解析

一、单项选择题（共 80 题，每题 1 分，每题的备选项中，只有 1 个最符合题意）

1. D 《中华人民共和国消防法》规定，有下列行为之一，尚不构成犯罪的，处 10 日以上 15 日以下拘留，可以并处 500 元以下罚款；情节较轻的，处警告或者 500 元以下罚款：（1）指使或者强令他人违反消防安全规定，冒险作业的。（2）过失引起火灾的。（3）在火灾发生后阻拦报警，或者负有报告职责的人员不及时报警的。（4）扰乱火灾现场秩序，或者拒不执行火灾现场指挥员指挥，影响灭火救援的。（5）故意破坏或者伪造火灾现场的。（6）擅自拆封或者使用被公安机关消防机构查封的场所、部位的。

2. B 《中华人民共和国消防法》规定，消防产品质量认证、消防设施检测等消防技术服务机构出具虚假文件的，责令改正，处 5 万元以上 10 万元以下罚款，并对直接负责的主管人员和其他直接责任人员处 1 万元以上 5 万元以下罚款。

3. B 《中华人民共和国刑法》规定，重大责任事故罪是指在生产、作业中违反有关安全管理的规定，因而发生重大伤亡事故或者造成其他严重后果的行为。其立案标准为：（1）造成死亡 1 人以上，或者重伤 3 人以上的。（2）造成直接经济损失 50 万元以上的。（3）发生矿山生产安全事故，造成直接经济损失 100 万元以上的。（4）其他造成严重后果的情形。

4. A 国家机构以外的社会组织或者个人利用非国家财政性经费，创办消防安全专业培训机构，面向社会从事消防安全专业培训的，应当经省级教育行政部门或者人力资源和社会保障部门依法批准，并到省级民政部门申请民办非企业单位登记。

5. B 高层民用建筑内部各部位装修材料的燃烧性能等级中对高层宾馆的装修材料提出了具体要求，其中顶棚要求使用燃烧性能等级为 A 级的装修材料，封面、地面、隔断要求使用燃烧性能等级为 B_1 的装修材料，固定家具、窗帘及其他装修装饰材料均要求燃烧性能等级为 B_2。

6. D 当建筑的外墙外保温系统按规定采用燃烧性能等级为 B_1、B_2 级的保温材料时，应符合下列要求：除采用 B_1 级保温材料且建筑高度不大于 24 m 的公共建筑或采用 B_1 级保温材料且建筑高度不大于 27 m 的住宅建筑外，建筑外墙上门、窗的耐火完整性不应低于 0.50 h。应在保温系统中每层设置防火隔离带。防火隔离带应采用燃烧性能等级为 A 级的材料，防火隔离带的高度不应小于300 mm。建筑的外墙外保温系统应采用不燃材料在其表面设置防护层，防护层应将保温材料完全包覆。除耐火极限符合有关规定的无空腔复合保温结构体外，当按有关规定采用B_1、B_2级保温材料时，防护层厚度首层不应小于15 mm，其他层不应小于5 mm。

7. C　自动喷水灭火系统水流指示器故障原因分析：（1）桨片被管腔内杂物卡阻。（2）调整螺母与触头未调试到位。（3）电路接线脱落。题中指出打开系统末端试水装置在达到规定流量时水流指示器不动作，如果报警阀前端的水源控制阀未完全打开是达不到规定流量的，因此选项C中表述的故障原因可以排除。

8. B　《细水雾灭火系统技术规范》（GB 50898）中要求，泵组调试应符合下列规定：以自动或手动方式启动泵组时，泵组应立即投入运行。以备用电源切换方式或备用泵切换启动泵组时，泵组应立即投入运行。采用柴油泵作为备用泵时，柴油泵的启动时间不应大于5 s。控制柜应进行空载和加载控制调试，控制柜应能按其设计功能正常动作和显示。

9. C　氯酸钾厂房为甲类危险性厂房，甲、乙类生产厂房中排出的空气不应循环使用，以防止排出的含有可燃物质的空气重新进入厂房，增加火灾危险性。丙类生产厂房中排出的空气，如含有燃烧或爆炸危险的粉尘、纤维（如棉、毛、麻等），易造成火灾的迅速蔓延，应在通风机前设滤尘器对空气进行净化处理，并应使空气中的含尘浓度低于其爆炸下限的25%之后，再循环使用。

10. B　《建筑设计防火规范》（GB 50016）中规定，采用自动喷水灭火系统全保护的一级耐火等级单、多层厂房（仓库）的屋顶承重构件，其耐火极限不应低于1.00 h。除甲、乙类仓库和高层仓库外，一、二级耐火等级建筑的非承重外墙，当采用不燃性墙体时，其耐火极限不应低于0.25 h；当采用难燃性墙体时，其耐火极限不应低于0.50 h。4层及4层以下的一、二级耐火等级丁、戊类地上厂房（仓库）的非承重外墙，当采用不燃性墙体时，其耐火极限不限。二级耐火等级多层厂房和多层仓库内采用预应力钢筋混凝土的楼板，其耐火极限不应低于0.75 h。二级耐火等级建筑内采用不燃材料的吊顶，其耐火极限不限。

11. A　消防救援口是指设置在厂房、仓库、公共建筑的外墙上，便于消防员迅速进入建筑内部，有效开展人员救助和灭火行动的窗口。消防救援口沿建筑外墙在每层设置，设置间距不宜大于20 m，保证每个防火分区不少于2个。选项A未在每层布置消防救援窗口，故选项A错误。高层建筑至少沿一个长边或周边长度的1/4且不小于一个长边长度的底边连续布置消防车登高面，此范围内裙房的进深不得大于4 m，且在此范围内设有直通室外的楼梯或直通楼梯间的入口，便于消防员尽快安全到达着火层。对于建筑高度不大于50 m的建筑，消防车登高面可间隔布置，间隔的距离不宜大于30 m。消防车登高操作场地与消防车道连通，与厂房、仓库、民用建筑之间不得设置妨碍消防车操作的树木、架空管线等障碍物和车库出入口。场地靠建筑外墙一侧的边缘距离建筑外墙不宜小于5 m，且不大于10 m；场地的坡度不大于3%，长度和宽度分别不应小于15 m和10 m。对于建筑高度大于50 m的建筑，场地的长度和宽度分别不应小于20 m和10 m。

12. A 《中华人民共和国消防法》第十一条、第十三条第一款第一项及第二款明确了消防设计审核、消防验收的范围，规定对国务院公安部门规定的大型的人员密集场所和其他特殊建设工程，由消防主管部门实行建设工程消防设计审核、消防验收。大型商业综合体属于大型人员密集场所，因此消防工程设计文件需经消防主管部门批准。

13. D 施工现场临时室外消防给水系统的设置应符合下列要求：临时室外消防给水干管的管径应依据施工现场临时消防用水量和干管内水流计算速度进行计算确定，且最小管径不应小于 *DN*100 mm。根据在建工程的临时室外消防用水量的有关规定和此工程的体积，此工程室外消防用水量应全按火灾延续时间 2.00 h 确定。消防竖管的设置位置应便于消防人员操作，其数量不应少于 2 根，当结构封顶时，应将消防竖管设置成环状。设置临时室内消防给水系统的在建工程，各结构层均应设置室内消火栓接口及消防软管接口。为确保消防水带、水枪及软管的设置既可以满足初起火灾的扑救要求，又可以减少消防水带和水枪的配置，便于维护和管理，在建工程结构施工完毕的每层楼梯处，应设置消防水枪、水带及软管，且每个设置点不应少于 2 套。

14. B 消防水泵是指在消防给水系统（包括消火栓系统、喷淋系统和水幕系统等）用于保证系统给水压力和水量的给水泵。在临时高压消防给水系统、常高压消防给水系统中均需设置消防泵。

15. C 疏散楼梯间内不得设置烧水间、可燃材料储存室、垃圾道，不得设有影响疏散的凸出物或其他障碍物，严禁敷设甲、乙、丙类液体管道。公共建筑的疏散楼梯间内不得敷设可燃气体管道，住宅建筑的疏散楼梯间不得敷设可燃气体管道，不得设置天然气体计量表，当住宅建筑必须设置此类设施时，须检查是否采用金属管道和设置切断气源的装置等保护措施。

16. A 《气体灭火系统施工及验收规范》（GB 50263）中规定，当水压强度试验条件不具备时，可采用气压强度试验代替。气压强度试验压力取值：二氧化碳灭火系统取 80% 水压强度试验压力，IG541 混合气体灭火系统取 10.5 MPa，卤代烷 1301 灭火系统和七氟丙烷灭火系统取 1.15 倍最大工作压力。$4.2 \times 1.15=4.83$（MPa），故正确答案为选项 A。

17. C 根据干式报警阀组和预作用报警阀组作用原理可判断，快速排气阀为二者都需要且应设置在配水管道一侧。

18. C 对气体灭火系统的维护管理要求，每日应对低压二氧化碳储存装置的运行情况、储存装置间的设备状态进行检查并记录。每月的检查项目要求有：（1）对低压二氧化碳灭火系统储存装置的液位计进行检查，灭火剂损失 10% 时应及时补充。（2）高压二氧化碳灭火系统、七氟丙烷管网灭火系统及 IG541 灭火系统等的检查内容及要求应符合下列规定：①灭火剂储存容器及容器阀、单向阀、连接管、集流管、安全泄放装置、选择阀、阀驱动装置、喷嘴、信号反馈装置、检漏装置、减压装置等全部系统组件应无碰撞变形及其他机械性损伤，表面应无锈蚀，保护涂层应完好，铭牌和保护对象标志牌应清晰，手动操作装置的防护罩、铅封和安全标志应完整。②灭火剂和驱动气体储存容器内的压力，不得小于设计储存压力的 90%。③预制灭火系统的设备状态和运行状况应正常。另外，每年应对每个防护区进行一次模拟自动喷气试验。

19. B　进行区域风险评估时，在明确火灾风险评估的目的和内容的基础上，收集所需的各种资料，重点收集与区域安全相关的信息，包括评估区域内人口、经济、交通等概况，区域内消防重点单位情况，周边环境情况，市政消防设施相关资料，火灾事故应急救援预案，消防安全规章制度等。

20. A　防烟排烟系统由风口、风阀、排烟窗和风机、风道以及相应的控制系统构成。其中，加压送风口分为常开式、常闭式和自垂百叶式。常开式即普通的固定叶片式百叶风口；常闭式采用手动或电动开启，常用于前室或合用前室；自垂百叶式平时靠百叶重力自行关闭，加压时自行开启，常用于防烟楼梯间。排烟防火阀平时为开启状态，火灾时当排烟管道内温度达到 280℃时关闭。单独设置的排烟阀平时呈关闭状态。

21. A　防烟排烟系统每月检查的内容包括：（1）防烟、排烟风机：手动或自动启动试运转，检查有无锈蚀、螺钉松动。（2）挡烟垂壁：手动或自动启动、复位试验，检查有无升降障碍。（3）排烟窗：手动或自动启动、复位试验，检查有无开关障碍，每月检查供电线路有无老化、电源功能等。双回路自动切换电源功能等。

22. D　避难走道是指设置防烟设施且两侧采用耐火极限不低于 3.00 h 的防火墙分隔，用于人员安全通行至室外的走道。避难走道直通地面的出口不应少于 2 个，并设置在不同方向。当避难走道只与一个防火分区相通且该防火分区至少有一个直通室外的安全出口时，可设置一个直通地面的出口。避难走道的净宽度不得小于任一防火分区通向避难走道的设计疏散总净宽度。当通向避难走道的防火分区有若干个，且设计容纳的人数不等时，可以先测量人数最多的那个防火分区通向避难走道的安全出口净宽度总和，与避难走道宽度相比较。防火分区至避难走道入口处所设前室的面积不得小于 6.0 m^2，开向前室的门采用甲级防火门，前室开向避难走道的门应采用乙级防火门。避难走道内设置消火栓、消防应急照明、应急广播和消防专线电话，防火分区至避难走道入口处的前室设置相应的防烟设施。避难走道的装修材料燃烧性能等级必须为 A 级。

23. D　当建筑面积过大时，室内容纳的人员和可燃物的数量相应增大。因此，不同耐火等级民用建筑防火分区的最大允许建筑面积中规定了三级多层建筑的最大防火分区允许面积为 1 200 m^2，同时还注明当建筑内设置自动灭火系统时，防火分区最大允许建筑面积可按相关规定增加 1.0 倍；局部设置时，防火分区的增加面积可按该局部面积的 1.0 倍计算。裙房与高层建筑主体之间设置防火墙，墙上开口部位采用甲级防火门分隔时，裙房的防火分区可按单、多层建筑的要求确定。$1\,200 \times 2=2\,400$（m^2），由于本题中明确指出每层一个防火分区的最大面积，2 400＞1 400，因此一层可以作为一个防火分区。

24. A《消防给水及消火栓系统技术规范》（GB 50974）中规定，每季度应对消火栓进行一次外观和漏水检查，发现有不正常的消火栓应及时更换。

25. A　在建筑施工过程中，施工现场的消防安全负责人应定期组织消防安全管理人员对施工现场的消防安全进行检查。消防安全检查应包括下列主要内容：可燃物及易燃易爆危险品的管理是否落实；动火作业的防火措施是否落实；用火、用电、用气是否存在违章操作，电、气焊及保温防水施工是否执行操作规程；临时消防设施是否完好有效；临时消防车道及临时疏散设施是否畅通。

26. D　开展火灾风险评估，首要任务是要确定评估对象可能面临的火灾风险主要来自哪些方面，这个查找风险来源的过程称之为火灾风险识别。火灾风险识别是开展火灾风险评估工作所必需的基础环节。通常认为，火灾风险是火灾概率与火灾后果的综合度量。因此，衡量火灾风险的高低，不但要考虑起火的概率，而且要考虑火灾所导致的后果严重程度。消防安全措施有效性分析包括防止火灾发生、防止火灾扩散、初起火灾扑救、专业队伍扑救、紧急疏散逃生、消防安全管理。

27. D　固定式泡沫灭火系统的设计应满足在泡沫消防水泵或泡沫混合液泵启动后，将泡沫混合液或泡沫输送到保护对象的时间不大于 5 min。低、中倍数泡沫灭火系统喷水试验完毕，将水放空后，进行喷泡沫试验；当泡沫灭火系统为自动灭火系统时，要以自动控制的方式进行；喷射泡沫的时间不应小于 1 min；低倍数泡沫为发泡倍数小于 20 的泡沫；甲醇属于水溶性液体，应选择抗溶性泡沫液进行灭火。

28. D　当消防电源由自备应急发电机组提供备用电源时，消防用电负荷为一级或二级的要设置自动和手动启动装置，并在 30 s 内供电；当采用中压柴油发电机组时，火灾确认后要在 60 s 内供电。

29. B《爆炸危险环境电力装置设计规范》（GB 50058）中规定，爆炸性环境电缆和导线的选择应符合下列规定：在爆炸性环境内，低压电力、照明线路采用的绝缘导线和电缆的额定电压应高于或等于工作电压，且 U_0/U 不应低于工作电压。中性线的额定电压应与相线电压相等，并应在同一护套或保护管内敷设。在爆炸危险区内，除在配电盘、接线箱或采用金属导管配线系统内，无护套的电线不应作为供配电线路。在 1 区内应采用铜芯电缆；除本质安全电路外，在 2 区内宜采用铜芯电缆，当采用铝芯电缆时，其截面积不得小于 16 mm^2，且与电气设备的连接应采用铜—铝过渡接头。敷设在爆炸性粉尘环境 20 区、21 区以及在 22 区内有剧烈振动区域的回路，均应采用铜芯绝缘导线或电缆。

30. C　针对不同的群体，消防安全教育培训的内容和形式也有所不同。对于单位的消防安全教育培训，各单位根据自身特点，建立健全消防安全教育培训制度，明确机构和人员，保障教育培训工作经费，重点对下列人员进行不同形式的消防安全教育培训：新上岗和进入新岗位的职工岗前培训、在岗职工的定期培训、消防安全管理相关人员专业培训。消防安全教育培训形式主要包括：定期开展全员消防教育培训，落实从业人员上岗前消防安全培训制度；组织全体从业人员参加灭火、疏散演练；到消防安全教育场馆参观体验，确保人人具备检查和消除火灾隐患能力、扑救初起火灾能力、组织人员疏散逃生能力。消防安全重点单位每半年至少组织一次、其他单位每年至少组织一次灭火和应急疏散演练。

31. B《社会消防技术服务管理规定》第四十七条规定，消防技术服务机构违反本规定，有下列情形之一的，责令改正，并处 1 万元以上 2 万元以下罚款：（1）超越资质许可范围从事社会消防技术服务活动的。（2）不再符合资质条件，经责令限期改正未改正或者在改正期间继续从事相应社会消防技术服务活动的。（3）涂改、倒卖、出租、出借或者以其他形式非法转让资质证书的。（4）所属注册消防工程师同时在两个以上社会组织执业的。（5）指派无相应资格从业人员从事社会消防技术服务活动的。（6）转包、分包消防技术服务项目的。

32. D 病房楼使用人员的自我疏散能力较差，高层病房楼设置在二层及以上的病房楼层和洁净手术区域要设置避难间。避难间位置应靠近楼梯间并应采用耐火极限不低于 2.00 h 的防火隔墙和甲级防火门与其他部位分隔，服务的护理单元不得超过 2 个。避难间可以利用平时使用的房间，如利用每层的监护室，也可以利用电梯前室，但合用前室不适合用作避难间，以防病床影响人员通过楼梯疏散。避难间的净面积应能满足设计避难人员避难的要求，并按每个护理单元不小于 25.0 m^2 确定。当避难间兼作其他用途时，须保证其避难安全和可供避难的净面积不变。避难间入口应设置明显的指示标志。避难间设置防烟设施、消防专线电话和消防应急广播。选项 D 中建筑面积为 25.0 m^2，则净面积达不到 25.0 m^2，故选项 D 错误。

33. D 根据《建筑设计防火规范》（GB 50016）的规定，建筑内的防烟楼梯间及其前室、消防电梯间前室或合用前室、避难走道的前室、避难层（间）应设置防烟设施。民用建筑中应设置排烟设施的有：设置在一、二、三层且房间建筑面积大于 100 m^2 和设置在四层及以上或地下、半地下的歌舞娱乐放映游艺场所；中庭；公共建筑中建筑面积大于 100 m^2 且经常有人停留的地上房间和建筑面积大于 300 m^2 且可燃物较多的地上房间；建筑中长度大于 20 m 的疏散走道。工业建筑中应设置排烟设施的有：人员、可燃物较多的丙类生产场所；丙类厂房中建筑面积大于 300 m^2 且经常有人停留或可燃物较多的地上房间；建筑面积大于 5 000 m^2 的丁类生产车间；占地面积大于 1 000 m^2 的丙类仓库；高度大于 32 m 的高层厂（库）房中长度大于 20 m 的内走道，其他厂（库）房中长度大于 40 m 的疏散走道。地下、半地下建筑（室）和地上建筑内的无窗房间，当总建筑面积大于 200 m^2 或一个房间建筑面积大于 50 m^2，且经常有人停留或可燃物较多时，应设置排烟设施。

34. D 仓库物资储存比较集中，可燃物数量多，一旦发生火灾，灭火救援难度大，就极易造成严重经济损失。因此，除了对仓库总的占地面积进行限制外，库房防火分区之间的水平分隔必须采用防火墙分隔，不能采用其他分隔方式替代。该仓库储存酒精度为 38° 及以上的白酒属于甲类仓库第一项，每个防火分区最大允许建筑面积为 250 m^2，每座仓库最大允许建筑面积为 750 m^2。由于该仓库总面积超过了规定值，因此，可以通过仓库内设置自动灭火系统来增加允许面积。仓库内设置自动灭火系统时，除冷库的防火分区外，每座仓库的最大允许占地面积和每个防火分区的最大允许建筑面积可按规定增加 1.0 倍。防火墙的耐火极限一般要求为 3.00 h，对甲、乙类厂房和甲、乙、丙类仓库，因火灾时延续时间较长，燃烧过程中所释放的热量较大，用于防火分区分隔的防火墙耐火极限应保持不低于 4.00 h。

35. B 《消防给水及消火栓系统技术规范》（GB 50974）中规定，消火栓的现场检验应符合下列要求：消火栓固定接口应进行密封性能试验，应以无渗漏、无损伤为合格。试验数量宜从每批中抽查1%，但不应少于5个，应缓慢而均匀地升压至1.6 MPa，并保压2 min。当2个及2个以上不合格时，不应使用该批消火栓。当仅有1个不合格时，应再抽查2%，但不应少于10个，并应重新进行密封性能试验；当仍有不合格时，亦不应使用该批消火栓。

36. A　公共建筑内疏散门和住宅建筑户门的净宽度不小于0.9 m；观众厅及其他人员密集场所的疏散门，净宽度不得小于1.4 m。

37. C　《建筑设计防火规范》（GB 50016）中规定，人员密集的公共场所、现众厅的疏散门不应设置门槛，其净宽度不应小于1.4 m，且紧靠门口内外各1.4 m范围内不应设置踏步。人员密集的公共场所的室外疏散通道的净宽度不应小于3.0 m，并应直接通向宽敞地带，故选项A正确。住宅建筑的户门、安全出口、疏散走道和疏散楼梯的各自总净宽度应经计算确定，且户门和安全出口的净宽度不应小于0.9 m，疏散走道、疏散楼梯和首层疏散外门的净宽度不应小于1.1 m。建筑高度不大于18 m的住宅中一边设置栏杆的疏散楼梯，其净宽度不应小于1.0 m，故选项C错误。一、二级老年公寓中位于袋形走道两侧或尽端的疏散门的疏散距离不得超过20 m，故选项B正确。一、二级建筑中的多层办公楼位于两个安全出口之间的疏散门的疏散距离不得超过40 m，当建筑内开向敞开式外廊的房间疏散门至最近安全出口的直线距离可按规定增加5 m，故选项D正确。

38. B　自动喷水灭火系统巡查内容主要包括：喷头外观及其周边障碍物、喷头溅水盘与顶棚距离等；报警阀组外观、排水设施状况、水源控制阀的启闭状态等；充气设备、排气装置及其控制装置、火灾探测传动、液（气）动传动及其控制装置、现场手动控制装置等外观、运行状况；系统末端试水装置、楼层试水阀及其现场环境状态，压力监测情况等；系统用电设备的电源及其供电情况。

39. C　灭火器的密封片、密封圈、密封垫等密封零件，水基型灭火剂，二氧化碳灭火器的超压安全膜片等零部件，每次维修均需更换。

40. D　注册消防工程师享有以下权利：使用注册消防工程师称谓；在规定范围内从事消防安全技术执业活动；对违反相关法律、法规和技术标准的行为提出劝告，并向本级别注册审批部门或者上级主管部门报告；接受继续教育；获得与执业责任相应的劳动报酬；对侵犯本人权利的行为进行申诉等。

41. C　《消防给水及消火栓系统技术规范》（GB 50974）中规定，消防给水及消火栓系统施工前应对采用的主要设备、系统组件、管材管件及其他设备、材料进行进场检查，并应符合下列要求：主要设备、系统组件、管材管件及其他设备、材料，应符合国家现行相关产品标准的规定，并应具有出厂合格证或质量认证书。消防水泵、消火栓、消防水带、消防水枪、消防软管卷盘或轻便水龙、报警阀组、电动（磁）阀、压力开关、流量开关、消防水泵接合器、沟槽连接件等系统主要设备和组件，应经国家消防产品质量监督检验中心检测合格。稳压泵、气压水罐、消防水箱、自动排气阀、信号阀、止回阀、安全阀、减压阀、倒流防止器、蝶阀、闸阀、流量计、压力表、水位计等，应经相应国家产品质量监督检验中心检测合格。气压水罐、组合式消防水池、屋顶消防水箱、地下水取水和地表水取水设施，以及其附件等，应符合国家现行相关产品标准的规定。

42. B　甲、乙类生产场所（仓库）不应设置在地下或半地下。在厂房内设置的丙类中间仓库须采用防火墙和耐火极限不低于 1.50 h 的不燃性楼板与其他部位分隔，中间仓库最好设置直通室外的出口。此题中电解食盐车间为甲类厂房，故选项 B 错误。

43. A　泡沫灭火系统的月检主要包括以下内容：（1）对低、中、高倍数泡沫产生器，泡沫喷头，固定式泡沫炮，泡沫比例混合器（装置），泡沫液储罐进行外观检查，各部件要完好无损。（2）对固定式泡沫炮的回转机构、仰俯机构或电动操作机构进行检查，性能要达到标准的要求。（3）泡沫消火栓和阀门要能自由开启与关闭，不能有锈蚀。（4）压力表、管道过滤器、金属软管、管道及管件不能有损伤。（5）对遥控功能或自动控制设施及操纵机构进行检查，性能要符合设计要求。（6）对储罐上的低、中倍数泡沫混合液立管要清除锈渣。（7）动力源和电气设备工作状况要良好。（8）水源及水位指示装置要正常。

44. B　防烟分区如果面积过大，会使烟气波及面积扩大，增加受灾面，不利于安全疏散和扑救；如果面积过小，不仅影响使用，还会提高工程造价。因此，对于公共建筑和工业建筑（包括地下建筑和人防工程），需要根据具体情况确定合适的防烟分区大小，空间净高（H）$<$3.0 m 时，最大允许面积为 500 m^2，故选项 B 错误。3.0 m$<$空间净高（H）$\leqslant$ 6.0 m 时，最大允许面积为 1 000 m^2，故选项 A、D 正确。6.0 m$<$空间净高（H）$\leqslant$ 9.0 m 时，最大允许面积为 2 000 m^2，故选项 C 正确。

45. B　防火墙要设置在建筑物的基础或钢筋混凝土框架、梁等承重结构上，从楼地面基层隔断至梁、楼板或屋面结构层的底面，不能放在次梁上，故选项 B 错误。走道上经常有人通行，因此改用常开式防火门是允许的，故选项 A 正确。活动式防火窗改为常闭式防火窗，会提高可靠性，故选项 C 正确。排烟防火阀平时处于开启状态，能与火灾报警系统联动关闭，也可现场手动关闭，故选项 D 正确。

46. A　根据《建筑灭火器配置设计规范》（GB 50140），该宿舍床位数为 $15 \times 4 \times 6=360$（个），属于严重危险级，单具灭火器最小配置灭火级别应为 3A。MF/ABC4 为 2A，故选项 B 错误。MS/Q6 为 1A，故选项 D 错误。A 类火灾场所中，灭火器最大保护距离为 15 m，故选项 C 错误。

47. B　消防重点部位确定以后，应从管理的民主性、系统性、科学性着手做好六个方面的管理，以保障单位的消防安全。这六个方面分别是制度管理、标识化管理、教育管理、档案管理、日常管理和应急管理。

48. C 《干粉灭火系统设计规范》（GB 50347）中要求，采用局部应用灭火系统的保护对象，应符合下列规定：保护对象周围的空气流动速度不应大于 2 m/s，必要时，应采取挡风措施。在喷头和保护对象之间，喷头喷射角范围内不应有遮挡物。当保护对象为可燃液体时，液面至容器缘口的距离不得小于 150 mm。室内局部应用灭火系统的干粉喷射时间不应小于 30 s；室外或有复燃危险的室内局部应用灭火系统的干粉喷射时间不应小于 60 s。保护对象计算面积应取被保护表面的垂直投影面积。

49. A　消防控制室是建筑使用管理单位消防安全管理与消防设施监控的核心场所，需要保存能够反映建筑特征及其消防设施施工质量、运行情况的纸质台账档案和电子资料，消防控制室内至少保存有下列纸质台账档案和电子资料：（1）建（构）筑物竣工后的总平面布局图、消防设施平面布置图和系统图以及安全出口布置图、重点部位位置图等。（2）消防安全管理规章制度、应急灭火预案、应急疏散预案等。（3）消防安全组织结构图，包括消防安全责任人、管理人、专（兼）职和志愿消防人员等内容。（4）消防安全培训记录、灭火和应急疏散预案的演练记录。（5）值班情况、消防安全检查情况及巡查情况等记录。（6）消防设施一览表，包括消防设施的类型、数量、状态等内容。（7）消防系统控制逻辑关系说明、设备使用说明书、系统操作规程、系统以及设备的维护保养制度和技术规程等。（8）设备运行状况、接报警记录、火灾处理情况、设备检修检测报告等资料。

50. C　消防安全重点单位“三项报告”备案制度包括消防安全管理人员报告备案、消防设施维护保养报告备案和消防安全自我评估报告备案。

51. C　为了避免喷头生产、出厂检验、运输等过程中出现产品质量问题而引发安装缺陷，喷头到场后，重点检查其外观、密封性、质量偏差等内容。其中，喷头装配性能检查要求：旋拧喷头顶丝，不得轻易旋开，转动溅水盘，无松动、变形等现象，以确保喷头不被轻易调整、拆卸和重装。喷头外观标志检查的检查要求：喷头溅水盘或者本体上至少具有型号、规格、生产厂商名称（代号）或者商标、生产时间、响应时间指数等永久性标识。边墙型喷头上有水流方向标识，隐蔽式喷头的盖板上有“不可涂覆”等文字标识。喷头型号、规格的标记由类型特征代号（型号）、性能代号、公称口径和公称动作温度等部分组成，型号、规格所示的性能参数应符合设计文件的选型要求。所有标识均为永久性标识，标识正确、清晰。玻璃球、易熔元件的色标与温标对应正确。喷头外观质量检查要求：喷头外观无加工缺陷，无机械损伤，无明显磕碰伤痕或者损坏；溅水盘无松动、脱落、损坏或者变形等情况。喷头螺纹密封面无伤痕、毛刺、缺丝或者断丝现象。闭式喷头密封性能试验检查要求：密封性能试验的试验压力为 3.0 MPa，保压时间不少于 3 min。随机从每批到场喷头中抽取 1%，且不少于 5 只作为试验喷头。当 1 只喷头试验不合格时，再抽取 2%，且不少于 10 只的到场喷头进行重复试验。试验以喷头无渗漏、无损伤判定为合格。累计 2 只以及 2 只以上喷头试验不合格的，不得使用该批喷头。

52. D　气体灭火系统组件的外观质量要求：同一规格的灭火剂储存容器，其高度差不宜超过 20 mm；同一规格的驱动气体储存容器，其高度差不宜超过 10 mm。

53. C　根据《建筑设计防火规范》（GB 50016），公共建筑、建筑高度大于 54 m 的住宅建筑、高层厂房（库房）和甲、乙、丙类单、多层厂房，灯光疏散指示标志应设置在安全出口和人员密集的场所的疏散门的正上方，以及在疏散走道及其转角处距地面高度 1 m

以下的墙面或地面上。灯光疏散指示标志的间距不应大于 20 m；对于袋形走道，不应大于 10 m；在走道转角区，不应大于 1 m。

54. A 目前，国际上对生产厂房和储存物品仓库的火灾危险性尚无统一的分类方法。国内主要依据《建筑设计防火规范》（GB 50016），根据生产中使用或产生的物质性质及其数量等因素划分，在生产的火灾危险性分类及举例中，氨压缩机房应为乙类厂房。

55. D 城市消防远程监控系统由用户信息传输装置、报警传输网络、监控中心以及火警信息终端等几部分组成。

56. B 手动火灾报警按钮，应安装在明显和便于操作的部位。当安装在墙上时，其底边距地（楼）面高度宜为 1.3 ~ 1.5 m。手动火灾报警按钮应安装牢固，不应倾斜。手动火灾报警按钮的连接导线，应留有不小于 150 mm 的余量，且在其端部应有明显标志。

57. D 对火灾自动报警系统设备检测数量的要求有以下几方面：各类消防用电设备主、备用电源的自动转换装置，应进行 3 次转换试验，每次试验均应正常。自动喷水灭火系统，在符合《自动喷水灭火系统设计规范》（GB 50084）的条件下，在消防控制室内操作启、停泵 1 ~ 3 次。防烟排烟风机应全部检验，通风空调和防烟排烟设备的阀门，应按实际安装数量 10% ~ 20% 的比例抽验，并抽验联动功能，且应符合下列要求：①报警联动启动、消防控制室直接启停、现场手动启动联动防烟排烟风机 1 ~ 3 次；②报警联动停止、消防控制室远程停止通风空调送风 1 ~ 3 次；③报警联动开启、消防控制室开启、现场手动开启防烟排烟阀门 1 ~ 3 次。选项 C 中测试次数超过了规定值的上限并没有错误；电梯应进行 1 ~ 2 次联动返回首层功能检验，其控制功能、信号均应正常。

58. D 金属元件抛光车间属于爆炸性粉尘环境，该车间的电气防爆可参照以下要求：爆炸危险环境的配线工程，因为铝线机械强度差、容易折断，需要进行过渡连接而加大接线盒，在连接技术上难以控制并保证质量。因此，应选用铜芯绝缘导线或电缆，选用铜芯绝缘导线或电缆时，铜芯导线或电缆的截面 1 区应为 2.5 mm^2 以上、2 区应为 1.5 mm^2 以上。电气线路之间原则上不能直接连接。如必须连接或封端时，检查是否采用压接、熔焊或钎焊，并保证接触良好，防止局部过热。线路与电气设备的连接，特别是铜铝线相接时，应采用适当的过渡接头。爆炸性气体环境应根据爆炸危险区域的分区、电气设备的种类和防爆结构的要求，选择相应的电气设备。防爆电气设备的级别和组别，不得低于该爆炸性气体环境内爆炸性气体混合物的级别和组别。当存在有两种以上易燃性物质形成的爆炸性气体混合物时，需要按危险程度较高的级别和组别选用防爆电气设备。爆炸性粉尘环境防爆电气设备的选型，根据粉尘的种类，选择防尘结构或尘密结构的粉尘防爆电气设备。检查时还需注意，接地干线宜设置在爆炸危险区域的不同方向，且应不少于两处与接地体相连。

59. A 雨淋报警阀组调试宜利用检测、试验管道进行。自动和手动方式启动的雨淋报警阀，应在联动信号发出或手动控制操作后 15 s 内启动。公称直径大于 200 mm 的雨淋报警阀，应在 60 s 内启动。雨淋报警阀调试时，当报警水压为 0.05 MPa，水力警铃应发出报警铃声。

60. D　根据《消防给水及消火栓系统技术规范》（GB 50974），消火栓的调试和测试应符合下列规定：（1）试验消火栓动作时，应检测消防水泵是否在规范规定的时间内自动启动。（2）试验消火栓动作时，应测试其出流量、压力和充实水柱的长度；并应根据消防水泵的性能曲线核实消防水泵供水能力。（3）应检查旋转型消火栓的性能能否满足其性能要求。（4）应采用专用检测工具，测试减压稳压型消火栓的阀后动静压是否满足设计要求。（5）检查数量：全数检查。

61. D　消防设施竣工验收前，施工单位需要提交下列竣工验收资料，供参验单位进行资料检查：（1）竣工验收申请报告。（2）施工图设计文件（包括设计图样和设计说明书等）、各类消防设施的设备及其组件安装说明书、消防设计审核意见书和设计变更通知书、竣工图。（3）主要设备、组件、材料符合市场准入制度的有效证明文件、出厂质量合格证明文件以及现场检查（验）报告。（4）施工现场质量管理检查记录、施工过程质量管理检查记录以及工程质量事故处理报告。（5）隐蔽工程检查验收记录以及灭火系统阀门、其他组件的强度和严密性试验记录、管道试压和冲洗记录。

62. D　报警阀组安装在供水管网试压、冲洗合格后组织实施。报警阀阀体底边距室内地面高度为 1.2 m，侧边与墙的距离不小于 0.5 m，正面与墙的距离不小于 1.2 m，报警阀组凸出部位之间的距离不小于 0.5 m。雨淋报警阀组可采用电动开启、传动管开启或手动开启等控制方式，手动开启控制装置安装在安全可靠的位置，水传动管的安装参照湿式系统的有关要求布置喷头。

63. B　对细水雾灭火系统进行水压试验的条件有：（1）环境温度不宜低于 5℃，当低于 5℃时，采取防冻措施，以确保水压试验正常进行。（2）试验压力为系统工作压力的 1.5 倍。（3）试验用水的水质与管道的冲洗水一致，水中氯离子含量不超过 25 mg/kg。

64. D　消防给水管网施工完成后，要进行试压，当系统设计工作压力小于或等于 1.0 MPa 时，水压强度试验压力应为设计工作压力的 1.5 倍，并不应低于 1.4 MPa；当系统设计工作压力大于 1.0 MPa 时，水压强度试验压力为该工作压力加 0.4 MPa。水压强度试验的测试点应设在系统管网的最低点。对管网注水时，应将管网内的空气排净，并缓慢升压，达到试验压力后，稳压 30 min，管网应无泄漏、无变形，且压力降不大于 0.05 MPa。水压严密性试验在水压强度试验和管网冲洗合格后进行。试验压力为系统设计工作压力，稳压 24 h，应无泄漏。

65. D　自动喷水灭火系统安装完毕的水力警铃启动时，警铃声强度不小于 70 dB。

66. C　单、多层公共建筑疏散走道的净宽度不应小于 1.10 m；高层医疗建筑单面布房疏散走道的净宽度不应小于 1.40 m，双面布房疏散走道的净宽度不应小于 1.50 m；其他高层公共建筑单面布房疏散走道的净宽度不应小于 1.30 m，双面布房疏散走道的净宽度不应小于 1.40 m。防烟楼梯间所设前室可与消防电梯间前室合用，合用前室的使用面积为：公共建筑、高层厂房（仓库）不应小于 10.0 m^2，住宅建筑不应小于 6.0 m^2。

67. D　消防给水系统按水压分类，可分为高压消防给水系统、临时高压消防给水系统和低压消防给水系统。临时高压消防给水系统是平时不能满足水灭火所需的工作压力和流量，火灾时自动启动消防水泵，以满足水灭火系统所需的工作压力和流量的消防给水系统。

68. C 管网支吊架是各种不同形式的支架和吊架的总称。制作安装的管道支吊架要求如下：（1）管道支吊架型式、材质、结构尺寸、加工精度及焊接质量等符合设计文件或有关施工验收规范的要求。（2）管道支吊架材料除设计文件另有规定外，一般采用Q235普通碳素钢型材制作。（3）管道支吊架的切边均匀、无毛刺，焊缝均匀、完整，外观成形良好，没有欠焊、漏焊、裂纹等缺陷。（4）管道支吊架上面的孔洞采用电钻加工，不得用氧乙炔割孔。（5）管道支吊架上管卡、吊杆等部件的螺纹光洁整齐，无断丝和毛刺等缺陷。（6）管道支吊架成品后应进行防腐处理，防腐涂层应完整、厚度均匀；当设计文件无规定时，除锈后涂防锈漆一道。（7）管卡宜用镀锌成型件，当无成型件时可用圆钢或扁钢制作，其内圆弧部分应与管子外径相符。

69. D 干粉灭火系统干粉输送管道安装时，管道末端采用防晃支架固定，支架与末端喷嘴间的距离不大于500 mm。

70. A 将区域显示器（火灾显示盘）与火灾报警控制器相连接，按照《火灾显示盘》（GB 17429）的有关要求，区域显示器（火灾显示盘）应在3 s内正确接收和显示火灾报警控制器发出的火灾报警信号。

71. D 在自动喷水灭火系统安装喷头时，当梁、通风管道、排管、桥架宽度大于1.2 m时，在其腹面以下部位增设喷头。当增设的喷头上方有孔洞、缝隙时，可在喷头的上方设置挡水板。

72. B 雨淋报警阀调试时，当报警水压为0.05 MPa，水力警铃发出报警铃声。

73. B 低倍数泡沫灭火系统是指系统产生的灭火泡沫的倍数低于20的系统，中倍数泡沫灭火系统是指产生的灭火泡沫倍数在20 ~ 200的系统，高倍数泡沫灭火系统是指产生的灭火泡沫倍数高于200的系统。

74. B 泡沫灭火系统对阀门的质量要求较高，为保证系统的施工质量，需要对阀门的强度和严密性进行试验。阀门需要满足下列要求：（1）强度和严密性试验要采用清水进行，强度试验压力为公称压力的1.5倍；严密性试验压力为公称压力的1.1倍。（2）试验压力在试验持续时间内要保持不变，且壳体填料和阀瓣密封面不能有渗漏。（3）阀门试压的试验持续时间按相关规定执行。（4）试验合格的阀门，要排尽内部积水并吹干。（5）密封面涂防锈油，关闭阀门，封闭出入口，并做出明显的标记。

75. A 在干粉灭火系统中，启动气体储瓶内压力不低于设计压力，且不超过设计压力的5%，设置在启动气体管道的单向阀启闭灵活，无卡阻现象。

76. B 在干粉灭火系统中，模拟喷放试验采用干粉灭火剂和自动启动方式，干粉用量不少于设计用量的30%；当现场条件不允许喷放干粉灭火剂时，可采用惰性气体；采用的试验气瓶须与干粉灭火系统驱动气体储瓶的型号、规格、阀门结构、充装压力、连接与控制方式一致。试验时应保证出口压力不低于设计压力。

77. B 机械排烟系统的联动调试按如下要求进行：（1）当任何一个常闭排烟阀（口）开启时，排烟风机均能联动启动。（2）当火灾自动报警探测器发出火警信号后，机械排烟系统应启动有关部位的排烟阀或排烟口、排烟风机；启动的排烟阀或排烟口、排烟风机应与设计和规范要求一致，其状态信号应反馈到消防控制室。（3）有补风要求的机械排烟场所，当火灾确认后，补风系统应启动。（4）排烟系统与通风、空调系统合用，当火灾自动报警探测器发出火警信号后，由通风、空调系统转换为排烟系统的时间应符合规范要求。

78. D 对稳压泵进行验收时，要求稳压泵在 1 h 内的启停次数应符合设计要求，并不宜大于 15 次 /h。

79. D 单位按照规定对消防安全重点部位每日至少进行一次防火巡查；公众聚集场所在营业期间的防火巡查至少每 2 小时一次，营业结束时应当对营业现场进行检查，消除遗留火种；公众聚集场所，医院、养老院、寄宿制的学校、托儿所、幼儿园夜间防火巡查不少于两次。

80. C 按照有关法律、法规要求，消防安全重点单位应当每半年开展一次灭火和应急疏散预案的演练，其他单位应当每年开展一次灭火和应急疏散预案的演练。

二、多项选择题（共 20 题，每题 2 分。每题的备选项中，有 2 个或 2 个以上符合题意，至少有 1 个错项。错选，本题不得分；少选，所选的每个选项得 0.5 分）

81. ABDE 职业道德修养是注册消防工程师为锤炼职业道德品质，提高职业道德境界所进行的一种自我教育、自我改造和自我完善的过程。主要内容包括政治理论修养、业务知识修养、人生观的修养和职业道德品质修养四部分。

82. ABDE 在建工程施工现场临时室外消防给水系统的设置应符合下列要求：（1）临时给水管网宜根据施工现场实际情况布置成环状。（2）临时室外消防给水干管的管径应依据施工现场临时消防用水量和干管内水流计算速度进行计算确定，且最小管径不应小于 *DN*100 mm。（3）室外消火栓应沿在建工程、临时用房及可燃材料堆场及其加工场均匀布置，距在建工程、临时用房及可燃材料堆场及其加工场的外边线不应小于 5 m。（4）室外消火栓的间距不应大于 120 m。（5）室外消火栓的最大保护半径不应大于 150 m。

83. BE 疏散走道的宽度一般需要根据其通过人数和疏散净宽度指标经计算确定。检查内容以及检查结果应符合下列要求：（1）厂房疏散走道的净宽度不小于 1.40 m。（2）单、多层公共建筑疏散走道的净宽度不应小于 1.10 m；高层医疗建筑单面布房疏散走道的净宽度不应小于 1.40 m，双面布房疏散走道的净宽度不应小于 1.50 m；其他高层公共建筑单面布房疏散走道的净宽度不应小于 1.30 m，双面布房疏散走道的净宽度不应小于 1.40 m。（3）住宅疏散走道的净宽度不应小于 1.10 m。（4）剧院、电影院、礼堂、体育馆等人员密集场所，观众厅内疏散走道的净宽度不应小于 1.00 m，边走道的净宽度不宜小于 0.80 m；人员密集场所的室外疏散通道的净宽度不应小于3.00 m，并应直接通向宽敞地带。

84. CE 对于甲、乙类厂房，办公室、休息室等不得设置在厂房内。确需贴邻本厂房时，其耐火等级不得低于二级，采用耐火极限不低于3.00 h的防爆墙与厂房分隔，且设置独立的安全出口。厂房内的丙类液体中间储罐须设置在单独房间内，其容量不应大于5 m^3。设置中间储罐的房间，采用耐火极限不低于3.00 h的防火隔墙和耐火极限不低于1.50 h的楼板与其他部位分隔，房间门采用甲级防火门。对于丙类中间仓库，采用防火墙和耐火极限不低于1.50 h的不燃性楼板与其他部位分隔。对于甲、乙类中间仓库，储量不宜超过一昼夜的需要量；靠外墙布置，并采用防火墙和耐火极限不低于1.50 h的不燃性楼板与其他部位隔开。

85. ACDE 歌舞娱乐放映游艺场所的平面布置应符合以下要求：（1）与其他部位的防火分隔。采用耐火极限不低于2.00 h的防火隔墙和耐火极限不低于1.00 h的楼板与其他场所或部位分隔，设置在厅、室墙上的门和该场所与建筑内其他部位相通的门均应采用乙级防火门。（2）设置层数。不得布置在地下二层及以下楼层。宜布置在一、二级耐火等级建筑物内的首层、二层或三层的靠外墙部位；不宜布置在袋形走道的两侧或尽端。受条件限制布置在地下一层时，须检查地下一层地面与室外出入口地坪的高差不得大于10 m。（3）厅、室的布局。"厅、室"是指歌舞娱乐放映游艺场所中相互分隔的独立房间，如卡拉OK的每间包房、桑拿浴室的每间按摩房或休息室。歌舞娱乐放映游艺场所如布置在袋形走道的两侧或尽端时，直通疏散走道的房间疏散门至最近安全出口的直线距离不超过9 m。厅、室之间采用耐火极限不低于2.00 h的防火隔墙和耐火极限不低于1.00 h的不燃性楼板分隔，厅、室墙上的门均采用乙级防火门；建筑面积大于50 m^2的厅、室的疏散门不得少于2个；布置在地下一层或地上四层及以上楼层时，一个厅、室的建筑面积不得大于200 m^2。需要注意的是，即使设置自动喷水灭火系统，该面积也不能增加。歌舞娱乐游艺场所顶棚装修材料防火性能等级应为A级。

86. ABCE 干粉灭火系统的检查项目及周期按以下要求进行：干粉储存装置外观、灭火控制器运行情况和启动气体储瓶和驱动气体储瓶压力等项目，每日检查一次。干粉储存装置部件和驱动气体储瓶充装量，每月检查一次。防护区及干粉储存装置间，管网、支架及喷放组件和模拟启动检查项目，每年检查一次。

87. ACDE 爆炸危险场所的通风、空调系统的检查内容包括：（1）甲、乙类厂房内的空气不应循环使用。丙类厂房内含有燃烧或爆炸危险粉尘、纤维的空气，在循环使用前应经净化处理，并使空气中的含尘浓度低于其爆炸下限的25%。民用建筑内空气中含有容易起火或爆炸危险物质的房间，应设置自然通风或独立的机械通风设施，且其空气不应循环使用。（2）厂房内用于有爆炸危险场所的排风管道，严禁穿过防火墙和有爆炸危险的房间隔墙。甲、乙、丙类厂房内的送、排风管道宜分层设置。（3）对空气中含有易燃易爆危险物质的房间，其送、排风系统应选用防爆型的通风设备。当送风机布置在单独分隔的通风机房内且送风干管上设置防止回流设施时，可采用普通型的通风设备。燃气锅炉房应选用防爆型的事故排风机，且事故排风量满足换气次数不少于12次/h。（4）对含有燃烧和爆炸危险粉尘的空气，在进入排风机前应采用不产生火花的除尘器进行处理；对于遇水可能形成爆炸的粉尘，严禁采用湿式除尘器。（5）排除有燃烧或爆炸危险气体、蒸气和粉尘的排风系统及燃油或燃气锅炉房的机械通风设施，设置导除静电的接地装置。

88. ABC　防火隔间的建筑面积不应小于 6.0 m^2。防火隔间墙应采用耐火极限不低于 3.00 h 的防火隔墙，门应采用甲级防火门；不同防火分区通向防火隔间的门最小间距不小于 4 m。防火隔间内部装修材料的燃烧性能等级均应为 A 级。防火隔间只能用于相邻两个独立使用场所的人员相互通行，不得用于除人员通行外的其他用途。

89. AB　对气体灭火系统进行系统调试时，模拟喷气试验项目需具备以下条件：（1）IG541 混合气体灭火系统及高压二氧化碳灭火系统，应采用其充装的灭火剂进行模拟喷气试验。试验采用的储存容器数应为选定试验的防护区或保护对象设计用量所需容器总数的 5%，且不少于 1 个。（2）二氧化碳灭火系统应采用二氧化碳灭火剂进行模拟喷气试验，试验要选定输送管道最长的防护区或保护对象进行，喷放量不应小于设计用量的 10%。（3）卤代烷灭火系统模拟喷气试验不应采用卤代烷灭火剂，宜采用氮气进行。氮气储存容器与被试验的防护区或保护对象用的灭火剂储存容器的结构、型号、规格应相同，连接与控制方式要一致，氮气的充装压力和灭火剂储存压力相等。氮气储存容器数不应少于灭火剂储存容器数的 20%，且不少于 1 个。（4）模拟喷气试验宜采用自动启动方式。

90. ABE　闭式喷头密封性能试验检查要求如下：（1）密封性能试验的试验压力为 3.0 MPa，保压时间不少于 3 min。（2）随机从每批到场喷头中抽取 1%，且不少于 5 只作为试验喷头。当 1 只喷头试验不合格时，再抽取 2%，且不少于 10 只的到场喷头进行重复试验。（3）试验以喷头无渗漏、无损伤判定为合格。累计 2 只以及 2 只以上喷头试验不合格的，不得使用该批喷头。

91. BCD　防火检查中，主要通过对人防工程内地下商店、歌舞娱乐放映游艺场所、医院病房、柴油发电机房、锅炉房等特殊场所或重要设备用房进行检查，核实人防工程的平面布置是否符合现行国家工程建设消防技术标准的要求。人防工程中的检查内容包括：（1）不允许设置的场所或设施包括：哺乳室、幼儿园、托儿所、游乐厅等儿童活动场所和残疾人员活动场所，使用、储存液化石油气、相对密度（与空气密度比值）大于或等于 0.75 的可燃气体和闪点小于 60℃的液体作燃料的场所，油浸电力变压器和其他油浸电气设备。（2）地下商店营业厅不得设置在地下三层及以下层。营业厅经营和储存商品的火灾危险性不得为甲、乙类。当总建筑面积大于 20 000 m^2 时，采用不开设门、窗、洞口的防火墙进行分隔。对确需局部连通的相邻区域，采取下沉式广场、防火隔间、避难走道和防烟楼梯间等措施进行防火分隔。（3）歌舞娱乐放映游艺场所应采用耐火极限不低于 2.00 h 的不燃烧体墙和耐火极限不低于 1.00 h 的楼板与其他场所隔开，墙上必须开设门的，应为乙级防火门；歌舞娱乐放映游艺场所不得布置在地下二层及以下。当布置在地下一层时，地下一层地面与室外出入口地坪的高差不大于 10 m。（4）人防工程内的医院病房不得设置在地下二层及以下层，设置在地下一层时，室内地面与室外出入口地坪的高差不大于 10 m。

（5）消防控制室设置在地下一层，并邻近直接通向地面的安全出口。当地面建筑设有消防控制室时，可与地面建筑消防控制室合用，并采用耐火极限不低于2.00 h的隔墙和耐火极限不低于1.50 h的楼板与其他部位隔开。

92. ABDE　火灾报警控制器调试前应切断火灾报警控制器的所有外部控制连线，并将任一个总线回路的火灾探测器以及该总线回路上的手动火灾报警按钮等部件相连接后，接通电源。按《火灾报警控制器》（GB 4717）的有关要求，采用观察、仪表测量等方法逐个对控制器进行下列功能检查并记录：（1）自检功能和操作级别。（2）使控制器与探测器之间的连线断路和短路，控制器应在100 s内发出故障信号（短路时发出火灾报警信号除外）；在故障状态下，使任一非故障部位的探测器发出火灾报警信号，控制器应在1 min内发出火灾报警信号，并应记录火灾报警时间；再使其他探测器发出火灾报警信号，检查控制器的再次报警功能。（3）消音和复位功能。（4）使控制器与备用电源之间的连线断路和短路，控制器应在100 s内发出故障信号。

93. ABDE　自动喷水灭火系统中干式报警阀组安装及技术检测要求如下：（1）安装在不发生冰冻的场所。（2）安装完成后，向报警阀气室注入高度为50～100 mm的清水。（3）充气连接管路的接口安装在报警阀气室充注水位以上部位，充气连接管道的直径不得小于15 mm；止回阀、截止阀安装在充气连接管路上。（4）按照消防设计文件要求安装气源设备，符合现行国家相关技术标准的规定。（5）安全排气阀安装在气源与报警阀组之间，靠近报警阀组一侧。（6）加速器安装在靠近报警阀的位置，设有防止水流进入加速器的措施。（7）低气压预报警装置安装在配水干管一侧。（8）报警阀充水一侧和充气一侧、空气压缩机的气泵和储气罐以及加速器等部位分别安装监控用压力表；管网充气压力符合消防设计文件的规定值。

94. ADE　“三项报告”备案制度是巩固社会单位消防安全管理、全面落实重点单位消防安全主体责任、推进消防工作社会化采取的一项有力举措，是指消防安全重点单位应定期向当地消防机构报告消防安全责任人、消防安全管理人依法履行消防安全职责情况，记录日常消防安全管理情况。“三项报告”备案内容包括消防安全管理人员报告备案、消防设施维护保养报告备案和消防安全自我评估报告备案。

95. ABCE　泡沫液是泡沫灭火系统的关键材料，直接影响系统的灭火效果，把好泡沫液的质量关是至关重要的环节。对于泡沫液用量较多的情况，需要将其送至具备相应资质的检测单位进行检测。对属于下列情况之一的泡沫液需要送检：（1）6%型低倍数泡沫液设计用量大于或等于7.0 t。（2）3%型低倍数泡沫液设计用量大于或等于3.5 t。（3）6%蛋白型中倍数泡沫液最小储备量大于或等于2.5 t。（4）6%合成型中倍数泡沫液最小储备量大于或等于2.0 t。（5）高倍数泡沫液最小储备量大于或等于1.0 t。（6）合同文件规定的需要现场取样送检的泡沫液。

96. ABDE　应急照明集中电源应显示主电电压、电池电压、输出电压和输出电流，并应设主电、充电、故障和应急状态指示灯。主电状态用绿色，故障状态用黄色，充电状态和应急状态用红色。

97. ABCD　应急预案演练原则包括以下几方面：（1）结合实际，合理定位。（2）着眼实战，讲求实效。（3）精心组织，确保安全。（4）统筹规划，厉行节约。

98. ACDE　对防烟排烟系统中排烟防火阀的调试包含以下几方面：（1）进行手动关闭、复位试验，阀门动作应灵敏、可靠，关闭应严密。（2）模拟火灾，相应区域火灾报警后，同一防火分区内排烟管道上的其他阀门应联动关闭。（3）阀门关闭后的状态信号应能反馈到消防控制室。（4）阀门关闭后应能联动相应的风机停止。（5）调试数量：全数调试。

99. ACDE　民用建筑之间的防火间距见下表：

（单位：m）

建筑类别		高层民用建筑	裙房和其他民用建筑		
		一、二级	一、二级	三级	四级
高层民用建筑	一、二级	13	9	11	14
裙房和其他民用建筑	一、二级	9	6	7	9
	三级	11	7	8	10
	四级	14	9	10	12

其中，两座建筑相邻较高一面外墙为防火墙，或高出相邻较低一座一、二级耐火等级建筑的屋面 15 m 及以下范围内的外墙为防火墙时，其防火间距可不限。

100. ABD　对于室内裸露钢结构、轻型屋盖钢结构及有装饰要求的钢结构，当规定其耐火极限在 1.50 h 及以下时，宜选用薄涂型钢结构防火涂料。对于室内隐蔽钢结构、高层全钢结构及多层厂房钢结构，当规定其耐火极限在 1.50 h 以上时，应选用厚涂型钢结构防火涂料。对于露天钢结构，应选用适合室外用的钢结构防火涂料。薄涂型钢结构防火涂层表面如有个别裂缝，其宽度不应大于 0.5 mm。厚涂型钢结构防火涂层最薄处厚度不低于设计要求的 85% 且厚度不足部位的连续面积的长度不应大于 1 m，并在 5 m 范围内不再出现类似情况。在已施工涂料的构件上，随机选取 3 个不同的涂层部位，分别用磁性测厚仪测量其厚度。然后点燃 2 L 汽油喷灯分别对准选定的 3 个位置，喷灯外焰应充分接触涂层，供火时间不低于 10 min。停止供火后观察涂层是否膨胀发泡，用精度为 0.1 mm 的游标卡尺测量其发泡层厚度。膨胀倍数为试验前涂层厚度（单位为 mm）与试验后涂料发泡层厚度（单位为 mm）的比值，结果以 3 个测试值的平均值表示。其中，薄型（膨胀型）钢结构防火涂料的膨胀倍数≥ 5；超薄型钢结构防火涂料的膨胀倍数≥ 10。

消防安全技术综合能力
模拟测试（三）参考答案及解析

一、单项选择题（共 80 题，每题 1 分，每题的备选项中，只有 1 个最符合题意）

1. D 《中华人民共和国消防法》在总则中规定“消防工作贯彻预防为主、防消结合的方针，按照政府统一领导、部门依法监管、单位全面负责、公民积极参与的原则，实行消防安全责任制，建立健全社会化的消防工作网络”，确立了消防工作的方针、原则和责任制。

2. D 从注册消防工程师职业道德原则应具有的特点和作用来看，注册消防工程师职业道德最根本的原则包括维护公共安全原则和诚实守信原则。

3. D 《中华人民共和国消防法》第十条、第十二条、第十三条第一款第二项及第二款明确了其他工程实行备案抽查制度。对国务院公安部门规定的大型的人员密集场所和其他特殊建设工程以外的按照国家工程建设消防技术标准需要进行消防设计的其他建设工程，建设单位应当自依法取得施工许可之日起七个工作日内，将消防设计文件报消防机构备案，消防机构应当依法进行抽查；抽查不合格的，应当停止施工。建设单位在工程验收合格后七个工作日内，应当报消防机构备案，消防机构应当依法进行抽查；抽查不合格的，应当停止使用。

4. A 建筑施工企业不按照消防设计文件和消防技术标准施工，降低消防施工质量的，责令改正或者停止施工，并处 1 万元以上 10 万元以下罚款。

5. C 注册消防工程师应当在一个经批准的消防技术服务机构或者消防安全重点单位，开展与该机构业务范围和本人资格级别相符的消防安全技术执业活动。

6. C 对具有国家工程建设消防技术标准没有规定的；消防设计文件拟采用的新技术、新工艺、新材料可能影响建设工程消防安全，不符合国家标准规定的；拟采用国际标准或者境外消防技术标准等情形之一的建设工程，消防机构依法组织专家评审。2/3 以上评审专家同意的特殊消防设计文件，可以作为消防设计审核的依据。

7. A 消防责任事故罪是指违反消防管理法规，经消防监督机构通知采取改正措施而拒绝执行，造成严重后果，危害公共安全的行为。

8. B 甲、乙类仓库不应附设在建筑物的地下室和半地下室内。一、二级耐火等级建筑内的营业厅、展览厅，当设置自动灭火系统和火灾自动报警系统并采用不燃或难燃装修材料时，每个防火分区的最大允许建筑面积可适当增加，并应符合下列规定：（1）设置在高层建筑内时，不应大于 4 000 m^2。（2）设置在单层建筑内或仅设置在多层建筑的首层内时，不应大于 10 000 m^2。（3）设置在地下或半地下时，不应大于 2 000 m^2。民用建筑内设备用房防火分区最大允许建筑面积不应大于 1 000 m^2，全部设置自动喷水灭火系统时可增至 2 000 m^2。

9. B “三项报告”备案制度是巩固社会单位消防安全管理、全面落实重点单位消防安全主体责任、推进消防工作社会化采取的一项有力举措，是指消防安全重点单位应定期向当地消防机构报告消防安全责任人、管理人依法履行消防安全职责情况，记录日常消防安全管理情况。“三项报告”备案包括以下三项内容：消防安全管理人员报告备案、消防设施维护保养报告备案和消防安全自我评估报告备案。

10. C 防烟排烟系统的加压送风管道采用不燃材料制作；安装排烟管道时，应采取隔热防火措施或与可燃物保持不小于 150 mm 的距离；排烟风机应保证在 280℃的环境条件下能连续工作不少于 30 min；固定式挡烟垂壁可采用隔墙、楼板下不小于 500 mm 的梁或吊顶下凸出不小于 500 mm 的不燃烧体。

11. A 根据不同耐火等级民用建筑防火分区的最大允许建筑面积的有关规定，办公区的最大防火分区面积为 1 500 m^2，当建筑内设置自动灭火系统时，防火分区最大允许建筑面积可按规定增加 1.0 倍，故为 3 000 m^2；地下汽车库防火分区的最大允许建筑面积为 2 000 m^2。汽车库内设有自动灭火系统，其每个防火分区的最大允许建筑面积不应大于以上规定的 2.0 倍，因此最大允许面积为 4 000 m^2。

12. C 手提式、推车式灭火器出厂时间达到或者超过下列规定期限的，予以报废处理：（1）水基型灭火器出厂期满 6 年。（2）干粉灭火器、洁净气体灭火器出厂期满 10 年。（3）二氧化碳灭火器出厂期满 12 年。

13. A 区域火灾风险评估的一级指标一般包括火灾危险源、区域基础信息、消防力量和社会面防控能力等。

14. D 常见喷头型号、规格实例见下表：

喷头名称	直立型喷头	下垂型喷头	直立边墙型喷头	水平边墙型喷头	干式喷头	齐平式喷头	嵌入式喷头	隐蔽式喷头
性能代号	ZSTZ	ZSTX	ZSTBZ	ZSTBS	ZSTG	ZSTDQ	ZSTDR	ZSTDY

15. A 建筑外墙的装饰层应采用燃烧性能等级为 A 级的材料，但建筑高度不大于 50 m 时，可采用 B_1 级的材料。

16. D 消防安全管理人履行下列职责：（1）拟订年度消防工作计划，组织实施日常消防安全管理工作。（2）组织制定消防安全制度和保障消防安全的操作规程并检查督促其落实。（3）拟订消防安全管理工作的资金投入和组织保障方案。（4）组织实施防火检查和火灾隐患整改工作。（5）组织实施对本单位消防设施、灭火器材和消防安全标志的维护保养，确保其完好有效，确保疏散通道和安全出口畅通。（6）组织管理专职消防队和志愿消防队。（7）在员工中组织开展消防知识、技能的宣传教育和培训，组织灭火和应急疏散预案的实施和演练。（8）单位消防安全责任人委托的其他消防安全管理工作。

17. D　开关、插座、配电箱不得直接安装在燃烧性能等级低于 B_1 级的装修材料上，安装在燃烧性能等级 B_1 级以下的材料基座上时，必须采用具有良好隔热性能的不燃材料隔绝。

18. A　消防电梯的设置范围有以下几方面：（1）建筑高度大于 33 m 的住宅建筑。（2）一类高层公共建筑和建筑高度大于 32 m 的二类高层公共建筑。（3）设置消防电梯的建筑的地下或半地下室，埋深大于 10 m 且总建筑面积大于 3 000 m^2 的其他地下或半地下建筑（室）。（4）建筑高度大于 32 m 且设置电梯，任一层工作平台上的人数不超过 2 人的高层塔架以及局部建筑高度大于 32 m，且局部高出部分的每层建筑面积不大于 50 m^2 的丁、戊类厂房可不设置消防电梯。

19. C　水喷雾灭火系统的报警阀组安装前应对供水管网试压、冲洗合格。安装顺序为：先安装水源控制阀、报警阀，然后进行报警阀辅助管道的连接，水源控制阀、报警阀与配水干管的连接，应使水流方向一致。报警阀组安装的位置应符合设计要求；当设计无要求时，宜靠近保护对象附近并便于操作的地点。距室内地面高度宜为 1.2 m，两侧与墙的距离不应小于 0.5 m，正面与墙的距离不应小于 1.2 m。报警阀组凸出部位之间的距离不应小于 0.5 m，安装报警阀组的室内地面应有排水设施。

20. D　疏散走道的宽度一般需要根据其通过人数和疏散净宽度指标经计算确定。检查内容以及检查结果应符合下列要求：（1）厂房疏散走道的净宽度不宜小于 1.40 m。（2）单、多层公共建筑疏散走道的净宽度不应小于 1.10 m；高层医疗建筑单面布房疏散走道的净宽度不应小于 1.40 m，双面布房疏散走道的净宽度不应小于 1.50 m；其他高层公共建筑单面布房疏散走道的净宽度不应小于 1.30 m，双面布房疏散走道的净宽度不应小于 1.40 m。（3）住宅疏散走道的净宽度不应小于 1.10 m。（4）剧院、电影院、礼堂、体育馆等人员密集场所，观众厅内疏散走道的净宽度不应小于 1.00 m，边走道的净宽度不宜小于 0.80 m；人员密集公共场所的室外疏散通道的净宽度不应小于 3.00 m，并应直接通向宽敞地带。

21. C　消防设施现场检查结束后，根据各类设施的施工及验收规范确定的工程施工质量缺陷类别，按照下列规则对各类消防设施的施工质量作出验收判定结论：消防给水及消火栓系统、自动喷水灭火系统、防烟排烟系统和火灾自动报警系统等工程施工质量缺陷划分为严重缺陷项（A）、重缺陷项（B）和轻缺陷项（C）。消防给水及消火栓系统、自动喷水灭火系统、防烟排烟系统的工程施工质量缺陷，当 $A=0$，$B \leqslant 2$，且 $B+C \leqslant 6$ 时，竣工验收判定为合格；否则，竣工验收判定为不合格。

22. D　厂房内严禁设置员工宿舍；丙类厂房可设置用于管理、控制或调度生产的办公室及工人的休息室，但要采用耐火极限不低于 2.50 h 的防火隔墙和耐火极限不低于 1.00 h 的楼板与其他部位分隔，并至少设置 1 个独立的安全出口。为方便沟通设置的、与生产区域相通的门须采用乙级防火门。在厂房内设置的丙类中间仓库须采用防火墙和耐火极限不低于 1.50 h 的不燃性楼板与其他部位分隔。厂房内的丙类液体中间储罐须设置在单独房间内，其容量不大于 5 m^3。设置中间储罐的房间，采用耐火极限不低于 3.00 h 的防火隔墙和耐火极限不低于 1.50 h 的楼板与其他部位分隔，房间门采用甲级防火门。

23. A　对消防水枪的密封性能进行检查时，封闭消防水枪的出水端，将消防水枪的进水端通过接口与手动试压泵或电动试压泵装置相连，排除枪体内的空气，然后缓慢加压至最大工作压力的 1.5 倍，保压 2.0 min，消防水枪不应出现裂纹、断裂或影响正常使用的残余变形。

24. C　建筑使用管理单位按照下列要求，安排合理数量的、符合从业资格条件的人员负责消防控制室管理与值班：（1）实行每日 24 h 专人值班制度，每班不少于 2 人，值班人员持有规定的消防专业技能鉴定证书。（2）消防设施日常维护管理符合《建筑消防设施的维护管理》（GB 25201）的相关规定。（3）确保火灾自动报警系统、固定灭火系统和其他联动控制设备处于正常工作状态，不得将应处于自动控制状态的设备设置在手动控制状态。（4）确保高位消防水箱、消防水池、气压水罐等消防储水设施水量充足，确保消防泵出水管阀门、自动喷水灭火系统管道上的阀门常开；确保消防水泵、防烟排烟风机、防火卷帘等消防用电设备的配电柜控制装置处于自动控制位置（或者通电状态）。

25. D　歌舞娱乐放映游艺场所的检查要求如下：采用耐火极限不低于 2.00 h 的防火隔墙和耐火极限不低于 1.00 h 的楼板与其他场所或部位分隔，设置在厅、室墙上的门和该场所与建筑内其他部位相通的门均应采用乙级防火门。布置在地下一层或地上四层及以上楼层时，一个厅、室的建筑面积不得大于 200 m^2。

26. C　建筑高度是界定高层建筑的基本依据。建筑屋面为坡屋面时，建筑高度为建筑室外设计地面至檐口与屋脊的平均高度。建筑屋面为平屋面（包括有女儿墙的平屋面）时，建筑高度为建筑室外设计地面至屋面面层的高度。同一座建筑有多种形式的屋面时，建筑高度按上述方法分别计算后，取其中最大值。

27. D　机械修配厂或修理车间，虽然使用少量的汽油等甲类溶剂清洗零件，但是因为其数量少，当气体全部逸出或可燃液体全部气化时，也不会在同一时间内使厂房内任何部位的混合气体处于爆炸极限范围内，所以，该厂房的火灾危险性仍可以按照戊类确定。

28. D　民用建筑的耐火等级也分为一、二、三、四级。除另有规定外，不同耐火等级建筑的相应构件的燃烧性能和耐火极限按下表中的规定执行。四级耐火等级建筑的主要构件，除防火墙墙体外，其余构件可采用难燃烧体或可燃烧体。

（单位：h）

构件名称		耐火等级			
		一级	二级	三级	四级
墙	防火墙	不燃性 3.00	不燃性 3.00	不燃性 3.00	不燃性 3.00
	承重墙	不燃性 3.00	不燃性 2.50	不燃性 2.00	难燃性 0.50
	非承重外墙	不燃性 1.00	不燃性 1.00	不燃性 0.50	可燃性
	楼梯间和前室的墙，电梯井的墙，住宅建筑单元之间的墙和分户墙	不燃性 2.00	不燃性 2.00	不燃性 1.50	难燃性 0.50
	疏散走道两侧的隔墙	不燃性 1.00	不燃性 1.00	不燃性 0.50	难燃性 0.25
	房间隔墙	不燃性 0.75	不燃性 0.50	难燃性 0.50	难燃性 0.25
柱		不燃性 3.00	不燃性 2.50	不燃性 2.00	难燃性 0.50
梁		不燃性 2.00	不燃性 1.50	不燃性 1.00	难燃性 0.50
楼板		不燃性 1.50	不燃性 1.00	不燃性 0.50	可燃性
屋顶承重构件		不燃性 1.50	不燃性 1.00	可燃性 0.50	可燃性
疏散楼梯		不燃性 1.50	不燃性 1.00	不燃性 0.50	可燃性
吊顶（包括吊顶格栅）		不燃性 0.25	难燃性 0.25	难燃性 0.15	可燃性

注：1. 除另有规定外，以木柱承重且墙体采用不燃材料的建筑，其耐火等级应按四级确定。

2. 住宅建筑构件的耐火极限和燃烧性能可按《住宅建筑规范》（GB 50368）的规定执行。

29. A　对已投入使用的干粉灭火系统的组件、零部件等按照规定检查时，下列项目至少每日检查一次：干粉储存装置外观、灭火控制器运行情况以及启动气体储瓶和驱动气体储瓶压力。下列项目至少每月检查一次：干粉储存装置部件和驱动气体储瓶充装量。

30. A　泡沫喷淋管道的安装要求有以下几点：（1）泡沫喷淋管道支架、吊架与泡沫喷头之间的距离不能小于 0.3 m；与末端泡沫喷头之间的距离不宜大于 0.5 m。（2）泡沫喷淋分支管上每一直管段、相邻两泡沫喷头之间的管段设置的支架、吊架均不少于 1 个，且支架、吊架的间距不得大于 3.6 m；当泡沫喷头的设置高度大于 10 m 时，支架、吊架的间距不宜大于 3.2 m。

31. B　模拟火灾时挡烟垂壁动作功能不属于安装工作。

32. C　火灾发生时，消防控制室的值班人员按照下列应急程序处置火灾：（1）接到火灾警报后，值班人员立即以最快方式确认火灾。（2）火灾确认后，值班人员立即确认火灾报警联动控制开关处于自动控制状态，同时拨打“119”报警电话准确报警；报警时需要说明着火单位地点、起火部位、着火物种类、火势大小、报警人姓名和联系电话等。（3）值班人员立即启动单位应急疏散和初起火灾扑救灭火预案，同时报告单位消防安全负责人。由于探测器和自动喷水灭火系统都开始动作，可以确认现场火灾已经发生，因此首先要做的就是拨打“119”电话报警。题目中消防控制室收到自动喷水灭火系统的水流指示器和报警阀压力开关等的动作信号说明自喷系统已经启动，同时还收到 2 个感烟探测器的探测信号，因此可以确认现场火灾已经发生，因此首先要做的就是拨打“119”电话报警。

33. A　消防安全重点单位应当每日进行防火巡查，并确定巡查的人员、内容、部位和频次。其他单位可以根据需要组织防火巡查。公众聚集场所在营业期间的防火巡查应当至少每两小时一次；营业结束时应当对营业现场进行检查，消除遗留火种。

34. B　防火分区允许的最大建筑面积的确定与建筑的使用性质、火灾危险性、消防扑救能力及火灾蔓延速度等因素有关。工业建筑检查时，根据火灾危险性类别、建筑物耐火等级、建筑层数等因素确定每个防火分区的最大允许建筑面积。

35. C　防火巡查组组长由一名副职领导担任，成员由具有专业消防知识和技能的巡查人员组成，防火巡查组履行以下工作职责：（1）巡查活动现场消防设施是否完好有效。（2）巡视活动现场安全出口、疏散通道是否畅通。（3）巡查活动现场消防重点部位的运行状况、工作人员在岗情况。（4）巡查活动过程用火用电情况。（5）巡查活动过程中的其他消防不安全因素。（6）纠正巡查过程中的消防违章行为。（7）及时向活动的消防安全管理人报告巡查情况。

36. C　施工单位应编制施工现场灭火及应急疏散预案，并依据预案定期开展灭火及应急疏散的演练。灭火及应急疏散预案应包括下列主要内容：（1）应急灭火处置机构及各级人员应急处置职责。（2）报警、接警处置的程序和通信联络的方式。（3）扑救初起火灾的程序和措施。（4）应急疏散及救援的程序和措施。

37. B　模块的安装要求：模块的连接导线应留有不小于 150 mm 的余量，其端部应有明显标志。

38. B　临时应急照明设置要求临时消防应急照明灯具宜选用自备电源的应急照明灯具，自备电源的连续供电时间不应小于 60 min。

39. C　下沉式广场是大型地下商业用房通过设置一定的室外开敞空间，用来防止相邻区域的火灾蔓延和便于人员疏散的区域。分隔后的不同区域通向下沉式广场等室外开敞空间的开口最近边缘之间的水平距离不应小于 13 m。为保证人员逃生需要，直通地面的疏散楼梯不得少于 1 部。当连接下沉式广场的防火分区需利用下沉式广场进行疏散时，该区域通向地面的疏散楼梯要均匀布置，使人员的疏散距离尽量短。疏散楼梯的总净宽度不得小于任一防火分区通向室外开敞空间的设计疏散总净宽度。防风雨棚不得完全封闭，四周开口部位要均匀布置，开口的面积不得小于室外开敞空间地面面积的25%，开口高度不得小于1.0 m；开口设置百叶时，百叶的有效排烟面积可按百叶通风口面积的60%设置。室外开敞空间除用于人员疏散外不得用于其他商业或可能导致火灾蔓延的用途，其中用于疏散的净面积不应小于169 m^2。

40. D　避难层（间）是建筑内用于人员在发生火灾时暂时躲避火灾及其烟气危害的楼层（房间）。避难层（间）应设置消防电梯出口、消防专线电话和应急广播、消火栓和消防卷盘、防烟设施。在避难层（间）进入楼梯间的入口处和疏散楼梯通向避难层（间）的出口处，应设置明显的指示标志。当建筑内的避难人数较少而不需将整个楼层用作避难层时，除上述检查内容外，还需要检查该避难层除设置火灾危险性小的设备用房外，不能用于其他使用功能；避难层采用防火墙将该楼层分隔成不同的区域；从非避难区进入避难区的部位，要采取防止非避难区的火灾和烟气进入避难区的措施，如设置防烟前室。

41. A　嵌墙式灭火器箱的安装高度，按照手提式灭火器顶部与地面距离不大于1.50 m，底部与地面距离不小于0.08 m的要求确定。

42. C　湿式报警阀组调试时，从试水装置处放水，当湿式报警阀进水压力大于0.14 MPa、放水流量大于1 L/s时，报警阀应启动，带延迟器的水力警铃在5 ~ 90 s内发出报警铃声，不带延迟器的水力警铃应在15 s内发出报警铃声，压力开关应及时动作，并反馈信号。

43. D　对消防设施进行现场检查时，消防产品一致性检查按照下列步骤及要求实施：（1）逐一登记到场的各类消防设施的设备及其组件名称、批次、型号、规格、数量和生产厂名、地址和产地，与其设备清单、使用说明书等核对无误。（2）查验各类消防设施的设备及其组件的型号、规格组件配置及其数量、性能参数、生产厂名及其地址与产地，以及标志、外观、材料、产品实物等，与经国家消防产品法定检验机构检验合格的型式检验报告一致。（3）查验各类消防设施的设备及其组件型号、规格，符合经法定机构批准或者备案的消防设计文件要求。

44. A　疏散门的宽度是决定疏散时间的重要因素，与疏散出口的数量、疏散总宽度之间必须相互协调、配合。尤其是剧院、电影院、礼堂、体育馆、学校、商店、办公楼、候车（船）室、民航候机厅、展览厅、歌舞娱乐放映游艺场所等人员密集场所，对疏散出口宽度的检查显得更加重要。公共建筑内疏散门和住宅建筑户门的净宽度不小于0.9 m；观众厅及其他人员密集场所的疏散门，净宽度不得小于1.4 m。

45. D　为了达到防止轰燃发生的目标，替代方法之一可能是使用自动喷水灭火系统。为了保证其有效性，自动喷水灭火系统必须在房间到达轰燃阶段以前启动并控制火灾的蔓延。

46. D　建筑外墙的装饰层采用燃烧性能等级为 A 级的材料，但建筑高度不大于 50 m 时，可采用 B_1 级材料。

47. B　水平管道采用管卡固定。管卡的间距不宜大于 0.6 m。转弯处应增设 1 个管卡。

48. D　消防安全教育培训形式主要包括：定期开展全员消防教育培训，落实从业人员上岗前消防安全培训制度；组织全体从业人员参加灭火、疏散演练；使消防安全责任人、消防安全管理人和部门负责人完全具备检查和消除火灾隐患、组织扑救初起火灾、组织人员疏散逃生以及开展消防宣传教育四项能力。

49. C　丁类、戊类储存物品本身虽属难燃烧或者不燃烧物质，但有很多物品的包装是可燃的木箱、纸盒、泡沫塑料等。因此，对于这两类仓库，除考虑物品本身的燃烧性能外，还要考虑可燃包装的数量，在防火要求上要较丁类、戊类仓库严格。当可燃包装重量大于物品本身重量 1/4 或者可燃包装（如泡沫塑料等）体积大于物品本身体积的 1/2 时，仓库的火灾危险性类别要相应提高，按照丙类确定。

50. B　下列场所的消防用电应按一级负荷供电：建筑高度大于 50 m 的乙、丙类生产厂房和丙类物品库房，一类高层民用建筑，一级大型石油化工厂，大型钢铁联合企业，大型物资仓库等。

51. C　对消防电梯的检查主要进行以下操作：（1）核查电梯检测主管部门核发的有关证明文件，检查消防电梯的载重量、消防电梯的井底排水设施。（2）测量消防电梯前室面积、首层消防电梯间通向室外的安全出口通道的长度，面积测量值的允许负偏差和通道长度测量值的允许正偏差不得大于规定值的 5%。（3）使用首层供消防人员专用的操作按钮，检查消防电梯能否下降到首层并发出反馈信号，此时其他楼层按钮不能呼叫消防电梯，只能在轿厢内控制。（4）模拟火灾报警，检查消防控制设备能否手动和自动控制电梯返回首层，并接收反馈信号。（5）使用消防电梯轿厢内专用消防对讲电话与消防控制中心进行不少于 2 次通话试验，通话语音清晰。（6）使用秒表测试消防电梯由首层直达顶层的运行时间，检查消防电梯行驶速度是否保证从首层到顶层的运行时间不超过 60 s。

52. A　疏散引导的内容包括以下几方面：一是划定安全区。根据建筑特点和周围情况，事先划定供疏散人员集结的安全区域。二是明确责任人。在疏散通道上分段安排人员指明疏散方向，查看是否有人员滞留在应急疏散的区域内，统计人员数量，稳定人员情绪。三是及时变更修正。由于公众聚集场所的现场工作人员具有一定的流动性，在预案中担负灭火和疏散救援行动的人员变化后，要及时进行调整和补充。四是突出重点。应把疏散引导作为应急预案制定和演练的重点，加强疏散引导组的力量配备。

53. B　消防给水系统的维护管理是确保系统正常完好、有效使用的基本保障。维护管理人员经过消防专业培训后应熟悉消防给水系统的相关原理、性能和操作维护方法。

54. B　预制灭火装置应符合下列规定：灭火剂储存量不得大于 150 kg；管道长度不得大于 20 m；工作压力不得大于 2.5 MPa；一个防护区或保护对象宜用一套预制灭火装置保

护；一个防护区或保护对象所用预制灭火装置最多不得超过4套，并应同时启动，其动作响应时间差不得大于2 s。

55. C　模拟喷气试验的条件：（1）IG541混合气体灭火系统及高压二氧化碳灭火系统采用其充装的灭火剂进行模拟喷气试验。试验采用的储存容器数应为选定试验的防护区或保护对象设计用量所需容器总数的5%，且不少于1个。（2）二氧化碳灭火系统，应采用二氧化碳灭火剂进行模拟喷气试验。试验要选定输送管道最长的防护区或保护对象进行，喷放量不小于设计用量的10%。（3）卤代烷灭火系统模拟喷气试验不应采用卤代烷灭火剂，宜采用氮气进行。氮气储存容器与被试验的防护区或保护对象用的灭火剂储存容器的结构、型号、规格应相同，连接与控制方式要一致，氮气的充装压力和灭火剂储存压力相等。氮气储存容器数不少于灭火剂储存容器数的20%，且不少于1个。（4）模拟喷气试验宜采用自动启动方式。

56. A　灭火器的配置、外观等全面检查每月进行一次。候车（机、船）室、歌舞娱乐放映游艺等人员密集的公共场所，以及堆场、罐区、石油化工装置区、加油站、锅炉房、地下室等场所配置的灭火器每半月检查一次。

57. D　燃油和燃气锅炉房应设置在首层或地下一层靠外墙部位，但常（负）压燃油、燃气锅炉可设置在地下二层。柴油发电机房布置在民用建筑内时宜布置在首层或地下一、二层，不应布置在人员密集场所的上一层、下一层或贴邻。

58. B　自动巡检故障不会影响手动启泵，故选项A错误。机械应急操作可以启动消防水泵，说明水泵供电是没有问题的、供电回路也没有问题，故选项C、D错误。可能的原因是控制电器的元件发生故障，故本题答案为选项B。

59. C　对建筑进行火灾风险评估后，需要采取一定风险控制措施，将建筑的火灾风险控制在可接受的风险水平以下。常用的风险控制措施包括风险消除、风险减少、风险转移。

60. C　自动喷水灭火系统的下列项目至少每月进行一次检查与维护：（1）电动、内燃机驱动的消防水泵（稳压泵）启动运行测试。（2）喷头完好状况、备用量及异物清除等检查。（3）系统所有阀门状态及其铅封、锁链完好状况检查。（4）消防气压给水设备的气压、水位测试，消防水池、消防水箱的水位以及消防用水不被挪用的技术措施检查。（5）水泵接合器完好性检查。（6）过滤器排渣、完好状况检查。（7）报警阀启动性能测试。（8）电磁阀启动试验。

61. C　对空气中含有易燃易爆危险物品的房间，其送、排风系统选用防爆型的通风设备。当送风机布置在单独分隔的通风机房内且送风干管上设置防止回流设施时，可采用普通型的通风设备。燃气锅炉房应选用防爆型的事故排风机，且事故排风量满足换气次数不少于12次/h。

62. B　对下沉式广场的检查内容有以下几点：（1）分隔后的不同区域通向下沉式广场

等室外开敞空间的开口最近边缘之间的水平距离不应小于 13 m。（2）为保证人员逃生需要，直通地面的疏散楼梯不得少于 1 部。当连接下沉广场的防火分区需利用下沉广场进行疏散时，该区域通向地面的疏散楼梯要均匀布置，使人员的疏散距离尽量短。疏散楼梯的总净宽度不得小于任一防火分区通向室外开敞空间的设计疏散总净宽度。（3）防风雨棚不得完全封闭，四周开口部位要均匀布置，开口的面积不得小于室外开敞空间地面面积的 25%，开口高度不得小于 1.0 m；开口设置百叶时，百叶的有效排烟面积可按百叶通风口面积的 60% 设置。（4）室外开敞空间除用于人员疏散外不得用于其他商业用途或可能导致火灾蔓延的用途，其中用于疏散的净面积不应小于 169 m^2。

63. C 对泡沫比例混合器进行调试时，对蛋白、氟蛋白等折射指数高的泡沫液可用手持折射仪测量，水成膜、抗溶水成膜等折射指数低的泡沫液可用手持导电度测量仪测量。

64. A 回路内应装设断路器、熔断器之类的过电流防护电器来防范电气过载引起的灾害。该方法并不能防止其他原因导致的火灾。

65. C 用于灭火时，水雾喷头的工作压力不应小于 0.35 MPa；用于防护冷却时，水雾喷头的工作压力不应小于 0.2 MPa。此题中测试压力为 0.36 MPa，所以水泵和管网组成的给水系统提供给喷头的压力是合格的，在压力合格的情况下，水雾喷头还是出水珠而没有很好地雾化，说明喷头存在质量问题。

66. A 题目中指明二甲苯为液体，可燃液体的火灾危险等级应根据闪点的高低来划分：甲类液体闪点≤ 28℃；28℃＜乙类液体闪点≤ 60℃；丙类液体闪点＞ 60℃。题中指出二甲苯的闪点为 30℃，高于 28℃，因此为乙类可燃液体。

67. D 对消防系统供水设施进行维护时，每季度应对系统所有的末端试水阀和报警阀的放水试验阀进行一次放水试验，并应检查系统启动、报警功能以及出水情况是否正常。

68. B 对喷头外观标志检查有以下要求：（1）喷头溅水盘或者本体上至少具有型号、规格、生产厂商名称（代号）或者商标、生产时间、响应时间指数等永久性标识。（2）边墙型喷头上有水流方向标识，隐蔽式喷头的盖板上有“不可涂覆”等文字标识。（3）喷头型号、规格的标记由类型特征代号（型号）、性能代号、公称口径和公称动作温度等部分组成，型号、规格所示的性能参数符合设计文件的选型要求。

69. A 根据《建筑设计防火规范》（GB 50016），耐火等级低于四级的既有建筑，耐火等级可按四级确定。本题帐篷防火分区之间的防火间距，按照热辐射考虑，只需要 2 m 就足够，但是本题要求参照《建筑设计防火规范》考虑，帐篷类似于简易棚户房，耐火等级低于四级，两座低级建筑之间距离不应小于 12 m。本题答案为 A。

70. B 根据《消防给水及消火栓系统技术规范》（GB 50974），管网安装完毕后，应对其进行强度试验、冲洗和严密性试验。

71. C 根据《火灾自动报警系统施工及验收规范》（GB 50166），调试负责人必须由专业技术人员担任，专业技术人员一般应由生产厂的工程师（或相当于工程师水平的人员）或生产厂委托的经过训练的人员担任，施工单位人员不属于专业技术人员，原供货厂家可能是经销商，不能将原供货厂家等同于生产厂家，故选项 A、B 错误。增设符合增容要求的火灾报警控制器（联动型），增设后两个报警控制器共 6 块联动控制主板，能够满足系统需求，故选项 C 正确。没有增加新的联动控制主板，直接把需增容部分接入原有线路，故选项 D 不正确。

72. A 《气体灭火系统施工及验收规范》（GB 50263）规定，灭火剂输送管道经水压强度试验合格后还应进行气密性试验，经气压强度试验合格且在试验后未拆卸过的管道可不进行气密性试验。灭火剂输送管道安装完毕后，应进行气压强度试验和气密性试验，并合格。气压强度试验和气密性试验必须采取有效的安全措施。加压介质可采用空气或氮气。当水压强度试验条件不具备时，可采用气压强度试验代替。

73. B 《建设工程消防监督管理规定》（公安部令第 106 号）规定，消防设施施工安装以经法定机构批准或者备案的消防设计文件、国家工程建设消防技术标准为依据；经批准或者备案的消防设计文件不得擅自变更，确需修改的，建设单位应当向出具消防设计审核意见的公安机关消防机构重新申请消防设计审核。

74. A “t 平方火”的对比情况见下表：

增长类型	火灾增长系数 / (kW/s^2)	达到 1 MW 的时间 /s	典型可燃材料
超快速	0.187 6	75	油池火、易燃的装饰家具、轻质的窗帘
快速	0.046 9	150	装满东西的邮袋、塑料泡沫、叠放的木架
中速	0.011 72	300	棉与聚酯纤维弹簧床垫、木制办公桌
慢速	0.002 93	600	厚重的木制品

从上表可以看出，从火灾发生至热释放速率达到 1 MW 所需时间为 300 s 的火灾是中速“t 平方火”。

75. A 应急照明集中电源非集中控制型和集中电源集中控制型均不包括应急照明配电箱，自带电源非集中控制型或自带电源集中控制型中才配有应急照明配电箱。

76. D 水力警铃工作不正常（不响、响度不够、不能持续报警）的故障原因有：（1）产品质量问题或者安装调试不符合要求。（2）报警阀至水力警铃的管路阻塞或者铃锤机构被卡住。

77. D 应急预案的编制内容应包括单位的基本情况、应急组织机构、火情预想、报警和接警处置程序、初起火灾处置程序和措施、应急疏散的组织程序和措施、安全防护救护和通信联络的程序和措施、绘制灭火和应急疏散计划图、注意事项等。员工的消防培训计划不属于应急预案编制的编制内容。

78. A 避难走道直通地面的出口不少于 2 个，并设置在不同方向。当避难走道只与一个防火分区相通且该防火分区至少有 1 个直通室外的安全出口时，可设置一个直通地面的出口。避难走道的净宽度不得小于任一防火分区通向避难走道的设计疏散总净宽度。防火分区至避难走道入口处所设前室的面积不得小于 6.0 m^2，开向前室的门采用甲级防火门，前室开向避难走道的门采用乙级防火门。避难走道内设置消火栓、消防应急照明、应急广播和消防专线电话，防火分区至避难走道入口处的前室设置相应的防烟设施。避难走道的装修材料燃烧性能等级必须为 A 级。

79. C 气体灭火系统进行功能验收时，应从以下几方面进行：（1）系统功能验收时，应进行模拟启动试验，并合格。（2）系统功能验收时，应进行模拟喷气试验，并合格。（3）系统功能验收时，应对设有灭火剂备用量的系统进行模拟切换操作试验，并合格。（4）系统功能验收时，应对主、备用电源进行切换试验，并合格。根据《气体灭火系统施工及验收规范》（GB 50263），组合分配系统启动时，选择阀应在容器阀开启前或同时打开。

80. C 根据《消防给水及消火栓系统技术规范》（GB 50974），镀锌钢管应为内外壁热镀锌钢管，钢管内外表面的镀锌层不应有脱落、锈蚀等现象，检查数量应为全数检查；经强制性产品认证的消防产品是生产、销售或使用的前提，但是认证过的产品在运输过程中可能会造成损坏，所以在安装使用前必须进行现场检查；阀门应有清晰的铭牌、安全操作指示标志、产品说明书和水流方向的永久性标志；当管道采用螺纹、法兰、承插、卡压等方式连接时，按数量抽查 30%，但不应小于 10 个。

二、多项选择题（共 20 题，每题 2 分。每题的备选项中，有 2 个或 2 个以上符合题意，至少有 1 个错项。错选，本题不得分；少选，所选的每个选项得 0.5 分）

81. AC 根据《建筑设计防火规范》（GB 50016）民用木结构建筑之间及其与其他民用建筑的防火间距不应小于 10 m，题中防火间距不足。两座木结构建筑之间或木结构建筑与其他民用建筑之间，外墙均无任何门、窗、洞口时，防火间距可为 4 m，故选项 A 正确。外墙上的门、窗、洞口不正对且开口面积之和不大于外墙面积的 10% 时，防火间距可按本表的规定减少 25%，按此措施，防火间距需要 7.5 m，当前的距离仍不能完全符合要求，故选项 B 错误。当相邻建筑外墙有一面为防火墙，或建筑物之间设置防火墙且墙体截断不燃性屋面或高出难燃性、可燃性屋面不低于 0.5 m 时，防火间距不限。240 mm 砖墙属于不燃性材料，耐火极限可达 5.5 h，可以作为防火墙来用，故选项 C 正确。而水幕和自动喷水灭火系统都不属于缩小防火间距的措施，因此选项 D、E 错误。

82. BCD 日常管理中，发现灭火器使用达到维修年限，或者灭火器存在机械损伤、明显锈蚀、灭火剂泄漏、被开启使用过、压力指示器指向红区等问题，或者符合其他报修条件的，建筑（场所）使用管理单位应按照规定程序予以送修。使用达到下列规定年限的灭火器，建筑（场所）使用管理单位要分批次向灭火器维修企业送修：（1）手提式、推车式水基型灭火器出厂期满 3 年，首次维修以后每满 1 年。（2）手提式、推车式干粉灭火器、洁净气体灭火器、二氧化碳灭火器出厂期满 5 年，首次维修以后每满 2 年。送修灭火器时，一次送修数量不得超过配置计算单元所配置的灭火器总数量的 1/4。超出时，需要选择相同类型、相同操作方法的灭火器替代，且其灭火级别不得小于原配置灭火器的灭火级别。

83. ADE　老年人及儿童行动不便，缺乏必要的自理能力，易造成严重伤害，火灾时无法进行适当的自救和安全逃生，一般均需依靠青壮年人的帮助来实现逃生。因此，老年人建筑及托儿所、幼儿园的儿童用房和儿童游乐厅等儿童活动场所宜设置在独立的建筑内，且不应设置在地下或半地下。附设在建筑内的托儿所、幼儿园的儿童用房和儿童游乐厅等儿童活动场所、老年人活动场所，应采用耐火极限不低于 2.00 h 的防火隔墙和耐火极限不低于 1.00 h 的楼板与其他场所或部位分隔，墙上必须设置门、窗的应采用乙级防火门、窗。当设置在一、二级耐火等级的建筑内时，应设置在建筑物的首层或二、三层，不应超过三层；当设置在三级耐火等级的建筑内时，应设置在首层及二层；当设置在四级耐火等级的建筑内时，应设置在首层。设置在高层建筑内时，应设置独立的安全出口和疏散楼梯；设置在单、多层建筑内时，宜设置独立的安全出口和疏散楼梯。

84. ABDE　首先判断该厂房为乙类有粉尘爆炸危险的厂房，乙类厂房的耐火等级至少为二级，二级屋顶承重构件要求不燃、耐火极限不低于 1.00 h，故选项 A 正确。《建筑设计防火规范》（GB 50016）规定，有爆炸危险的甲、乙类生产部位，宜布置在单层厂房靠外墙的泄压设施或多层厂房顶层靠外墙的泄压设施附近。有爆炸危险的设备宜避开厂房的梁、柱等主要承重构件布置，故选项 B 正确。甲、乙类厂房内严禁设置办公室，故选项 C 错误。净化有爆炸危险粉尘的干式除尘器和过滤器宜布置在厂房外的独立建筑内，且建筑外墙与所属厂房的防火间距不应小于 10 m。对符合一定条件可以布置在厂房内的单独房间时，须检查是否采用耐火极限不低于 3.00 h 的防火隔墙和耐火极限不低于 1.50 h 的楼板与其他部位分隔。故选项 E 正确。高层建筑、人员密集的公共建筑，人员密集的多层丙类厂房，甲、乙类厂房，其封闭楼梯间的门采用乙级防火门，并向疏散方向开启；其他建筑封闭楼梯间的门可采用双向弹簧门，故选项 D 正确。

85. ACE　管网安装完毕后，要对其进行强度试验、冲洗和严密性试验。

86. BDE《火灾自动报警系统设计规范》（GB 50116）要求，湿式系统和干式系统的联动控制设计，应符合下列规定：（1）联动控制方式，应由湿式报警阀压力开关的动作信号作为触发信号，直接控制启动喷淋消防泵，联动控制不应受消防联动控制器处于自动或手动状态影响。（2）手动控制方式，应将喷淋消防泵控制箱（柜）的启动、停止按钮用专用线路直接连接至设置在消防控制室内的消防联动控制器的手动控制盘，直接手动控制喷淋消防泵的启动、停止。（3）水流指示器、信号阀、压力开关、喷淋消防泵的启动和停止的动作信号应反馈至消防联动控制器。压力开关采用专用的线路连接至消防泵控制柜，和联动控制的线路是不同的两条线路，正常情况下消防泵控制柜处于自动状态，压力开关动作是可以启泵的，但是 A 断开了压力开关和消防泵控制柜的连线，所以压力开关动作是启不了泵的；虽然消防联动控制器处于自动状态，但并没有任何其他火灾报警信号，所以是不会联动控制消防泵启动的，故选项 A、C 错误。打开末端试水装置，压力开关动作，可以启动消防泵；由于压力开关采用专用的线路连接至消防泵控制柜，与联动控制线路是不同的两条线路，所以消防联动控制器处于自动或手动状态都可以启动消防泵，故选项 B、D 正确。选项 E 断开压力开关和消防泵控制柜的连线，打开末端试水装置，压力开关可以动作，但是动作信号不能传输至消防泵控制柜，所以不能控制消防泵的开启；消防泵控制柜的启动、停止按钮采用专用线路和消防联动控制器的手动控制盘连接，只要消防泵控制柜处于自动状态，在消防联动控制器的手动控制盘上就可以控制消防泵的开启，故选项 E 正确。

87. BCE　储存容器、驱动气体储瓶的设计与使用应符合《气瓶安全技术监察规程》（TSGR 0006）及《固定式压力容器安全技术监察规程》的规定（TSG 21）。

88. ABE　下列部位应设置固定支架或防晃支架：（1）配水管宜在中点设一个防晃支架，当管径小于 *DN*50 mm 时可不设。（2）配水干管及配水管、配水支管的长度超过 15 m，每 15 m 长度内应至少设 1 个防晃支架，当管径不大于 *DN*40 mm 可不设。（3）管径大于 *DN*50 mm 的管道拐弯、三通及四通位置处应设 1 个防晃支架。（4）防晃支架的强度，应满足管道、配件及管内水的重量再加 50% 的水平方向推力时不损坏或不产生永久变形。当管道穿梁安装时，管道再用紧固件固定于混凝土结构上，可作为 1 个防晃支架处理。

89. ABCD　建筑消防性能化设计过程可分成若干步骤，步骤间相互联系，最终形成一个整体。主要包括：（1）确定性能化设计的内容和范围。（2）确定总体目标、功能要求和性能判据。（3）开展火灾危险源识别。（4）制定试设计方案。（5）设定火灾场景和疏散场景。（6）选择工程方法。（7）评估试设计方案。（8）确定最终设计方案。（9）完成报告，编写性能化设计评估报告。

90. ABCD　气体灭火系统的调试，应对每个防护区进行模拟喷气试验和备用灭火剂储存容器切换操作试验。系统调试时，对所有防护区或保护对象按规定进行系统手动、自动模拟启动试验，并合格。（1）模拟启动试验调试时，应对所有防护区或保护对象按规范规定进行模拟喷气试验，并合格。（2）手动模拟启动试验按下述方法进行：按下手动启动按钮，观察相关动作信号及联动设备动作是否正常（如发出声、光报警，启动输出端的负载响应，关闭通风空调、防火阀等）。手动启动压力信号反馈装置，观察相关防护区门外的气体喷放指示灯是否正常。自动模拟启动试验将灭火控制器的启动输出端与灭火系统相应防护区驱动装置连接。驱动装置与阀门的动作机构脱离。也可用 1 个启动电压、电流与驱动装置的启动电压、电流相同的负载代替。人工模拟火警使防护区内任意 1 个火灾探测器动作，观察单一火警信号输出后，相关报警设备动作是否正常（如警铃、蜂鸣器发出报警声等）。人工模拟火警使该防护区内另一个火灾探测器动作，观察复合火警信号输出后，相关动作信号及联动设备动作是否正常（如发出声、光报警，启动输出端的负载响应，关闭通风空调、防火阀等）。（3）模拟启动试验结果要求延迟时间与设定时间相符，响应时间满足要求；有关声、光报警信号正确；联动设备动作正确；驱动装置动作可靠。

91. BCDE　每季度应检查和试验火灾自动报警系统的下列功能，并按要求填写相应的记录：（1）采用专用检测仪器分期分批试验探测器的动作及确认灯显示。（2）试验火灾警报器的声光显示。（3）试验水流指示器、压力开关等报警功能、信号显示。（4）对主电源和备用电源进行 1 ~ 3 次自动切换试验。（5）用自动或手动检查消防控制设备的控制显示功能。

92. CDE　室外地下式消火栓应安装在消火栓井内，消火栓井一般用 MU7.5 红砖、M7.5 水泥砂浆砌筑。消火栓井内径不应小于 1 m，故选项 A 错误。室外消火栓应符合下列规定：（1）室外消火栓的选型、规格、数量、安装位置应符合设计要求。（2）同一建筑物内设置的室外消火栓采用统一规格的栓口及配件。（3）室外消火栓应设置明显的永久性固定标志。（4）室外消火栓水量及压力应满足要求。（5）地下式消火栓顶部出水口应正对井口。

93. AD　电气火灾是火灾事故发生的主要原因之一，而用电设施又是引起电气火灾事故的重要因素，检查中重点核查重点区域电气设施的安装情况。检查要求为：（1）开关、插座、配电箱不得直接安装在低于 B_1 级的装修材料上，安装在 B_1 级以下的材料基座上时，必须采用具有良好隔热性能的不燃材料隔绝。（2）白炽灯、卤钨灯、荧光高压汞灯、镇流器等不得直接设置在可燃装修材料或可燃构件上。（3）照明灯具的高温部位，当靠近非 A 级装修材料时，采取隔热、散热等防火保护措施。灯饰所用材料的燃烧性能等级不得低于 B_1 级。

94. BD 《火灾自动报警系统施工及验收规范》规定，导线在管内或线槽内，不应有接头或扭结。导线的接头，应在接线盒内焊接或用端子连接，故选项 C 正确，而选项 B、D 中都有接头，做法错误；敷设在多尘或潮湿场所管路的管口和管子连接处，均应作密封处理，故选项 E 正确；金属管子入盒，盒外侧应套锁母，内侧应装护口；在吊顶内敷设时，盒的内外侧均应套锁母。塑料管入盒应采取相应固定措施。

95. AC 《火灾自动报警系统设计规范》（GB 50116）防烟系统的联动控制方式应符合下列规定：（1）应由加压送风口所在防火分区内的两个独立的火灾探测器或一个火灾探测器与一个手动火灾报警按钮的报警信号，作为送风口开启和加压送风机启动的联动触发信号，并应由消防联动控制器联动控制相关层前室等需要加压送风场所的加压送风口开启和加压送风机启动。（2）应由同一防烟分区内且位于电动挡烟垂壁附近的两个独立的感烟火灾探测器的报警信号，作为电动挡烟垂壁降落的联动触发信号，并应由消防联动控制器联动控制电动挡烟垂壁的降落。防烟系统、排烟系统的手动控制方式，应能在消防控制室内的消防联动控制器上手动控制送风口、电动挡烟垂壁、排烟口、排烟窗、排烟阀的开启或关闭及防烟风机、排烟风机等设备的启动或停止，防烟、排烟风机的启动、停止按钮应采用专用线路直接连接至设置在消防控制室内的消防联动控制器的手动控制盘，并应直接手动控制防烟、排烟风机的启动、停止。

96. AB　消防电梯前室应符合以下要求：（1）前室宜靠外墙设置，并应在首层直通室外或经过长度不大于 30 m 的通道通向室外。（2）前室的使用面积，公共建筑不应小于 6.0 m^2，住宅建筑不应小于 4.5 m^2；与防烟楼梯间合用前室的使用面积，公共建筑不应小于

10 m^2，住宅建筑不应小于 6 m^2。（3）前室或合用前室的门应采用乙级防火门，不应设置卷帘。消防电梯的行驶速度从首层至顶层的运行时间不宜大于 60 s。

97. BC 厂房每个防火分区或一个防火分区的每个楼层的安全出口不少于 2 个。当厂房仅设一个安全出口时，检查内容以及检查结果应符合下列要求：（1）甲类厂房，每层建筑面积不应大于 100 m^2，且同一时间的作业人数不应超过 5 人。（2）乙类厂房，每层建筑面积不应大于 150 m^2，且同一时间的作业人数不应超过 10 人。（3）丙类厂房，每层建筑面积不应大于 250 m^2，且同一时间的作业人数不应超过 20 人。（4）丁、戊类厂房，每层建筑面积不应大于 400 m^2，且同一时间的作业人数不应超过 30 人。

98. CDE 水流指示器起的作用只是反馈信号给火灾报警控制器，指示火灾位置，不联动消防泵，消防泵不启动与水流指示器无关，故选项 A、B 错误。若是预作用自动喷水灭火系统中的控制模块损坏，消防联动控制器无法联动控制消防水泵的开启，故选项 C 正确。水泵控制柜的控制模式未设定在“自动”状态和水泵控制柜故障都有可能导致消防水泵不启动，故选项 D、E 正确。

99. ACD 甲、乙、丙类多层厂房和高层厂房的疏散楼梯采用封闭楼梯间或室外楼梯。封闭楼梯间和防烟楼梯间的顶棚、墙面和地面的装修材料必须采用不燃烧材料；高层建筑，人员密集的公共建筑，人员密集的多层丙类厂房，甲、乙类厂房，其封闭楼梯间的门采用乙级防火门，并向疏散方向开启。

100. ABCD 根据《重大火灾隐患判定方法》（GB 35181），重大火灾隐患的直接判定要素有：（1）生产、储存和装卸易燃易爆危险品的工厂、仓库和专用车站、码头、储罐区，未设置在城市的边缘或相对独立的安全地带。（2）生产、储存、经营易燃易爆危险品的场所与人员密集场所、居住场所设置在同一建筑物内，或与人员密集场所、居住场所的防火间距小于国家工程建设消防技术标准规定值的 75%。（3）城市建成区内的加油站、天然气或液化石油气加气站、加油加气合建站的储量达到或超过 GB 50156 对一级站的规定。（4）甲、乙类生产场所和仓库设置在建筑的地下室或半地下室。（5）公共娱乐场所、商店、地下人员密集场所的安全出口数量不足或其总净宽度小于国家工程建设消防技术标准规定值的 80%。（6）旅馆、公共娱乐场所、商店、地下人员密集场所未按国家工程建设消防技术标准的规定设置自动喷水灭火系统或火灾自动报警系统。（7）易燃液体、可燃液体、可燃气体储罐（区）未按国家工程建设消防技术标准的规定设置固定灭火、冷却、可燃气体浓度报警、火灾报警设施。（8）在人员密集场所违反消防安全规定使用、储存或销售易燃易爆危险品。（9）托儿所、幼儿园的儿童用房以及老年人活动场所，所在楼层位置不符合国家工程建设消防技术标准的规定。（10）人员密集场所的居住场所采用彩钢夹芯板搭建，且彩钢夹芯板芯材的燃烧性能等级低于 GB 8624 规定的 A 级。

消防安全技术综合能力
模拟测试（四）参考答案及解析

一、单项选择题（共 80 题，每题 1 分，每题的备选项中，只有 1 个最符合题意）

1. B 《建设工程消防监督管理规定》第十三条规定，对具有下列情形之一的人员密集场所，建设单位应当向公安机关消防机构申请消防设计审核，并在建设工程竣工后向出具消防设计审核意见的公安机关消防机构申请消防验收：（1）建筑总面积大于二万平方米的体育场馆、会堂，公共展览馆、博物馆的展示厅。（2）建筑总面积大于一万五千平方米的民用机场航站楼、客运车站候车室、客运码头候船厅。（3）建筑总面积大于一万平方米的宾馆、饭店、商场、市场。（4）建筑总面积大于二千五百平方米的影剧院，公共图书馆的阅览室，营业性室内健身、休闲场馆，医院的门诊楼，大学的教学楼、图书馆、食堂，劳动密集型企业的生产加工车间，寺庙、教堂。（5）建筑总面积大于一千平方米的托儿所、幼儿园的儿童用房，儿童游乐厅等室内儿童活动场所，养老院、福利院，医院、疗养院的病房楼，中小学校的教学楼、图书馆、食堂，学校的集体宿舍，劳动密集型企业的员工集体宿舍。（6）建筑总面积大于 500 平方米的歌舞厅、录像厅、放映厅、卡拉 OK 厅、夜总会、游艺厅、桑拿浴室、网吧、酒吧，具有娱乐功能的餐馆、茶馆、咖啡厅。

2. D 《中华人民共和国消防法》第十条、第十二条、第十三条第一款第二项及第二款明确了其他工程实行备案抽查制度。对国务院公安部门规定的大型的人员密集场所和其他特殊建设工程以外的按照国家工程建设消防技术标准需要进行消防设计的其他建设工程，建设单位应当自依法取得施工许可之日起七个工作日内，将消防设计文件报消防机构备案，消防机构应当依法进行抽查；抽查不合格的，应当停止施工。建设单位在工程验收合格后七个工作日内，应当报消防机构备案，消防机构应当依法进行抽查；抽查不合格的，应当停止使用。

3. B 消防安全重点单位应当每日进行防火巡查，并确定巡查的人员、内容、部位和频次。其他单位可以根据需要组织防火巡查。公众聚集场所在营业期间的防火巡查应当至少每两小时一次；营业结束时应当对营业现场进行检查，消除遗留火种。医院、养老院、寄宿制的学校、托儿所、幼儿园应当加强夜间防火巡查，其他消防安全重点单位可以结合实际组织夜间防火巡查。机关、团体、事业单位应当至少每季度进行一次防火检查，其他单位应当至少每月进行一次防火检查。消防设施、器材应当依法进行维修保养检测。对发现的火灾隐患要按照规定进行及时、坚决的整改。

4. D 《中华人民共和国消防法》第三十四条规定，消防产品质量认证、消防设施检测、消防安全监测等消防技术服务机构和执业人员，应当依法获得相应的资质、资格；依照法律、行政法规、国家标准、行业标准和执业准则，接受委托提供消防技术服务，并对服务质量负责。

5. B 从注册消防工程师职业道德原则应具有的特点和作用来看，注册消防工程师职业道德最根本的原则包括维护公共安全原则和诚实守信原则两项。

6. B 注册消防工程师职业道德的基本规范可以归纳为爱岗敬业、依法执业、客观公正、公平竞争、提高技能、保守秘密、奉献社会。

7. A 当采用金属风道时，管道风速不应大于 20 m/s；当采用非金属材料风道时，不应大于 15 m/s。排烟口的风速不宜大于 10 m/s。选项 B 和选项 D 的风速都超过了 10 m/s，而选项 C 答案中是相邻防烟区的排烟阀开启，而正确的应该是相应防烟区的排烟阀开启。

8. C 建筑消防设施档案至少包含下列内容：（1）消防设施基本情况。主要包括消防设施的验收文件和产品、系统使用说明书、系统调试记录、消防设施平面布置图、系统图等原始技术资料。（2）消防设施动态管理情况。主要包括消防设施的值班记录、巡查记录、检测记录、故障维修记录以及维护保养计划表、维护保养记录、自动消防控制室值班人员基本情况档案及培训记录等。

9. A 局部设置自动灭火系统时，其防火分区的增加面积可按该局部面积的 1.0 倍计算，故选项 A 错误。当建筑上、下层设有走廊、自动扶梯、敞开楼梯、敞开楼梯间、传送带等开口部位时，要将相连通的各层作为一个防火分区考虑；敞开式、错层式、斜楼板式的汽车库的上下连通层防火分区面积需要叠加及计算，防火分区允许最大建筑面积可按常规增加 1 倍；汽车库内设有自动灭火系统时，每个防火分区的最大允许建筑面积可按常规增加 1 倍，故选项 B 正确。敞开式、错层式、斜楼板式汽车库的上下连通层面积应叠加计算，每个防火分区的最大允许建筑面积不应大于相关规定的 2.0 倍，故选项 C 正确。人防工程中，溜冰馆的冰场、游泳馆的游泳池、射击馆的靶道区、保龄球馆的球道区等，其面积可不计入溜冰馆、游泳馆、射击馆、保龄球馆的防火分区面积；水泵房、污水泵房、水库、厕所、盥洗间等无可燃物的房间面积可不计入防火分区的面积；避难走道不划分防火分区，故选项 D 正确。

10. A 手提式、推车式灭火器出厂时间达到或者超过下列规定期限的，予以报废处理。（1）水基型灭火器出厂期满 6 年。（2）干粉灭火器、洁净气体灭火器出厂期满 10 年。（3）二氧化碳灭火器出厂期满 12 年。

11. D 不同耐火等级民用建筑防火分区的最大允许建筑面积见下表：

<table>
<tr><th>名称</th><th>耐火等级</th><th>防火分区的最大允许建筑面积 /m²</th><th>备注</th></tr>
<tr><td>高层民用建筑</td><td>一、二级</td><td>1 500</td><td rowspan="2">对于体育馆、剧场的观众厅，防火分区的最大允许建筑面积可适当增加</td></tr>
<tr><td rowspan="3">单、多层民用建筑</td><td>一、二级</td><td>2 500</td></tr>
<tr><td>三级</td><td>1 200</td><td>—</td></tr>
<tr><td>四级</td><td>600</td><td>—</td></tr>
<tr><td>地下或半地下建筑（室）</td><td>一级</td><td>500</td><td>设备用房的防火分区最大允许建筑面积不应大于 1 000 m²</td></tr>
</table>

题目中十七层的公共建筑应该为一类高层建筑，应该设置自动喷水灭火系统。当建筑内设置自动灭火系统时，防火分区最大允许建筑面积可按规定增加 1.0 倍，因此设备用房的最大允许面积为 2 000 m^2；一、二级耐火等级建筑内的营业厅、展览厅，当设置自动灭火系统和火灾自动报警系统并采用不燃或难燃装修材料时，每个防火分区的最大允许建筑面积可适当增加，设置在高层建筑内时，不应大于 4 000 m^2；设置在单层建筑内或仅设置在多层建筑的首层内时，不应大于 10 000 m^2；设置在地下或半地下时，不应大于 2 000 m^2。因此，地下商业营业厅的最大允许面积为 2 000 m^2。

12. A　城市总体布局的消防安全应按以下要求进行检查：易燃易爆危险品的工厂、仓库，甲、乙、丙类液体储罐区，液化石油气储罐区，可燃、助燃气体储罐区，可燃材料堆场等，布置在城市（区域）的边缘或者相对独立的安全地带，并布置于城市（区域）全年最小频率风向的上风侧；与影剧院、会堂、体育馆、大型商场、游乐场等人员密集的公共建筑或场所保持足够的防火安全距离。消防站的设置位置便于消防车迅速通往工艺装置区和罐区，宜位于生产区全年最小频率风向的下风侧且避开工厂主要人流道路。

13. A　电气防爆检查包括以下内容：导线材质、导线允许载流量、线路的敷设方式、线路的连接、电气设备的选择和带电部件的接地。

14. B　《干粉灭火系统设计规范》（GB 50347）中规定，喷头的单孔直径不得小于 6 mm。故选项 A 错误。选择阀应采用快开型阀门，其公称直径应与连接管道的公称直径相等，故选项 B 正确。局部应用灭火系统，应设置火灾声光警报器，故选项 C 错误。管道分支不应使用四通管件，故选项 D 错误。

15. B　《中华人民共和国消防法》第二十条规定，举办大型群众性活动，承办人应当依法向公安机关申请安全许可，制定灭火和应急疏散预案并组织演练，明确消防安全责任分工，确定消防安全管理人员，保持消防设施和消防器材配置齐全、完好有效，保证疏散通道、安全出口、疏散指示标志、应急照明和消防车通道符合消防技术标准和管理规定。

16. C　消防安全管理人履行下列职责：（1）拟订年度消防安全管理工作计划，组织实施日常消防安全管理工作。（2）组织制定消防安全制度和保障消防安全的操作规程并检查督促其落实。（3）拟订消防安全管理工作的资金投入和组织保障方案。（4）组织实施防火检查和火灾隐患整改工作。（5）组织实施对本单位消防设施、灭火器材和消防安全标志的维护保养，确保其完好有效，确保疏散通道和安全出口畅通。（6）组织管理专职消防队和志愿消防队。（7）在员工中组织开展消防知识、技能的宣传教育和培训，组织灭火和应急疏散预案的实施和演练。（8）单位消防安全责任人委托的其他消防安全管理工作。

17. D 机械排烟系统的联动调试应从以下几方面进行：（1）当任何一个常闭排烟阀（口）开启时，排烟风机均能联动启动。（2）与火灾自动报警系统联动调试。当火灾自动报警探测器发出火警信号后，机械排烟系统应启动有关部位的排烟阀或排烟口、排烟风机；启动的排烟阀或排烟口、排烟风机应与设计和规范要求一致，其状态信号应反馈到消防控制室。（3）有补风要求的机械排烟场所，当火灾确认后，补风系统应启动。（4）排烟系统与通风、空调系统合用，当火灾自动报警探测器发出火警信号后，由通风、空调系统转换为排烟系统的时间应符合规范要求。

18. A 消防水泵接合器的安装要求如下：（1）组装式水泵接合器的安装，应按接口、本体、连接管、止回阀、安全阀、放空管、控制阀的顺序进行，止回阀的安装方向应使消防用水能从水泵接合器进入系统，整体式水泵接合器的安装，按其使用安装说明书进行。（2）水泵接合器接口的位置应方便操作，安装在便于消防车接近的人行道或非机动车行驶地段，距室外消火栓或消防水池的距离宜为 15 ~ 40 m。（3）墙壁水泵接合器的安装应符合设计要求。设计无要求时，其安装高度距地面宜为 0.7 m；与墙面上的门、窗、孔洞的净距离不应小于 2.0 m，且不应安装在玻璃幕墙下方。（4）地下水泵接合器的安装，应使进水口与井盖底面的距离不大于 0.4 m，且不应小于井盖的半径；井内应有足够的操作空间并应做好防水和排水措施，防止地下水渗入。寒冷地区井内应做防冻保护。（5）水泵接合器与给水系统之间不应设置除检修阀门以外其他的阀门；检修阀门应在水泵接合器周围就近设置，且应保证便于操作。

19. B 施工现场临时室外消防给水系统的设置应符合下列要求：（1）临时给水管网宜根据施工现场实际情况布置成环状。（2）临时室外消防给水干管的管径应依据施工现场临时消防用水量和干管内水流计算速度进行计算确定，且最小管径不应小于 *DN*100 mm。（3）室外消火栓应沿在建工程、临时用房和可燃材料堆场及其加工场均匀布置，距在建工程、临时用房和可燃材料堆场及其加工场的外边线不应小于 5 m。（4）室外消火栓的间距不应大于 120 m。（5）室外消火栓的最大保护半径不应大于 150 m。临时室内消防给水系统的消防用水量按照下表中的规定：

在建工程的临时室内消防用水量

建筑高度、在建工程体积（单体）	火灾延续时间（h）	消火栓用水量（L/s）	每支水枪最小流量（L/s）
24 m < 建筑高度 ≤ 50 m 或 30 000 m^3 < 体积 ≤ 50 000 m^3	1	10	5
建筑高度 > 50 m 或体积 > 50 000 m^3	1	15	5

（6）室内消防竖管的设置位置应便于消防人员操作，其数量不应少于 2 根，当结构封顶时，应将消防竖管设置成环状。消防竖管的管径应根据在建工程临时消防用水量、竖管内水流计算速度进行计算确定，且不应小于 *DN*100 mm。本题建筑体积 2 000 × 26 = 52 000（m^3），大于 50 000 m^3，所以其室内消火栓用水量不应小于 15 L/s。

20. D　建筑外墙上附属的装饰材料（如装饰板、广告牌和条幅等），如采用可燃性材料，火灾时会从外立面蔓延至多个楼层形成立体燃烧，大大增加灭火救援的难度。所以，室外大型广告牌和条幅的材质要便于火灾时破拆；建筑外墙的装饰层宜采用燃烧性能等级为 A 级的材料，但建筑高度不大于 50 m 时，可采用燃烧性能等级为 B_1 级的材料。选项 D 中 20 层的宾馆高度肯定超过 50 m，应该选用 A 级的外墙装修材料。

21. D　消防电梯是火灾情况下运送消防器材和消防人员的专用消防设施。对于高层建筑，消防电梯能节省消防员的体力，使消防员能快速接近着火区域，提高战斗力和灭火效果。对于地下建筑，由于排烟、通风条件很差，受当前装备的限制，消防员通过楼梯进入地下的困难较大，设置消防电梯，有利于满足灭火作战和火场救援的需要。建筑高度大于 33 m 的住宅建筑、一类高层公共建筑和建筑高度大于 32 m 的二类高层公共建筑、设置消防电梯的建筑的地下或半地下室、埋深大于 10 m 且总建筑面积大于 3 000 m^2 的其他地下或半地下建筑（室）需设置供消防员专用的消防电梯。考虑到节约投资并便于平时使用，也可以一梯多用，消防电梯兼作客梯或货梯。电梯轿厢的内部装修应采用不燃材料。

22. A　自动喷水灭火系统中闭式喷头密封性能试验检查要求有：（1）密封性能试验的试验压力为 3.0 MPa，保压时间不少于 3 min。（2）随机从每批到场喷头中抽取 1%，且不少于 5 只作为试验喷头。当 1 只喷头试验不合格时，再抽取 2%，且不少于 10 只的到场喷头进行重复试验。（3）试验以喷头无渗漏、无损伤判定为合格。累计 2 只以及 2 只以上喷头试验不合格的，不得使用该批喷头。

23. D　喷头标志检查要求：喷头的商标、型号、制造厂及生产日期等标志齐全、清晰。此题说明书上的型号与实际型号不一致，因此不能使用，故选项 D 正确。

24. D《建筑设计防火规范》（GB 50016）规定，下列多层公共建筑的疏散楼梯，除与敞开式外廊直接相连的楼梯间外，均应采用封闭楼梯间：（1）医疗建筑、旅馆、老年人建筑及类似使用功能的建筑。（2）设置歌舞娱乐放映游艺场所的建筑。（3）商店、图书馆、展览建筑、会议中心及类似使用功能的建筑。（4）6 层及以上的其他建筑。选项 D 中老年人公寓应设封闭楼梯间，因此，选项 D 不符合要求。

25. C　建筑的金属建筑构件在高温条件下会出现强度降低和蠕变现象，极易失去承载力。近年来，未采取有效防火保护措施的钢结构建筑在火灾中出现大面积垮塌造成建筑使用人员和消防救援人员伤亡的事故时有发生。

26. C《建筑设计防火规范》（GB 50016）规定，建筑高度大于 100 m 的公共建筑，应设置避难层（间），避难层（间）应符合下列规定：（1）第一个避难层（间）的楼地面至灭火救援场地地面的高度不应大于 50 m，两个避难层（间）之间的高度不宜大于 50 m，故选项 B 错误。（2）通向避难层的疏散楼梯应在避难层分隔、同层错位或上下层断开，故选项 C 正确。（3）避难层（间）的净面积应能满足设计避难人数避难的要求，并宜按 5.0 人 /m^2 计算。（4）避难层可兼作设备层。设备管理宜集中布置，其中的易燃、可燃液体或气体管道应集中布置，设备管道区应采用耐火极限不低于 3.00 h 的防火隔墙与避难区分隔。管道井和设备间应采用耐火极限不低于 2.00 h 的防火隔墙与避难区分隔，管道井和设备间的门不应直接开向避难区，故选项 D 错误。（5）应设置直接对外的可开启窗口或独立的机械防烟设施，外窗应采用乙级防火窗。选项 A 中设置的是排烟设施而非防烟设施，故选项 A 错误。

27. B　系统工程质量检测判定标准要求：系统内的设备及配件型号、规格与设计不符、无国家相关证书和检验报告；系统内的任一控制器和火灾探测器无法发出报警信号，无法实现要求的联动功能，定为 A 类不合格。检测前提供资料不符合相关要求的，定为 B 类不合格。其余不合格项均为 C 类不合格。系统检测合格判定应为：$A=0$ 且 $B \leq 2$ 且 $B+C \leq$ 检查项的 5% 为合格，否则为不合格。

28. C　对自动喷水灭火系统实施检查维护时，下列项目至少每年进行一次检查与维护：（1）水源供水能力测试。（2）水泵接合器通水加压测试。（3）储水设备结构材料检查。（4）水泵流量性能测试。（5）系统联动测试。

29. B　单位应按照下列形式和内容组织消防宣传与教育培训：（1）社会单位应当确定专（兼）职消防宣传教育培训人员。消防宣传教育培训人员应当经过专业培训，具备宣传教育培训能力。（2）单位应当购置或制作书籍、报刊等消防宣传教育培训资料，悬挂或者张贴消防宣传标语，利用展板、专栏、广播、电视、网络等形式开展消防宣传教育培训。（3）员工上岗、转岗前，应经过消防安全培训合格；在岗人员每半年进行一次消防安全教育培训。（4）单位消防安全责任人、消防安全管理人和员工通过消防安全教育培训掌握下列内容：有关消防法规、消防安全管理制度、保证消防安全的操作规程等；本单位、本岗位的火灾危险性和防火措施；建筑消防设施、灭火器材的性能、使用方法和操作规程；报火警、扑救初起火灾、应急疏散和自救逃生的知识、技能；本单位、场所的安全疏散路线，引导人员疏散的程序和方法等；灭火和应急疏散预案的内容、操作程序。

30. B　消防水枪的抗跌落性能检查：将消防水枪（旋转开关处于关闭位置）以喷嘴垂直朝上、喷嘴垂直朝下、消防水枪轴线处于水平（若有开关时，开关处于水枪轴线之下处并处于关闭位置）三个位置，从离地（2.0 ± 0.02）m 高处（从消防水枪的最低点算起）自由跌落到混凝土地面上。消防水枪在每个位置各跌落两次，然后再检查，如消防接口跌落后出现断裂或不能正常操纵使用的，则判该产品不合格。

31. A　疏散楼梯防烟楼梯的顶棚、墙面和地面的装修材料必须采用不燃烧材料。

32. C　每座仓库的安全出口不少于 2 个。当仓库仅设 1 个安全出口时，检查内容以及检查结果应符合下列要求：（1）仓库占地面积不大于 300 m^2。（2）地下、半地下仓库（包括地下或半地下室）的建筑面积不大于 100 m^2。（3）地下、半地下仓库（包括地下或半地下室），如有防火墙隔成多个防火分区且每个防火分区设有至少 1 个直通室外的安全出口时，每个防火分区可利用防火墙上通向相邻分区的甲级防火门作为第二安全出口。

33. B “t 平方火”的对比情况见下表：

增长类型	火灾增长系数 / (kW/s^2)	达到 1 MW 的时间 /s	典型可燃材料
超快速	0.187 6	75	油池火、易燃的装饰家具、轻质的窗帘
快速	0.046 9	150	装满东西的邮袋、塑料泡沫、叠放的木架
中速	0.011 72	300	棉与聚酯纤维弹簧床垫、木制办公桌
慢速	0.002 93	600	厚重的木制品

选项 B 中，“t 平方火”达到 1 MW 的时间为 150 s，属于快速火。

34. D 确定消防安全重点部位不仅要根据火灾危险源的辨识来确定，还应根据本单位的实际，即物品储存的多少、价值的大小、人员的集中量以及隐患的存在和火灾的危险程度等情况而定，通常从以下几个方面来考虑：（1）容易发生火灾的部位。如化工生产车间、油漆、烘烤、熬炼、木工、电焊气割操作间，化验室、汽车库、化学危险品仓库，易燃、可燃液体储罐，可燃、助燃气体钢瓶仓库和储罐，液化石油气瓶或者储罐，氧气站，乙炔站，氢气站，易燃的建筑群等。（2）发生火灾后对消防安全有重大影响的部位，如与火灾扑救密切相关的变配电室、消防控制室、消防水泵房等。（3）性质重要、发生事故影响全局的部位，如发电站、变配电站（室），通信设备机房、生产总控制室，电子计算机房，锅炉房，档案室、资料、贵重物品和重要历史文献收藏室等。（4）财产集中的部位，如储存大量原料、成品的仓库、货场，使用或者存放先进技术设备的实验室、车间、仓库等。（5）人员集中的部位，如单位内部的礼堂（俱乐部）、托儿所、集体宿舍、医院病房等。

35. C 手动火灾报警按钮的安装要求：（1）手动火灾报警按钮应安装在明显和便于操作的部位。当安装在墙上时，其底边距地（楼）面高度宜为 1.3 ~ 1.5 m。手动火灾报警按钮应安装牢固，不应倾斜。（2）手动火灾报警按钮的连接导线，应留有不小于 150 mm 的余量，且在其端部应有明显标志。

36. D 严格地说，防火墙从建筑基础部分就要与建筑物完全断开，独立建造。但目前在各类建筑物中设置的防火墙，大部分是建造在建筑物框架上或与建筑框架相连接。具体检查要求为：（1）设置在建筑物的基础或钢筋混凝土框架、梁等承重结构上，应从楼地面基层隔断至梁、楼板或屋面结构层的底面。（2）如设置在转角附近，内转角两侧墙上的门、窗、洞口之间最近边缘的水平距离不应小于 4.0 m；当采取设置乙级防火窗等防止火灾水平蔓延的措施时，距离可不限。（3）防火墙的构造应能在防火墙任意一侧的屋架、梁、楼板等受到火灾的影响而破坏时，不会导致防火墙倒塌。

37. C　消防水带的压力试验：截取 1.2 m 长的水带，使用手动试压泵或电动试压泵平稳加压至试验压力，保压 5 min，检查是否有渗漏现象，有渗漏则不合格。在试验压力状态下，继续加压，升压至试样爆破，其爆破压力应不小于水带工作压力的 3 倍。如常用 8 型水带的试验压力为 1.2 MPa，爆破压力应不小于 3.6 MPa。

38. C　爆炸危险场所的通风、空调系统的检查内容包括：（1）空调系统的选择：甲、乙类厂房内的空气不应循环使用。丙类厂房内含有燃烧或爆炸危险粉尘、纤维的空气，在循环使用前应经净化处理，并使空气中的含尘浓度低于其爆炸下限的 25%。民用建筑内空气中含有容易起火或爆炸危险物质的房间，应设置自然通风或独立的机械通风设施，且其空气不应循环使用。（2）管道的敷设：厂房内用于有爆炸危险场所的排风管道，严禁穿过防火墙和有爆炸危险的房间隔墙。甲、乙、丙类厂房内的送、排风管道宜分层设置。（3）通风设备的选择：对空气中含有易燃易爆危险物质的房间，其送、排风系统选用防爆型的通风设备。当送风机布置在单独分隔的通风机房内且送风干管上设置防止回流设施时，可采用普通型的通风设备。燃气锅炉房选用防爆型的事故排风机，且事故排风量满足换气次数不少于 12 次 /h。（4）除尘器、过滤器的设置：对含有燃烧和爆炸危险粉尘的空气，在进入排风机前应采用不产生火花的除尘器进行处理；对于遇水可能形成爆炸的粉尘，严禁采用湿式除尘器。（5）接地装置的设置：排除有燃烧或爆炸危险气体、蒸气和粉尘的排风系统及燃油或燃气锅炉房的机械通风设施，应设置导除静电的接地装置。

39. C　下沉式广场检查内容包括：（1）分隔后的不同区域通向下沉式广场等室外开敞空间的开口最近边缘之间的水平距离不应小于 13 m。（2）为保证人员逃生需要，直通地面的疏散楼梯不得少于 1 部。当连接下沉广场的防火分区需利用下沉广场进行疏散时，该区域通向地面的疏散楼梯要均匀布置，使人员的疏散距离要尽量短。疏散楼梯的总净宽度不得小于任一防火分区通向室外开敞空间的设计疏散总净宽度。（3）防风雨棚不得完全封闭，四周开口部位要均匀布置，开口的面积不得小于室外开敞空间地面面积的 25%，开口高度不得小于 1.0 m；开口设置百叶时，百叶的有效排烟面积可按百叶通风口面积的 60% 设置。（4）室外开敞空间除用于人员疏散外，不得用于其他商业或可能导致火灾蔓延的用途，其中用于疏散的净面积不小于 169 m^2。

40. C　对于旧城区中严重影响城市消防安全的企业，要及时纳入改造计划，采取限期迁移或改变生产使用性质等措施。对于耐火等级低的建筑密集区和棚户区，要结合改造工程，拆除一些破旧房屋，建造一、二级耐火等级的建筑；对一时不能拆除重建的，可划分占地面积不大于 2 500 m^2 的防火分区，各分区之间留出不小于 6 m 的防火通道或设置高出建筑屋面不小于 50 cm 的防火墙。对于无市政消火栓或消防给水不足、无消防车通道的区域，要结合本区域内给水管道的改建，增设给水管道管径和消火栓，或根据具体条件修建容量为 100 ~ 200 m^3 的消防水池。

41. D　对于高层住宅建筑和山坡地或河道边临空建造的高层民用建筑，消防车道可沿建筑的一个长边设置，但该长边所在建筑立面为消防车登高操作。消防车道的净宽度和净空高度均不应小于 4.0 m，其坡度不宜大于 8%。对于尽头式消防车道，应设置回车道或回车场。回车场面积一般不小于 12 m × 12 m；高层民用建筑的回车场面积不宜小于 15 m × 15 m；供重型消防车使用时，回车场面积不宜小于 18 m × 18 m。

42. B　应急照明电线电缆选择与线路敷设的要求：（1）应急照明集中电源的输出支路和集中控制型系统的控制线路在竖井内敷设，且与竖井内燃烧性能等级为 B_1 级以下的电线电缆之间没有防火分隔时，应选择燃烧性能等级为 A 级的电线电缆；有防火分隔时，可选择燃烧性能等级为 B_1 级的电线电缆。（2）应急照明分配电装置的输出线路和集中控制型系统的控制线路选择燃烧性能等级为 B_1 级的电线电缆时，应穿金属管保护，也可敷设在燃烧性能为同级别的电缆桥架或线槽中；选择燃烧性能等级为 A 级的电线电缆时，可明敷。（3）地面安装或潮湿场所安装时，灯具的供电线路和控制线路，均应选择耐腐蚀的橡胶电缆，接线处应有防腐蚀和防潮处理。（4）不同电压等级的线缆不应穿入同一根保护管内，当合用同一线槽时，线槽内应有金属隔板分隔。（5）系统的配电支线应采用铜芯导线，控制线路应采用多股铜芯导线。

43. C　对建筑物防火间距测量的具体方法：（1）建筑物之间的防火间距按相邻建筑外墙的最近水平距离计算，当外墙有凸出的可燃或难燃构件时，从其凸出部分外缘算起。建筑物与储罐、堆场的防火间距，为建筑外墙至储罐外壁或堆场中相邻堆垛外缘的最近水平距离。（2）储罐之间的防火间距为相邻两储罐外壁的最近水平距离。储罐与堆场的防火间距为储罐外壁至堆场中相邻堆垛外缘的最近水平距离。（3）堆场之间的防火间距为两堆场中相邻堆垛外缘的最近水平距离。（4）变压器之间的防火间距为相邻变压器外壁的最近水平距离。变压器与建筑物、储罐或堆场的防火间距，为变压器外壁至建筑外墙、储罐外壁或相邻堆垛外缘的最近水平距离。（5）建筑物、储罐或堆场与道路、铁路的防火间距，为建筑外墙、储罐外壁或相邻堆垛外缘距道路最近一侧路边或铁路中心线的最小水平距离。

44. D　消防给水管网施工完成后，要进行试压和冲洗，管网冲洗在试压合格后分段进行。冲洗顺序应先室外、后室内，先地下、后地上；室内部分的冲洗应按配水干管、配水管、配水支管的顺序进行。

45. D　防火隔间的建筑面积不应小于 6.0 m^2。防火隔间墙应采用耐火极限不低于 3.00 h 的防火隔墙，门应采用甲级防火门；不同防火分区通向防火隔间的门最小间距不应小于 4.0 m。防火隔间内部装修材料的燃烧性能等级均应为 A 级。防火隔间只能用于相邻两个独立使用场所的人员相互通行，不得用于除人员通行外的其他用途。

46. D　卤代烷灭火系统模拟喷气试验不采用卤代烷灭火剂，宜采用氮气进行。氮气储存容器与被试验的防护区或保护对象用的灭火剂储存容器的结构、型号、规格应相同，连接与控制方式要一致，氮气的充装压力和灭火剂储存压力相等。氮气储存容器数不应少于灭火剂储存容器数的 20%，且不少于 1 个。

47. C　闭式喷头密封性能试验检查要求：（1）密封性能试验的试验压力为 3.0 MPa，

保压时间不少于 3 min。（2）随机从每批到场喷头中抽取 1%，且不少于 5 只作为试验喷头。当 1 只喷头试验不合格时，再抽取 2%，且不少于 10 只的到场喷头进行重复试验。（3）试验以喷头无渗漏、无损伤判定为合格。累计 2 只以及 2 只以上喷头试验不合格的，不得使用该批喷头。

48. C　对人防工程防火检查的内容包括：（1）人防工程中不允许设置哺乳室、幼儿园、托儿所、游乐厅等儿童活动场所和残疾人员活动场所，不允许设置使用、储存液化石油气、相对密度（与空气密度比值）大于或等于 0.75 的可燃气体和闪点小于 60℃的液体作燃料的场所，不允许设置油浸电力变压器和其他油浸电气设备。（2）地下商店营业厅不得设置在地下三层及以下，营业厅经营和储存商品的火灾危险性不得为甲、乙类，当营业厅的总建筑面积大于 20 000 m^2 时，采用不开设门、窗、洞口的防火墙进行分隔。对确需局部连通的相邻区域，采取下沉式广场、防火隔间、避难走道和防烟楼梯间等措施进行防火分隔。（3）歌舞娱乐放映游艺场所采用耐火极限不低于 2.00 h 的不燃烧体墙和耐火极限不低于 1.00 h 的楼板与其他场所隔开，墙上必须开设的门为乙级防火门。歌舞娱乐放映游艺场所布置在袋形走道的两侧或尽端时，最远房间的疏散门至最近安全出口的距离不大于 9 m。歌舞娱乐放映游艺场所不得布置在地下二层及二层以下。当布置在地下一层时，地下一层地面与室外出入口地坪的高差不应大于 10 m。

49. D　《社会消防技术服务管理规定》中明确了对消防技术服务机构的有关要求，具体内容有：根据消防技术服务的实践和市场需要，规定消防设施维护保养检测机构的资质分为一级、二级和三级，消防安全评估机构的资质分为一级和二级。规定消防技术服务机构应设技术负责人，对技术服务结论性文件进行技术审核把关；消防技术服务机构承接具体业务时，应明确项目负责人。技术负责人和项目负责人应具备较高等级的注册消防工程师资格。

50. C　对自动喷水灭火系统中水流指示器检查要求有：（1）检查水流指示器灵敏度，试验压力为 0.14 ~ 1.2 MPa，流量不大于 15.0 L/min 时，水流指示器不报警；流量在 15.0 ~ 37.5 L/min 任一数值可报警可不报警；到达 37.5 L/min 一定报警。（2）具有延迟功能的水流指示器，检查桨片动作后报警延迟时间，在 2 ~ 90 s 范围内，且不可调节。

51. D　开启测试阀，消防水泵不能正常自动启动的故障原因分析：（1）流量开关或者压力开关设定值不正确。（2）控制柜控制回路或电气元件损坏。（3）水泵控制柜未设定在“自动”状态。

52. B　为督促消防技术服务机构持续符合资质条件，保证服务质量，规定资质证书有效期为 3 年；有效期届满需要续期的，应当在有效期届满 3 个月前向原许可消防机构提出申请，并规定了不予办理续期手续的条件。

53. C　在同一座库房或同一个防火隔间内如储存数种火灾危险性不同的物品时，其库房或隔间的最大允许建筑面积，按其中火灾危险性最大的物品确定，该仓库火灾危险性为甲类，甲类汽油单层仓库防火分区的最大允许建筑面积为 750 m^2，建筑最低允许耐火等级为二级。

54. A　水泵接合器的安装规定：（1）组装式水泵接合器的安装，应按接口、本体、连接管、止回阀、安全阀、放空管、控制阀的顺序进行，止回阀的安装方向应使消防用水能从水泵接合器进入系统，整体式水泵接合器的安装，按其使用安装说明书进行。（2）水泵接合器接口的位置应方便操作，安装在便于消防车接近的人行道或非机动车行驶地段，距室外消火栓或消防水池的距离宜为 15 ~ 40 m。（3）墙壁水泵接合器的安装应符合设计要求。设计无要求时，其安装高度距地面宜为 0.7 m；与墙面上的门、窗、孔洞的净距离不应小于 2.0 m，且不应安装在玻璃幕墙下方。（4）地下水泵接合器的安装，应使进水口与井盖底面的距离不大于 0.4 m，且不应小于井盖的半径；井内应有足够的操作空间并应做好防水和排水措施，防止地下水渗入。寒冷地区井内应做防冻保护。（5）水泵接合器与给水系统之间不应设置除检修阀门以外其他的阀门；检修阀门应在水泵接合器周围就近设置，且应保证便于操作。

55. D　临时应急照明设置要求：（1）作业场所应急照明的照度不应低于正常工作所需照度的 90%，疏散通道的照度值不应小于 0.5 lx。（2）临时消防应急照明灯具宜选用自备电源的应急照明灯具，自备电源的连续供电时间不应小于 60 min。

56. A　干式报警阀组安装及质量检测要求：（1）安装在不发生冰冻的场所。（2）安装完成后，向报警阀气室注入高度为 50 ~ 100 mm 的清水。（3）充气连接管路的接口安装在报警阀气室充注水位以上部位，充气连接管道的直径不得小于 15 mm；止回阀、截止阀安装在充气连接管路上。（4）按照消防设计文件要求安装气源设备，符合现行国家相关技术标准的规定。（5）安全排气阀安装在气源与报警阀组之间，靠近报警阀组一侧。（6）加速器安装在靠近报警阀的位置，设有防止水流进入加速器的措施。（7）低气压预报警装置安装在配水干管一侧。（8）报警阀充水一侧和充气一侧、空气压缩机的气泵和储气罐以及加速器等部位分别安装监控用压力表；管网充气压力符合消防设计文件的规定值。

57. D　消防给水管网的下列部位应设置固定支架或防晃支架：（1）配水管宜在中点设一个防晃支架，当管径小于 *DN*50 mm 时可不设。（2）配水干管及配水管、配水支管的长度超过 15 m，每 15 m 长度内应至少设 1 个防晃支架，当管径不大于 *DN*40 mm 可不设。（3）管径大于 *DN*50 mm 的管道拐弯、三通及四通位置处应设 1 个防晃支架。（4）防晃支架的强度，应满足管道、配件及管内水的重量再加 50% 的水平方向推力时不损坏或不产生永久变形。当管道穿梁安装时，管道再用紧固件固定于混凝土结构上，可作为 1 个防晃支架处理。

58. D　各级各类学校应当将消防安全知识纳入教学培训内容，并开展消防安全教育培训工作。每学年至少组织学生开展一次应急疏散演练。

59. B　开展消防评估的原则有系统性原则、实用性原则和可操作性原则。

60. A　在普通民用建筑中，采用自备发电机组作为应急电源的现象十分普遍。当消防用电负荷为一级时，应设置自动启动装置，并在主电源断电后 30 s 内供电；当消防负荷为二级且采用自动启动方式有困难时，可采用手动启动装置。

61. D　根据《建筑消防设施的维护管理》(GB 25201)，消防控制室值班人员对火灾报警控制器进行日常检查、接班、交班时，应填写消防控制室值班记录表的相关内容。值班期间每 2 h 记录一次消防控制室内消防设备的运行情况，及时记录消防控制室内消防设备的火警或故障情况。选项 A、B、C 都属于消防控制室值班人员的职责，日常防火检查和巡查应由专门的人员负责，而不是由消防控制室值班人员负责，本题答案为选项 D。

62. C　挡烟垂壁是为了阻止烟气沿水平方向流动而垂直向下吊装在顶棚上的挡烟构件，其有效高度不小于 500 mm。挡烟垂壁可采用固定式或活动式，当建筑物净空较高时可采用固定式，将挡烟垂壁长期固定在顶棚上；当建筑物净空较低时，宜采用活动式。挡烟垂壁应使用不燃烧材料制作，如钢板、防火玻璃、无机纤维织物、不燃无机复合板等。活动式的挡烟垂壁应由感烟探测器控制，或与排烟口联动，或受消防控制中心控制，但同时应能就地手动控制。当活动式挡烟垂壁落下时，其下端距地面的高度应大于 1.80 m。

63. D　中型石油库航空煤油的立式固定顶储罐设置了低倍数泡沫灭火系统，采用水成膜泡沫液，属于乙类液体固定顶储罐，而题干中未明确采用的是液上喷射系统还是液下喷射系统。根据《泡沫灭火系统设计规范》，当固定顶储罐采用液上喷射系统时，水成膜泡沫混合液的供给强度不应小于 5.0 L/（min・m^2），供给时间不应小于 45 min；当采用液下或半液下喷射系统时，水成膜泡沫混合液供给强度不应小于 5.0 L/（min・m^2），连续供给时间不应小于 40 min。无论采用哪种喷射方式，选项 A 泡沫混合液的连续供给时间为 45 min 都是符合规范要求的，选项 D 泡沫混合液的供给强度为 4.7 L/（min・m^2）都不符合规范要求。低倍数泡沫指的是发泡倍数低于 20 的灭火泡沫，故选项 B 正确。固定式泡沫灭火系统的设计应满足在泡沫消防水泵或泡沫混合液泵启动后，将泡沫混合液或泡沫输送到保护对象的时间不大于 5 min，故选项 C 正确。

64. C　根据《自动喷水灭火系统施工及验收规范》(GB 50261)，自动喷水灭火系统应具有管理、检测、维护章程，并应保证系统处于准工作状态。维护管理工作，应按本规范有关规定进行。

65. A　按照国家相关法律、法规规定，消防产品按照国家或者行业标准生产，并经型式检验和出厂检验合格后，方可使用。消防产品合法性检查，重点查验其符合国家市场准入规定的相关合法性文件，以及出厂检验合格证明文件。

66. D　线路敷设方式的检查要求为：当爆炸环境中气体、蒸气的密度比空气重时，电气线路敷设在高处或埋入地下。架空敷设时选用电缆桥架；电缆沟敷设时沟内填充沙并设置有效的排水措施。当爆炸环境中气体、蒸气的密度比空气轻时，电气线路敷设在较低处或用电缆沟敷设。敷设电气线路的沟道、钢管或电缆，在穿过不同区域之间墙或楼板处的孔洞时，采用非燃性材料严密堵塞，防止爆炸性混合物或蒸气沿沟道、电缆管道流动。电气线路之间原则上不能直接连接。如必须实行连接或封端时，检查是否采用压接、熔焊或钎焊，并保证接触良好，防止局部过热。线路与电气设备的连接，特别是铜线、铝线相接时，采用适当的过渡接头。

67. D 细水雾灭火系统按照分配管网中流动介质的压力，可以分为高压系统、中压系统和低压系统；按照流动介质类型，可以分为单流体系统和双流体系统；按照安装方式，可以分为现场安装系统和预安装系统；按照采用的细水雾喷头型式，可以分为开式系统和闭式系统；按照系统供水方式（主要是按照驱动源类型），可以分为泵组式、瓶组式及其他型式，目前产品主要是泵组式和瓶组式两种型式。

68. B 下列情况下应设置防烟楼梯间：一类高层建筑和建筑高度大于 32 m 的二类高层建筑；建筑高度大于 33 m 的住宅建筑；建筑高度大于 32 m 且任一层人数超过 10 人的高层厂房；层数为 3 层及 3 层以上，或室内地面与室外出入口地坪高差大于 10 m 的地下或半地下建筑（室）。

69. B 为了保证报警阀组及其附件的安装质量和基本性能要求，报警阀组到场后，重点检查（验）报警阀组外观、报警阀结构、报警阀组操作性能和报警阀渗漏等内容。

70. A 在爆炸危险区域内的楼梯间、室外楼梯或有爆炸危险的区域与相邻区域连通处，设置门斗等防护措施。门斗的隔墙采用耐火极限不低于 2.00 h 的防火隔墙，门采用甲级防火门并与楼梯间的门错位设置。

71. D 根据《建筑设计防火规范》（GB 50016），净化或输送有爆炸危险粉尘和碎屑的除尘器、过滤器或管道，均应设置泄压装置，本题答案为选项 D。

72. C 根据《消防给水及消火栓系统技术规范》（GB 50974），消防水泵零流量时的压力不应大于设计工作压力的 140%，且宜大于设计工作压力的 120%；本题自动喷水灭火系统设计扬程为 1.0 MPa，零流量时的压力不应大于 1 × 1.4=1.4（MPa），故选项 A 错误。消防水泵不应设置自动停泵的控制功能，停泵应由具有管理权限的工作人员根据火灾扑救情况确定，选项 B 消火栓泵出流量达到 25 L/s 时电机自动停止工作是不正确的。题中高位消防水箱最低有效水位距最高层喷头的有效距离为 10 m，因此该自动喷水灭火系统最不利点静水压力为 0.1 MPa，可不设稳压泵，故选项 C 正确。由高位消防水箱直接供水的消火栓给水系统以 1.0~2.0 L/s 为自动启动流量值，即动用最不利点处的消火栓时“流量开关”发出启泵信号，当试验消火栓出流量为 3 L/s 时，消火栓泵应能启动，故选项 D 错误。

73. D 根据《建筑设计防火规范》（GB 50016），避难走道的设置应符合下列规定：（1）避难走道防火隔墙的耐火极限不应低于 3.00 h，楼板的耐火极限不应低于 1.50 h。（2）避难走道直通地面的出口不应少于 2 个，并应设置在不同方向；当避难走道仅与一个防火分区相通且该防火分区至少有 1 个直通室外的安全出口时，可设置 1 个直通地面的出口。任一防火分区通向避难走道的门至该避难走道最近直通地面的出口的距离不应大于 60 m。（3）避难走道的净宽度不应小于任一防火分区通向该避难走道的设计疏散总净宽度。（4）避难走道内部装修材料的燃烧性能等级应为 A 级。（5）防火分区至避难走道入口处应设置防烟前室，前室的使用面积不应小于 6.0 m^2，开向前室的门应采用甲级防火门，前室开向避难走道的门应采用乙级防火门。（6）避难走道内应设置消火栓、消防应急照明、应急广播和消防专线电话。

74. D 消防给水供水设施的维护管理规定：（1）每月应手动启动消防水泵运转一次，并检查供电电源的情况。（2）每周应模拟消防水泵自动控制的条件自动启动消防水泵运转一次，且自动记录自动巡检情况，每月应检测记录。（3）每日应对稳压泵的停泵启泵压力和启泵次数等进行检查和记录运行情况。（4）每日对柴油机消防水泵的启动电池的电量进行检测，每周检查储油箱的储油量，每月应手动启动柴油机消防水泵运行一次。（5）每季度应对消防水泵的出流量和压力进行一次试验。（6）每月对气压水罐的压力和有效容积等进行一次检测。

75. A 预防电气线路过负荷的措施：根据负载情况，选择合适的电线；严禁滥用铜丝、铁丝代替熔断器的熔丝；不准乱拉电线和接入过多或功率过大的电气设备；严禁随意增加用电设备尤其是大功率用电设备；应根据线路负荷的变化及时更换适宜容量的导线；可根据生产程序和需要，采取排列先后的方法，把用电时间调开，以使线路不超过负荷。

76. B 干粉灭火系统每年检查一次的项目包括：（1）防护区及干粉储存装置间。（2）管网、支架及喷放组件。（3）模拟启动检查。

77. B 与基层墙体、装饰层之间无空腔的建筑外墙外保温系统的保温材料应符合下列要求：（1）住宅建筑：建筑高度大于 100 m 时，保温材料的燃烧性能等级应为 A 级；建筑高度大于 27 m，但不大于 100 m 时，保温材料的燃烧性能等级不应低于 B_1 级；建筑高度不大于 27 m 时，保温材料的燃烧性能等级不应低于 B_2 级。（2）除住宅建筑和设置人员密集场所的建筑外，其他建筑：建筑高度大于 50 m 时，保温材料的燃烧性能等级应为 A 级；建筑高度大于 24 m，但不大于 50 m 时，保温材料的燃烧性能等级不应低于 B_1 级；建筑高度不大于 24 m 时，保温材料的燃烧性能等级不应低于 B_2 级。

除设置人员密集场所的建筑外，与基层墙体、装饰层之间有空腔的建筑外墙外保温系统，其保温材料应符合下列要求：建筑高度大于 24 m 时，保温材料的燃烧性能等级应为 A 级；建筑高度不大于 24 m 时，保温材料的燃烧性能等级不应低于 B_1 级；设置人员密集场所的建筑，其外墙外保温材料的燃烧性能等级应为 A 级。

78. A 开关、插座、配电箱不得直接安装在低于 B_1 级的装修材料上，安装在燃烧性能等级在 B_1 级以下的材料基座上时，必须采用具有良好隔热性能的不燃材料隔绝，故选项 A 错误。水泥板隔墙为不燃材料，故选项 D 正确。根据《建筑内部装修设计防火规范》（GB 50222），建筑内部的配电箱不应直接安装在低于 B_1 级的装修材料上。安装在钢龙骨上燃烧性能等级达到 B_1 级的纸面石膏板可作为 A 级装修材料使用，选项 B 配电箱壳体和底板用金属材料制作，燃烧性能等级为 A 级，纸面石膏板的燃烧性能等级为 B_1，即使直接安装在纸面石膏板上是可以的，故选项 B 正确。配电线路敷设在有可燃物的闷顶、吊顶内时，应采取穿金属导管、采用封闭式金属槽盒等防火保护措施，故选项 C 正确。

79. A　安装完毕的水力警铃启动时，警铃声强度不小于 70 dB。

80. A　消防应急照明灯具的安装应符合以下要求：（1）消防应急照明灯具应均匀布置，最好安装在棚顶或距楼地面 2 m 以上的侧面墙上。（2）在侧面墙上顶部安装时，其底部距地面距离不得低于 2 m；在距地面 1 m 以下侧面墙上安装时，应采用嵌入式安装，其凸出墙面最大水平距离不应超过 20 mm，且应保证光线照射在安装灯具的水平线以下；不得安装在地面或 1 ~ 2 m 之间侧面墙上。（3）吊装时，要采用金属吊杆或吊链，吊杆或吊链上端应固定在建筑结构件上。

二、多项选择题（共 20 题，每题 2 分。每题的备选项中，有 2 个或 2 个以上符合题意，至少有 1 个错项。错选，本题不得分；少选，所选的每个选项得 0.5 分）

81. BCDE　火灾发生时，消防控制室的值班人员按照下列应急程序处置火灾：（1）接到火灾警报后，值班人员立即以最快方式确认火灾。（2）火灾确认后，值班人员立即确认火灾报警联动控制开关处于自动控制状态，同时拨打“119”报警电话准确报警；报警时需要说明着火单位地点、起火部位、着火物种类、火势大小、报警人姓名和联系电话等。（3）值班人员立即启动单位应急疏散和初起火灾扑救灭火预案，同时报告单位消防安全负责人。

82. ADE　消防救援口是指设置在厂房、仓库、公共建筑的外墙上，便于消防员迅速进入建筑内部，有效开展人员救助和灭火行动的窗口。对消防救援口的检查从以下几方面进行：（1）消防救援口设置位置与消防车登高操作场地相对应。窗口的玻璃应易于破碎，并在外侧设置易识别的明显标志。（2）消防救援口的净高度和净宽度均不小于 1.00 m，窗口下沿距室内地面不宜大于 1.20 m。（3）消防救援口沿建筑外墙在每层设置，设置间距不宜大于 20 m，保证每个防火分区不少于 2 个。

83. BDE　根据《自动喷水灭火系统设计规范》（GB 50084）。湿式系统在吊顶下布置喷头，喷头应采用下垂型喷头或吊顶型喷头，故选项 A 错误。根据《自动喷水灭火系统施工及验收规范》（GB 50261），喷头安装应在系统试压、冲洗合格后进行，故选项 B 正确。根据《自动喷水灭火系统施工及验收规范》（GB 50261），安装前检查喷头的型号、规格、使用场所应符合设计要求。虽然设计都应符合规范的要求，但是在有些情况下是没有规范可依据的，这个时候就只能按照设计来，所以准确地说应该是按照设计规定，故选项 C 错误。根据《自动喷水灭火系统设计规范》（GB 50084），同一隔间内应采用相同热敏性能的喷头，即要采用热敏性能、规格及安装方式一致的喷头，故选项 D 正确。根据《自动喷水灭火系统设计规范》（GB 50084），水平式边墙型喷头溅水盘与顶板的距离不应小于 150 mm，且不应大于 300 mm，故选项 E 正确。

84. BDE　根据《建筑灭火器配置验收及检查规范》（GB 50444）中建筑灭火器配置缺陷项分类及验收报告可知：选项 A 属于重缺陷项，选项 B 属于严重缺陷项，选项 C 属于重缺陷项，选项 D 属于严重缺陷项；民用机场候机厅危险等级属于严重危险等级，严重危险等级场所配置的单具灭火器的最小灭火级别为 3A，MF/ABC4 干粉灭火器对应的灭火级别为 2A，选项 E 属于严重缺陷项。

85. DE 人防工程中不允许设置哺乳室、幼儿园、托儿所、游乐厅等儿童活动场所和残疾人员活动场所，不允许设置使用、储存液化石油气、相对密度（与空气密度比值）大于或等于 0.75 的可燃气体和闪点小于 60℃的液体作燃料的场所，不允许设置油浸电力变压器和其他油浸电气设备。根据《人民防空工程设计防火规范》（GB 50098），排烟机房应采用耐火极限不低于 2 h 的隔墙和耐火极限不低于 1.5 h 的楼板与其他场所隔开，隔墙上应设置常闭的甲级防火门，选项 A 设置的防火墙高于规范的要求，故选项 A 正确。歌舞娱乐放映游艺场所，且一个厅、室的建筑面积不应大于 200 m^2，隔墙上应设置不低于乙级的防火门，故选项 B 正确。当地下商店总建筑面积大于 20 000 m^2 时，应采用防火墙进行分隔，且防火墙上不得开设门窗洞口，相邻区域确需局部连通时，应采取可靠的防火分隔，故选项 C 正确。

86. BE 高位消防水箱底标高为 62.6 m，建筑高度为 57 m，20 层楼板标高为 54.2 m，是否需要稳压设施要看最不利点的静水压力是否符合规范要求。高位消防水箱底标高为 62.6 m，高位消防水箱的最低有效水位肯定大于 62.6 m，最低有效水位暂且按照 62.6 m 计算。20 层楼板标高为 54.2 m，消火栓的栓口中心距地面为 1.1 m，高位消防水箱最低有效水位至最不利点消火栓的高差为 62.6–（54.2+1.1）=7.3（m），也就是说最不利点消火栓的静水压力为 0.073 MPa。对于高层住宅建筑，最不利点的静水压力不应小于 0.07 MPa，所以仅设消防水箱是可以满足最不利点消火栓的静水压力的要求，从经济合理的角度来说可以不用设置加压稳压泵，故选项 A 错误，选项 E 正确。室内管网的漏水量为 0.25 L/s，对于消火栓系统来说，高位消防水箱出水管上设置的流量开关是可以直接控制消火栓泵的启动的。火灾发生初期所需的水由高位消防水箱提供，如果流量开关的启动流量和室内管网总的漏水量同为 0.25 L/s，也就意味着在没有发生火灾的情况下，仅漏水量就会使流量开关动作进而启动消火栓泵，所以将流量开关启动流量值设计为 0.25 L/s 的做法显然是不合理的，故选项 C 错误。室外埋地供水干管长度为 2 000 m，漏水率为 1.40 L/（min · km），室外漏水量为 $2 \times 1.4 \div 60 \approx 0.047$（L/s），室内外总的漏水量为 0.25+0.047=0.297（L/s），如果将流量开关启动流量值设计为 0.3 L/s 的话，由于室内外总的漏水量太过接近，可能会经常出现误启泵的现象，不合理，故选项 B 正确，选项 D 错误。

87. CDE 根据《自动喷水灭火系统设计规范》（GB 50084），每个报警阀组控制的最不利点洒水喷头处，应设末端试水装置，其他防火分区、楼层均应设直径为 25 mm 的试水阀。末端试水装置应由试水阀、压力表以及试水接头组成。试水接头出水口的流量系数，应等同于同楼层或防火分区内的最小流量系数洒水喷头。末端试水装置的出水，应采取孔口出流的方式排入排水管道。根据《消防给水及消火栓系统技术规范》（GB 50974），自动喷水灭火系统等自动水灭火系统末端试水装置处的排水立管管径，应根据末端试水装置的泄流量确定，并不宜小于 *DN*75 mm。

88. ABCE 根据《气体灭火系统设计规范》（GB 50370），防护区宜以单个封闭空间划分；同一区间的吊顶层和地板下需同时保护时，可合为一个防护区，所以吊顶上方和下方可以划分为一个防护区。同一防护区，当设计两套或三套管网时，集流管可分别设置，系统启动装置必须共用。各管网上喷头流量均应按同一灭火设计浓度、同一喷放时间进行设计，故选项A、B正确。两套系统必须共用启动装置，故选项D错误。防护区泄压口的安装高度不应低于防护区净高的2/3，故选项C正确。同一集流管上的储存容器，其规格、充压压力和充装量应相同，必要时，IG541混合气体灭火系统储存容器的大小（容量）允许有差别，但充装压力应相同，故选项E正确。

89. ABDE　根据《火灾自动报警系统施工及验收规范》（GB 50166），端子板的每个接线端，接线不得超过2根，故选项A正确。电缆芯和导线，应留有不小于200 mm的余量，故选项D正确。根据《火灾自动报警系统设计规范》（GB 50116），火灾自动报警系统的传输线路和50 V以下供电的控制线路，应采用电压等级不低于交流300 V/500 V的铜芯绝缘导线或铜芯电缆，故选项B正确。接地导线不应使用铝芯导线，应使用铜芯导线，故选项C错误。传输线路应采用阻燃或阻燃耐火电线电缆，故选项E正确。

90. ACD　根据《爆炸危险环境电力装置设计规范》（GB 50058），防爆电气设备的级别和组别不应低于该爆炸性气体环境内爆炸性气体混合物的级别和组别，ⅡA级气体、蒸气或粉尘可选择ⅡA、ⅡB或ⅡC级别的设备，故选项A正确。爆炸性环境1区内铜芯照明电缆最小截面面积在2.5 mm^2及以上，故选项B错误。当选用正压型电气设备及通风系统时，电气设备应与通风系统联锁，故选项C正确。安装电气设备房间的出口应通向非爆炸危险区域的环境；当安装设备的房间必须与爆炸性环境相通时，应对爆炸性环境保持相对的正压，故选项D正确。在爆炸危险区域不同方向，接地干线应不少于两处与接地体连接，故选项E错误。

91. ACDE　在查阅消防设计文件，并了解建筑类别、疏散楼梯形式及在每层的位置后，应按照下列程序和方法对疏散楼梯进行现场检查：（1）沿楼梯全程检查安全性和畅通性。需要注意的是，除与地下室连通的楼梯、超高层建筑中通向避难层的楼梯外，疏散楼梯间在各层的平面位置不得改变，必须上下直通；当地下室或半地下室与地上层共用楼梯间时，在首层与地下室或半地下室的出入口处，须检查是否设置了耐火极限不低于2.00 h的隔墙和乙级防火门，并设有明显提示标志。（2）在设计人数最多的楼层，选择疏散楼梯扶手与楼梯隔墙之间相对较窄处测量疏散楼梯的净宽度，并核查与消防设计文件的一致性。每部楼梯的测量点不少于5个，宽度测量值的允许负偏差不得大于规定值的5%。（3）测量前室（合用前室）使用面积，测量值的允许负偏差不得大于规定值的5%。（4）测量楼梯间（前室）疏散门的宽度，测量值的允许负偏差不得大于规定值的5%，并核查防火门产品与市场准入文件、消防设计文件的一致性。

92. ACE　防火隔间墙应采用耐火极限不低于3.00 h的防火隔墙，门应采用甲级防火门；不同防火分区通向防火隔间的门最小间距不小于4 m。防火隔间内部装修材料的燃烧性能等级均应为A级。防火隔间只能用于相邻两个独立使用场所的人员相互通行，不得用于除人员通行外的其他用途。

93. CDE　以下情形可以判定重大隐患：防火门、防火卷帘等防火分隔设施损坏的数量大于该防火分区相应防火分隔设施总数的 50%，故选项 A 错误。商店营业厅内的疏散距离大于国家工程建设消防技术标准规定值的 125%，故选项 B 错误。火灾自动报警系统不能正常运行，故选项 C 正确。防烟排烟系统、消防水泵以及其他自动消防设施不能正常联动控制，故选项 D 正确。除公共娱乐场所、商店、地下人员密集场所外的其他场所或者建筑物的安全出口数量或者宽度不符合国家工程建设消防技术标准的规定，或者既有安全出口被封堵，故选项 E 正确。

94. ADE　根据《建筑内部装修防火施工及验收规范》（GB 50354），装修施工应按照设计要求编写施工方案。施工现场管理应具备相应的施工技术标准、健全的施工质量管理体系和工程质量检验制度，并应按规范要求填写有关记录，故选项 A 正确。装修材料进入施工现场后，应按本规范的有关规定，在监理单位或建设单位监督下，由施工单位有关人员现场取样，并应由具备相应资质的检验单位进行见证取样检验。现场取样是由施工单位有关人员负责，但是应由相应资质的检验单位进行见证取样检验，故选项 B 错误。进入施工现场的装修材料应完好，并应检查其燃烧性能和耐火极限、防火性能型式检验报告、合格证书等技术文件是否符合防火设计要求。核查、检验时，应按规范要求填写进场验收记录，故选项 C 错误。装修施工过程中，应分阶段对所选用的防火装修材料按规范的规定进行抽样检验，故选项 D 正确。建筑工程内部装修不得影响消防设施的使用功能，故选项 E 正确。

95. AD　从十一层至二层，送风量是越来越少的，如果风机送风量不大或不足，由于压力降的原因则只能满足离送风口近的楼层的风量要求，而满足不了离送风口远的楼层的风量要求，故选项 A 正确。此外，管道漏风的话也可能会出现送风量自上而下逐渐减少的情况，故选项 D 正确。

96. ABC　水泵接合器接口的位置应方便操作，安装在便于消防车接近的人行道或非机动车行驶地段，距室外消火栓或消防水池的距离宜为 15 ~ 40 m；墙壁水泵接合器的安装应符合设计要求。设计无要求时，其安装高度距地面宜为 0.7 m；与墙面上的门、窗、孔洞的净距离不应小于 2.0 m，且不应安装在玻璃幕墙下方。地下水泵接合器的安装，应使进水口与井盖底面的距离不大于 0.4 m，且不应小于井盖的半径；井内应有足够的操作空间并应做好防水和排水措施，防止地下水渗入。寒冷地区井内应做防冻保护。

97. DE　不同建筑疏散距离不同。选项 A 中未指明建筑耐火等级和出口数量，故选项 A 不正确。选项 B 中未明确是全部设置自动喷水系统还是局部设置自动喷水灭火系统，故选项 B 不正确。楼梯间应在首层直通室外，确有困难时，可在首层采用扩大的封闭楼梯间或防烟楼梯间前室，当层数不超过 4 层且未采用扩大的封闭楼梯间或防烟楼梯间前室时，可将直通室外的门设置在离楼梯间不大于 15 m 处，选项 C 中是高层建筑，故选项 C 错误。选项 D 建筑内开向敞开式外廊的房间疏散门至最近安全出口的直线距离可按相关规定增加 5 m，故选项 D 正确。耐火等级为一、二级歌舞娱乐放映游艺场所内位于疏散走道两侧或尽端的疏散门至最近安全出口的距离为 9 m，故选项 E 正确。

98. BCDE　每年应检查和试验火灾自动报警系统下列功能，并按要求填写相应的记录：（1）应用专用检测仪器对所安装的全部探测器和手动报警装置试验至少一次。（2）自动和手动打开排烟阀，关闭电动防火阀和空调系统。（3）对全部电动防火门、防火卷帘的试验至少一次。（4）强制切断非消防电源功能试验。（5）对其他有关的消防控制装置进行功能试验。点型感烟火灾探测器投入运行 2 年后，应每隔 3 年至少全部清洗一遍。本题答案为 BCDE。

99. CE　为避免消防水泵房被淹或进水受到影响，需设置挡水门槛等挡水措施，如消防水泵房设置在地下时，还需检查是否设置排水沟等防淹措施，故选项 A 错误。该水泵房位于厂区中心位置，且该厂区为长方形，故水泵房至厂区最不利点距离约为 1 030 m，故室外最不利点消火栓到厂区的距离为 320 m，室外消火栓保护半径为 150 m，故该室外消火栓设置不合理，故选项 B 错误。根据《消防给水及消火栓系统技术规范》（GB 50974），消防给水管网的正常泄漏量应根据管道材质、接口型式确定，当没有管网泄漏量数据时，稳压泵的设计流量宜按消防给水设计流量的 1% ~ 3% 计，且不宜小于 1 L/s；本题设计流量为 120 L/s，稳压泵的设计流量为 1.2 ~ 3.6 L/s，故选项 C 正确。根据“一备一用”和“两备一用”的原则，五台消防水泵只设置一台备用消防泵不符合要求，故选项 D 错误。消防水泵房内可不设置值班室，故选项 E 正确。

100. AE　雨淋系统的联动控制设计应由同一报警区域内两个及两个以上独立的感温火灾探测器或一个感温火灾探测器与一个手动火灾报警按钮的报警信号（“与”逻辑），作为雨淋阀组开启的联动触发信号。消防联动控制器在接收到满足逻辑关系的联动触发信号后，联动控制雨淋阀组的开启。

消防安全技术综合能力
模拟测试（五）参考答案及解析

一、单项选择题（共 80 题，每题 1 分，每题的备选项中，只有 1 个最符合题意）

1. A 依法应当经消防主管部门进行消防设计审核的建设工程，未经依法审核或者审核不合格，擅自施工的，责令停止施工，并处 3 万元以上 30 万元以下罚款。建筑施工企业不按照消防设计文件和消防技术标准施工，降低消防施工质量的，责令改正或者停止施工，并处 1 万元以上 10 万元以下罚款。消防产品质量认证、消防设施检测等消防技术服务机构出具虚假文件的，责令改正，处 5 万元以上 10 万元以下罚款，并对直接负责的主管人员和其他直接责任人员处 1 万元以上 5 万元以下罚款；有违法所得的，并处没收违法所得；给他人造成损失的，依法承担赔偿责任；情节严重的，由原许可机关依法责令停止执业或者吊销相应资质、资格。消防技术服务机构出具失实文件，给他人造成损失的，依法承担赔偿责任；造成重大损失的，由原许可机关依法责令停止执业或者吊销相应资质、资格。

2. B 《中华人民共和国消防法》第六十八条规定，人员密集场所发生火灾，该场所的现场工作人员不履行组织、引导在场人员疏散的义务，情节严重，尚不构成犯罪的，处 5 日以上 10 日以下拘留。

3. B 重大责任事故罪是指在生产、作业中违反有关安全管理的规定，因而发生重大伤亡事故或者造成其他严重后果的行为。

4. C 消防设施施工安装以经法定机构批准或者备案的消防设计文件、国家工程建设消防技术标准为依据；经批准或者备案的消防设计文件不得擅自变更，确需修改的，建设单位应当向出具消防设计审核意见的公安机关消防机构重新申请消防设计审核。

5. A 注册消防工程师应履行以下义务：遵守法律、法规和有关管理规定，恪守职业道德；执行消防法律、法规、规章及有关技术标准；履行岗位职责，保证消防安全技术执业活动质量，并承担相应责任；保守知悉的国家秘密和聘用单位的商业、技术秘密；不得允许他人以本人名义执业；不断更新知识，提高消防安全技术能力；完成注册管理部门交办的相关工作等义务。

6. A 厂房内严禁设置员工宿舍。

7. D 防火阀是指安装在通风、空调系统的送、回风管路上，平时呈开启状态，火灾时当管道内气体温度达到 70℃时关闭，在一定时间内满足耐火稳定性和耐火完整性要求，起隔烟阻火作用的阀门。排烟防火阀是安装在排烟系统管道上，平时呈开启状态，火灾时当管道内气体温度达到 280℃时自动关闭，在一定时间内能满足漏烟量和耐火完整性要求，起阻火隔烟作用的阀门。

通风、空调系统的风管，在以下部位应设置公称动作温度为 70℃的防火阀：（1）穿越防火分区处。（2）穿越通风、空调机房的房间隔墙和楼板处。（3）穿越重要或火灾危险性大的房间隔墙和楼板处。（4）穿越防火分隔处的变形缝两侧。（5）竖向风管与每层水平风管交接处的水平管段上。当建筑内每个防火分区的通风、空调系统均独立设置时，水平风管与竖向总管的交接处可不设置防火阀。防火阀平时处于开启状态，可手动关闭，也可与火灾报警系统联动自动关闭，且均能在消防控制室接到防火阀动作的信号。在防火阀现场进行手动关闭、复位操作时，防火阀应动作灵敏、关闭严密，并能向控制室消防控制设备反馈其动作信号。

8. C　管路采样式吸气感烟火灾探测器的调试要求：逐一在采样管最末端（最不利处）采样孔加入试验烟，采用秒表测量探测器的报警响应时间，探测器或其控制装置应在 120 s 内发出火灾报警信号。根据产品说明书，改变探测器的采样管路气流，使探测器处于故障状态，采用秒表测量探测器的报警响应时间，探测器或其控制装置应在 100 s 内发出故障信号。

9. B　对泡沫灭火系统每两年检查的要求有：（1）对于低倍数泡沫灭火系统中的液上、液下及半液下喷射、泡沫喷淋、固定式泡沫炮和中倍数泡沫灭火系统进行喷泡沫试验，并对系统所有组件、设施、管道及管件进行全面检查。（2）对于高倍数泡沫灭火系统，可在防护区内进行喷泡沫试验，并对系统所有组件、设施、管道及管件进行全面检查。（3）系统检查和试验完毕，要对泡沫液泵或泡沫混合液泵、泡沫液管道、泡沫混合液管道、泡沫管道、泡沫比例混合器（装置）、泡沫消火栓、管道过滤器和喷过泡沫的泡沫产生装置等用清水冲洗后放空，复原系统。

10. C　防烟排烟系统施工调试完成后，由建设单位负责组织设计、施工、监理等单位共同进行竣工验收，验收不合格的，不得投入使用。验收内容主要包括资料查验、观感质量检查、现场抽样检查及功能性测试和验收结果判定等。其中，资料查验的内容有：（1）竣工验收申请报告。（2）施工图、设计说明书、设计变更通知书和设计审核意见书、竣工图。（3）工程质量事故处理报告。（4）防烟、排烟系统施工过程质量检查记录。（5）防烟、排烟系统工程质量控制资料检查记录。

11. C　《消防给水及消火栓系统技术规范》（GB 50974）规定，减压阀的水头损失计算应根据产品技术参数确定；当无资料时，减压阀后静压与动压差应按不小于 0.10 MPa 计算；选项 A 减压阀后静压、动压分别为 0.495 MPa、0.395 MPa，压力差为 0.495–0.395=0.1（MPa），符合规范要求，故选项 A 正确。高层建筑、厂房、库房和室内净空高度超过 8 m 的民用建筑等场所，消火栓栓口动压不应小于 0.35 MPa，选项 B 为 0.45 MPa，故选项 B 正确。减压阀的出流量应满足设计要求，出水量为设计流量的 150% 时，阀后动压不小于设计压力的 65%，0.4 × 65%=0.26（MPa），故选项 C 不正确。减压阀在小流量、设计流量和设计流量的 150% 时，不应出现噪声明显增加，故选项 D 正确。

12. A　泡沫灭火系统组件进场后，需要对组件的外观质量进行检查，其组件需要满足的要求有：无变形及其他机械性损伤；外露非机械加工表面保护涂层完好；无保护涂层的机械加工面无锈蚀；所有外露接口无损伤，堵、盖等保护物包封良好；铭牌标记清晰、牢固；消防泵运转灵活，无阻滞，无异常声音；高倍数泡沫产生器用手转动叶轮灵活；固定式泡沫炮的手动机构无卡阻现象。

13. C　根据《消防给水及消火栓系统技术规范》（GB 50974），消火栓的现场检验应符合下列要求：（1）室内消火栓应符合《室内消火栓》（GB 3445）的性能和质量要求。（2）消火栓外观应无加工缺陷和机械损伤；铸件表面应无结疤、毛刺、裂纹和缩孔等缺陷；铸铁阀体外部应涂红色油漆，内表面应涂防锈漆，手轮应涂黑色油漆；外部漆膜应光滑、平整、色泽一致，应无气泡、流痕、皱纹等缺陷，并应无明显碰、划等现象。（3）消火栓螺纹密封面应无伤痕、毛刺、缺丝或断丝现象。（4）消火栓的螺纹出水口和快速连接卡扣应无缺陷和机械损伤，并应能满足使用功能的要求。（5）消火栓阀杆升降或开启应平稳、灵活，不应有卡涩和松动现象。（6）旋转型消火栓其内部构造应合理，转动部件应为铜或不锈钢，并应保证旋转可靠、无卡涩和漏水现象。（7）减压稳压消火栓应保证可靠、无堵塞现象。（8）活动部件应转动灵活，材料应耐腐蚀，不应卡涩或脱扣。（9）消火栓固定接口应进行密封性能试验，应以无渗漏、无损伤为合格。

14. B　预制灭火装置功能检查要求：同一防护区内的预制灭火系统装置多于 1 台时，必须能同时启动，其动作响应时差不得大于 2 s。

15. C　防烟排烟系统风管部件检查内容包括：（1）排烟防火阀、送风口、防烟阀、排烟阀或排烟口等符合有关消防产品标准的规定，其规格、型号应符合设计要求，手动开启灵活、关闭可靠严密。（2）电动防火阀、送风口和排烟阀或排烟口等的驱动装置，动作应可靠，在最大工作压力下工作正常。（3）防烟、排烟系统柔性短管的制作材料必须为不燃材料。

16. C　电气火灾监控探测器的安装要求：（1）根据设计文件的要求确定电气火灾监控探测器的安装位置，有防爆要求的场所，应按防爆要求施工。（2）剩余电流式探测器负载侧的 N 线（即穿过探测器的工作零线）不应与其他回路共用，且不能重复接地（即与 PE 线相连）；探测器周围应适当留出更换和标定的空间。

17. B　消防水源的维护管理要求每月对消防水池、高位消防水池、高位消防水箱等消防水源设施的水位等进行一次检测。

18. D　细水喷雾系统进行主要组件安装时要求喷头与管道的连接宜采用端面密封或 O 型圈密封，不应采用聚四氟乙烯、麻丝、黏结剂等作为密封材料。

19. C　对不同高度的房间点型火灾探测器的选择见下表：

房间高度 h/m	点型感烟火灾探测器	点型感温火灾探测器			火焰探测器
		A_1、A_2	B	C、D、E、F、G	
$12 < h \leqslant 20$	不适合	不适合	不适合	不适合	适合
$8 < h \leqslant 12$	适合	不适合	不适合	不适合	适合
$6 < h \leqslant 8$	适合	适合	不适合	不适合	适合
$4 < h \leqslant 6$	适合	适合	适合	不适合	适合
$h \leqslant 4$	适合	适合	适合	适合	适合

由上表可以看出，类别为 C 的点型感温火灾探测器的安装高度不应大于 4 m，所以选项 C 不符合现行国家消防技术标准的要求。

20. D　金属冶炼车间火灾危险性类别为丁类，氨压缩机房和制氨车间的火灾危险性类别为乙类；建筑面积不大于 300 m^2 的独立甲、乙类单层厂房，建筑面积不大于 500 m^2 的单层丙类厂房或建筑面积不大于 1 000 m^2 的单层丁类厂房，燃煤锅炉房且锅炉的总蒸发量不大于 4 t/h 时，可采用三级耐火等级的建筑。

21. B　应急预案演练按演练内容分类可分为单项演练和综合演练；按演练目的与作用分类可分为检验性演练、示范性演练和研究性演练。

22. D　系统周期性检查是指建筑使用管理单位按照国家工程消防技术标准的要求，对已经投入使用的防烟排烟系统的组件、零部件等按照规定检查周期进行的检查、测试。（1）每季应对防烟排烟风机、活动挡烟垂壁、自动排烟窗进行一次功能检测启动试验及供电线路检查。（2）每半年应对全部排烟防火阀送风阀或送风口、排烟阀或排烟口进行自动和手动启动试验一次。（3）每年应对全部防烟排烟系统进行一次联动试验和性能检测，其联动功能和性能参数应符合原设计要求。（4）当防烟排烟系统采用无机玻璃钢风管时，应每年对该风管进行质量检查，检查面积应不少于风管面积的 30%；风管表面应光洁，无明显泛霜、结露和分层现象。（5）排烟窗的温控释放装置、排烟防火阀的易熔片应有 10% 的备用件，且不少于 10 只。

23. B　建筑内消防应急照明灯具的照度应符合下列规定：疏散走道的地面最低水平照度不应低于 1.0 lx。人员密集场所、避难层（间）内的地面最低水平照度不应低于 3.0 lx；对于病房楼或手术部的避难间，不应低于 10.0 lx。楼梯间、前室或合用前室、避难走道的地面最低水平照度不应低于 5.0 lx。消防控制室、消防水泵房、自备发电机房、配电室、防烟与排烟机房，以及发生火灾时仍需正常工作的其他房间的消防应急照明，仍应保证正常照明的照度。

24. C　玻璃球喷头玻璃球色标与对应公称动作温度见下表：

公称动作温度（℃）	57	68	79	93	107	121	141	163	182	204	227	260	343
玻璃球色标	橙	红	黄	绿		蓝		紫		黑			

25. C　根据《水喷雾灭火系统技术规范》（GB 50219），当为手动灭火系统时，要以手动控制的方式至少进行一次喷水试验；当为自动灭火系统时，要以手动和自动的方式各进行一次喷水试验。其各项性能指标均要达到设计要求。

26. B　碳酸氢钠是制作 BC 干粉灭火剂的主要原料，磷酸铵盐是 ABC 类干粉灭火剂的主要原料。宾馆客房区域走道的火灾类型为 A 类，A 类火灾不应使用 BC 类灭火器扑救，故选项 B 错误。

27. D　注册消防工程师进行职业道德修养时要坚持“慎独”，即不管所在单位的制度有无规定，也不管有无人监督，领导管理是否严格，都能够自觉地严格要求自己，遵守职业道德原则和规范，坚决杜绝不正之风和违法乱纪行为。

28. A　根据《消防给水及消火栓系统技术规范》（GB 50974），报警阀处的排水立管宜为 *DN*100 mm，故选项 A 错误。根据《自动喷水灭火系统施工及验收规范》（GB 50261），湿式系统的联动试验，启动 1 只喷头或以 0.94 ~ 1.5 L/s 的流量从末端试水装置处放水时，水流指示器、报警阀、压力开关、水力警铃和消防水泵等应及时动作，并发出相应的信号，故选项 B 正确。根据《火灾自动报警系统设计规范》（GB 50116），消防联动控制器应能按设定的控制逻辑向各相关的受控设备发出联动控制信号，并接受相关设备的联动反馈信号，故选项 C 正确。湿式自动喷水灭火系统或者干式自动喷水灭火系统中压力开关可以直接启泵，不需要火灾自动报警系统参与，这类控制称为联锁控制，有火灾自动报警系统参与的则称为联动控制，故选项 D 正确。

29. D　消防车登高面的设置：高层建筑至少沿一个长边或周边长度的 1/4 且不小于一个长边长度的底边连续布置消防车登高面，此范围内裙房的进深不得大于 4 m，且在此范围内设有直通室外的楼梯或直通楼梯间的入口，便于消防员尽快安全到达着火层。对于建筑高度不大于 50 m 的建筑，消防车登高面可间隔布置，间隔的距离不宜大于 30 m。

消防车登高操作场地的设置：消防车登高操作场地与消防车道连通，与厂房、仓库、民用建筑之间不得设置妨碍消防车操作的树木、架空管线等障碍物和车库出入口。场地靠建筑外墙一侧的边缘距离建筑外墙不宜小于 5 m，且不应大于 10 m；场地的坡度不宜大于 3%，长度和宽度分别不应小于 15 m 和 10 m。对于建筑高度大于 50 m 的建筑，场地的长度和宽度分别不应小于 20 m 和 10 m。

30. D　病房楼使用人员的自我疏散能力较差，高层病房楼设置在二层及以上的病房楼层和洁净手术区域要设置避难间。避难间位置应靠近楼梯间并采用耐火极限不低于 2.00 h 的防火隔墙和甲级防火门与其他部位分隔；服务的护理单元不得超过 2 个。避难间可以利用平时使用的房间，如利用每层的监护室，也可以利用电梯前室，但合用前室不宜作为避难间，以防病床影响人员疏散。

31. B　消防应急标志灯具和消防应急照明灯具的调试：（1）采用目测的方法检查消防应急标志灯具安装位置和标志信息上的箭头指示方向是否与实际疏散方向相符。（2）在黑暗条件下，使照明灯具转入应急状态，用照度计测量地面的最低水平照度，该照度值应符合设计要求。（3）操作试验按钮或其他试验装置，消防应急灯具应转入应急工作状态。（4）断开连续充电 24 h 的消防应急灯具电源，使消防应急灯具转入应急工作状态，同时用秒表开始计时；消防应急灯具主电指示灯应熄灭，应急工作时间不应小于本身标称的应急工作时间。（5）使顺序闪亮形成导向光流的标志灯具转入应急工作状态，目测其光流导向应与设计的疏散方向相同。（6）使有语音指示的标志灯具转入应急工作状态，其语音应与设计相符。（7）逐个切断各区域应急照明配电箱或启动应急照明集中电源的分配电装置，该配电箱或分配电装置供电的消防应急灯具应在 5 s 内转入应急工作状态。（8）受火灾自动报警系统控制的消防应急照明和疏散指示系统，输入联动控制信号，系统内的消防应急灯具应在 5 s 内转入与联动控制信号相对应的工作状态，并应发出联动反馈信号；对于设计有手动控制功能的系统，操作手动控制机构，使系统转入应急工作状态，相应的消防应急灯具应在 5 s 内转入应急工作状态。断开主电电源，应急照明集中电源和该电源供电的所有消防应急灯具均应转入应急工作状态，应急工作时间应不小于本身标称的应急工作时间。故选项 B 错误。

32. C　厂房的防火检查中，主要通过对厂房内员工宿舍、办公室和甲、乙类火灾危险性场所的设置、平面布置等进行检查。检查内容有：厂房内严禁设置员工宿舍。为满足厂房日常管理的需要，在厂房内可以设置一些管理、控制或调度生产的办公用房以及工人的临时休息室。具体检查要求为：（1）对于甲、乙类厂房，办公室、休息室等不得设置在厂房内，确需贴邻本厂房时，厂房的耐火等级不应低于二级，并采用耐火极限不低于 3.00 h 的防爆墙与厂房分隔，且设置独立的安全出口。（2）对于丙类厂房，可在厂房内设置为厂房服务的办公室、休息室，但要采用耐火极限不低于 2.50 h 的防火隔墙和耐火极限不低于 1.00 h 的楼板与其他部位分隔，并至少设置 1 个独立的安全出口。如隔墙上需开设相互连通的门时，须采用乙级防火门。对于丙类中间仓库，应采用防火墙和耐火极限不低于 1.50 h 的不燃性楼板与其他部位分隔，仓库的耐火等级和面积要同时符合丙类仓库的相关规定，且中间仓库与所服务车间的建筑面积之和不大于该类厂房有关一个防火分区的最大允许建筑面积。（3）厂房的丙类液体中间储罐设置在单独房间内，其容量不大于 5 m^3。设置中间储罐的房间采用耐火极限不低于 3.0 h 的防火隔墙和耐火极限不低于 1.5 h 的楼板与其他部分隔离，房间门采用甲级防火门。

33. B　图形显示装置的功能是用于显示而非控制，故选项 B 错误。消防控制室内的图形显示装置、火灾报警控制器、消防联动控制设备，其功能既相互独立，又互相关联，准确把控其功能是充分发挥消防控制室监控与管理作用的关键。有火灾报警信号、监管报警信号、反馈信号、屏蔽信号、故障信号输入时，具有相应状态的专用总指示，图形显示装置在总平面布局图中应显示输入信号所在的建（构）筑物的位置，在建筑平面图上应显示输入信号所在的位置和名称，并记录时间、信号类别和部位等信息。图形显示装置在 10 s 内能够显示输入的火灾报警信号和反馈信号的状态信息，100 s 内能够显示其他输入信号的状态信息。图形显示装置能够显示可燃气体探测报警系统、电气火灾监控系统的报警信息、故障信息和相关联动反馈信息。消防联动控制设备能够将各类消防设施及其设备的状态信息传输到图形显示装置。

34. A　防烟楼梯间的首层如将走道和门厅等包括在楼梯间前室内形成扩大的防烟前

室时，应采用乙级防火门等措施与其他走道和房间分隔。防烟楼梯间设前室可与消防电梯间前室合用。前室的使用面积：公共建筑、高层厂房（仓库）不小于6.0 m^2，住宅建筑不小于4.5 m^2；合用前室的使用面积：公共建筑、高层厂房（仓库）不小于10.0 m^2，住宅建筑不小于6.0 m^2。除住宅建筑的楼梯间前室外，防烟楼梯间和前室内的墙上不应开设除疏散门和送风口外的其他门、窗、洞口。疏散走道通向前室以及前室通向楼梯间的门应采用乙级防火门。

35. D 对现场进行阻燃处理的木质材料、纺织织物、复合材料等检查时，结合材料的燃烧性能型式检验报告、现场进行阻燃处理的材料和所使用的阻燃剂的见证取样检验报告、现场对材料进行阻燃处理的施工记录及隐蔽工程验收记录等相关资料，对照报告及记录内容开展现场核查，重点核查上述报告或记录内容与实际使用材料的一致性。

36. A 供水设施的维护管理规定要求每月应手动启动消防水泵运转一次，并检查供电电源的情况。

37. D 按照有关法律、法规要求，消防安全重点单位至少每半年、其他单位至少每年应组织一次灭火、疏散逃生演练。

38. D 区域火灾风险评估可选择以下几个层次的指标体系结构：（1）一级指标。一级指标一般包括火灾危险源、区域基础信息、消防力量和社会面防控能力等。（2）二级指标。二级指标一般包括客观因素、人为因素、城市公共消防基础设施、灭火救援能力、火灾预警能力、消防管理、消防宣传教育等。（3）三级指标。三级指标一般包括易燃易爆危险品生产销售储存场所密度、燃气管网密度、加油加气站密度、电气火灾、用火不慎、放火致灾、吸烟不慎、温度、湿度、风力、雷电、建筑密度、人口密度、经济密度、路网密度、轨道交通密度、重点保护单位密度、消防车通行能力、消防站建设水平、消防车道、消防供水能力、消防装备配置水平、万人拥有消防站、消防通信指挥调度能力、多种形式消防力量、消防安全责任制落实情况、应急预案完善情况、重大隐患排查整治情况、社会消防宣传力度、消防培训普及程度、多警种联动能力、临时避难区域设置、医疗机构分布及水平等相关内容。

39. B 防火涂料测厚仪适用于测量薄型、超薄型钢结构防火涂料的厚度检查和膨胀倍数检查。（1）在已施工涂料的构件上，随机选取3个不同的涂层部位，分别用防火涂料测厚仪测量其厚度，故选项B错误。（2）点燃专用燃气喷枪分别对准选定的3个位置，喷灯外焰应充分接触涂层，供火时间不少于10 min，停止供火后观察涂层是否膨胀发泡，用游标卡尺测量其发泡层厚度，结果相除。薄型钢结构防火涂料的膨胀倍数应≥ 5，超薄型钢结构防火涂料的膨胀倍数应≥ 10 。

40. B 现场制作的常压钢质泡沫液储罐，考虑到比例混合器要能从储罐内顺利吸入泡沫液，同时防止将储罐内的锈渣和沉淀物吸入管内堵塞管道，泡沫液管道出液口不能高于泡沫液储罐最低液面1 m，泡沫液管道吸液口距泡沫液储罐底面不小于0.15 m，且最好做成喇叭口形。现场制作的常压钢质泡沫液储罐需要进行严密性试验，试验压力为储罐装满水后的静压力，试验时间不能小于 30 min，目测不能有渗漏。现场制作的常压钢质泡沫液储罐内、外表面需要按设计要求进行防腐处理，防腐处理要在严密性试验合格后进行。常压泡沫液储罐的安装方式要符合设计要求，当设计无要求时，要根据其形状按立式或卧式安装在支架或支座上，支架要与基础固定，安装时不能损坏其储罐上的配管和附件。常压钢质泡沫液储罐罐体与支座接触部位的防腐要符合设计要求，当设计无要求时，要按加强防腐层的做法施工。

41. D　储存硝酸的中间仓库为乙类仓库，对于甲、乙类中间仓库，储量不宜超过一昼夜的需要量；靠外墙布置，并采用防火墙和耐火极限不低于 1.50 h 的不燃性楼板与其他部位隔开。

42. B　消防供电线路穿越不同防火分区穿孔处所用封堵材料，有机材料和无机材料均可使用。消防电源在火灾时要持续为消防设备供电，为防止火灾通过消防用电设备供电线路蔓延，应对消防用电设备供电线路采取防火封堵措施。消防用电设备供电线路在电缆隧道、电缆桥架、电缆竖井、封闭式母线、线槽安装等处时，在下列情况下应采取防火封堵措施：（1）穿越不同的防火分区。（2）沿竖井垂直敷设穿越楼板处。（3）管线进出竖井处。（4）电缆隧道、电缆沟、电缆间的隔墙处。（5）穿越建筑物的外墙处。（6）至建筑物的入口处，至配电间、控制室的沟道入口处。（7）电缆引至配电箱、柜或控制屏、台的开孔部位。

43. C　储存装置的布置应方便检查和维护，并宜避免阳光直射。其环境温度应为 -20℃ ~ 50℃，故选项 A 错误。地下防护区和无窗或设定固定窗扇的地上防护区，应设置独立的机械排烟装置，排风口应通向室外，故选项 B 错误。自动控制状态下的干粉灭火系统应延迟喷放，但延迟时间不应大于 30 s，故选项 D 错误。

44. D　建筑使用管理单位按照下列要求，安排合理数量的、符合从业资格条件的人员负责消防控制室管理与值班：（1）实行每日 24 h 专人值班制度，每班不少于 2 人，值班人员持有规定的消防专业技能鉴定证书。（2）消防设施日常维护管理符合国家标准《建筑消防设施的维护管理》（GB 25201）的相关规定。（3）确保火灾自动报警系统、固定灭火系统和其他联动控制设备处于正常工作状态，不得将应处于自动控制状态的设备设置在手动控制状态。（4）确保高位消防水箱、消防水池、气压水罐等消防储水设施水量充足，确保消防泵出水管阀门、自动喷水灭火系统管道上的阀门常开；确保消防水泵、防烟排烟风机、防火卷帘等消防用电设备的配电柜控制装置处于自动控制位置（或者通电状态）。

45. B　消防技术检测机构对某油田采油储堆区设置的泡沫灭火系统进行维护保养检查，该系统使用柴油动力给水泵组，当主泵启动 5 min 时，控制器接到水温超高信号，应立即停机停水，水温降低后再开机进行检查。

46. C　预防电气线路接触电阻过大的措施：导线与导线、导线与电气设备的连接必须牢固可靠；铜、铝线相接，宜采用铜铝过渡接头，也可采用在铜线接头处搪锡，故选项 B 错误；通过较大电流的接头，应采用油质或氧焊接头，在连接时加弹力片后拧紧；要定期检查和检测接头，防止接触电阻增大，对重要的连接接头要加强监视。在潮湿和室外环境下，不同线径的单芯铜导线接在端子上需要搪锡，故选项 A 错误。导线在管内或线槽内不应有接头或扭结，导线的接头应在接线盒内焊接或用端子连接，故选项 C 正确，选项 D 错误。

47. C　灭火器配置验收检查内容：（1）现场核查灭火器配置数量，核对灭火器铭牌，查验灭火器类型、规格、型号、灭火级别等基本配置要求。（2）同一个配置单元内配置有不同类型灭火器时，核实其灭火剂的相容性。

48. C　水流指示器的安装与技术检测要求：（1）水流指示器深片、膜片竖直安装在水平管道上侧，其动作方向与水流方向一致。（2）水流指示器安装后，其桨片、膜片动作灵活，不得与管壁发生碰擦。（3）同时使用信号阀和水流指示器控制的自动喷水灭火系统，信号阀安装在水流指示器前的管道上，与水流指示器间的距离不小于 300 mm。

49. A　安装在通往延迟塞管道上的小孔排水阀为滴水阀，滴水属于正常现象。

50. B　对不同储存器其年度检查要求不同，故选项 A 说法错误。应按《气瓶安全技术监察规程》（TSGR0006）的规定对气体灭火系统使用的钢瓶进行维护保养，故选项 B 正确。标准要求对二氧化碳灭火器应每年至少检查一次，选项 C 中每季度对高压二氧化碳储存容器逐个进行称重检查，故选项 C 说法错误。七氟丙烷灭火系统储存容器内的压力，不得小于设计储存压力的 90%，故选项 D 说法错误。

51. B　住宅单元和高层公共建筑的疏散楼梯，当分散设置确有困难，且任一户门或从任一疏散门至最近疏散楼梯间入口的距离不大于 10 m 时，可采用剪刀楼梯。

52. A　建筑的外墙外保温系统外侧按要求设置不燃材料制作的防护层，并将保温材料完全包覆。除采用保温材料与两侧墙体构成无空腔复合保温结构体外，当采用燃烧性能等级为 B_1、B_2 级的保温材料时，防护层厚度首层不应小于 15 mm，其他层不应小于 5 mm。建筑的外墙内保温系统采用不燃材料做防护层，当采用燃烧性能等级为 B_1 级的保温材料时，防护层厚度不应小于 15 mm。建筑的屋面外保温系统采用燃烧性能等级为 B_1、B_2 级的保温材料时，按要求设置不燃材料制作且厚度不小于 10 mm 的防护层。建筑外墙外保温系统与基层墙体、装饰层之间的空腔，在每层楼板处应采用防火材料封堵，防止烟囱效应而造成火势快速发展。

53. C　防烟排烟系统每日检查内容：（1）查看机械加压送风系统、机械排烟系统控制柜的标志、仪表、指示灯、开关和控制按钮；用按钮启停每台风机，查看仪表及指示灯显示。（2）查看机械加压送风系统、机械排烟系统风机的外观和标志牌；在控制室远程手动启、停风机，查看运行及信号反馈情况。（3）查看送风阀、排烟阀、排烟防火阀、电动排烟窗的外观；手动、电动开启，手动复位，动作和信号反馈情况。另外，每半年应对全部排烟防火阀、送风阀或送风口、排烟阀或排烟口进行自动和手动启动试验一次。

54. D　外脚手架既是在建工程的外防护架，也是施工人员的外操作架。支模架既是混凝土模板的支撑架体，也是施工人员操作平台的支撑架体，为保护施工人员免受火灾伤害，外脚手架、支模架的架体宜采用不燃或难燃材料搭设。其中，高层建筑和既有建筑改造工程的外脚手架、支模架的架体应采用不燃材料搭设。

55. B　室外阀门井中，进水管上的控制阀门应每个季度检查一次，核实其处于全开启状态。系统上所有的控制阀门均应采用铅封或锁链固定在开启或规定的状态。每月应对铅封、锁链进行一次检查，当有破坏或损坏时应及时修理更换。根据《消防给水及消火栓系统技术规范》（GB 50974），每季度对消火栓进行一次外观和漏水检查，发现有不正常的消火栓应及时更换。

56. B　确定消防安全重点部位不仅要根据火灾危险源的辨识来确定，还应根据本单位的实际，即物品储存的多少、价值的大小、人员的集中量以及隐患的存在和火灾的危险程度等情况而定，通常从以下几个方面来考虑：（1）容易发生火灾的部位。如化工生产车间、油漆、烘烤、熬炼、木工、电焊气割操作间，化验室，汽车库，化学危险品仓库，易燃、可燃液体储罐，可燃、助燃气体钢瓶仓库和储罐，液化石油气瓶或者储罐；氧气站、乙炔站、氢气站；易燃的建筑群等。（2）发生火灾后对消防安全有重大影响的部位，如与火灾扑救密切相关的变配电室、消防控制室、消防水泵房等。（3）性质重要、发生事故影响全局的部位，如发电站、变配电站（室），通信设备机房、生产总控制室，电子计算机房，锅炉房，档案室、资料、贵重物品和重要历史文献收藏室等。（4）财产集中的部位，如储存大量原料、成品的仓库、货场，使用或者存放先进技术设备的实验室、车间、仓库等。（5）人员集中的部位，如单位内部的礼堂（俱乐部）、托儿所、集体宿舍、医院病房等。

57. B　点型感烟、感温火灾探测器安装要求：（1）探测器至墙壁、梁边的水平距离不应小于 0.5 m；探测器周围水平距离 0.5 m 内，不应有遮挡物；探测器至空调送风口最近边的水平距离，不应小于 1.5 m；至多孔送风顶棚孔口的水平距离，不应小于 0.5 m。（2）在宽度小于 3 m 的内走道顶棚上安装探测器时，宜居中安装；点型感温火灾探测器的安装间距不应超过 10 m，点型感烟火灾探测器的安装间距不应超过 15 m；探测器至端墙的距离不应大于安装间距的一半。（3）探测器宜水平安装，当确实需倾斜安装时，倾斜角不应大于45°。

58. D　除特殊情况外，用于疏散的防火门应向疏散方向开启，在关闭后应能从任何一侧手动开启。设置在变形缝附近的防火门，须安装在楼层数较多的一侧，且门扇开启后不应跨越变形缝。钢质防火门门框内充填水泥砂浆，门框与墙体采用预埋钢件或膨胀螺栓等连接牢固，固定点间距不宜大于 600 mm。防火门门扇与门框的搭接尺寸不小于 12 mm。防火门门框与门扇、门扇与门扇的缝隙处嵌装的防火密封件应牢固、完好。需要注意的是，消防电梯的前室或合用前室的门不允许采用防火卷帘。

59. D　灭火器箱箱门开启方便灵活，开启后不得阻挡人员安全疏散。开门型灭火器箱的箱门开启角度不得小于175°，翻盖型灭火器箱的翻盖开启角度不得小于100°。

60. C　防烟分区设置的检查内容包括防烟分区的面积、挡烟垂壁、防烟分区的划分，但不包括送风口的风速。

61. A　下列类型的灭火器，有的因灭火剂具有强腐蚀性、毒性，有的因操作需要倒置，使用时对操作人员具有一定的危险性，有的因环保要求，已列入国家颁布的淘汰目录，一经发现予以报废处理：（1）酸碱型灭火器。（2）化学泡沫型灭火器。（3）倒置使用型灭火器。（4）氯溴甲烷、四氯化碳灭火器。（5）1211 灭火器、1301 灭火器。（6）国家政策明令淘汰的其他类型灭火器。

62. C　报警阀组操作性能检验：排水流量不大于 15.0 L/min 时，不报警；流量在 15.0 ~ 60.0 L/min 时，可报可不报；流量大于 60 L/min 时，必须报警。

63. A　其他公共建筑中疏散楼梯、疏散出口和疏散走道每百人所需最小疏散净宽度见下表：

（单位：m/ 每人）

建筑层数		耐火等级		
		一、二级	三级	四级
地上楼层	1 ~ 2 层	0.65	0.75	1.00
	3 层	0.75	1.00	—
	≥ 4 层	1.00	1.25	—
地下楼层	与地面出入口地面的高差≤ 10 m	0.75	—	—
	与地面出入口地面的高差>10 m	1.00	—	—

根据其他公共建筑中疏散楼梯、疏散出口和疏散走道的每百人净宽度表可知，该建筑为 4 层以上办公建筑，耐火等级为二级，根据上表百人疏散宽度指标取 1.00。当每层疏散人数不等时，疏散楼梯的总宽度可分层计算，地上建筑内下层楼梯的总宽度按该层及以上疏散人数最多一层的疏散人数计算，故第四层按照疏散 400 人计算，400 ÷ 100 × 1.00=4.00（m）；第五层按照疏散 200 人计算，200 ÷ 100 × 1.00=2.00（m），故本题答案为 A。

64. A　其他临时用房、临时设施与在建工程的防火间距不应小于 6 m。可燃材料库房与固定动火作业场所的最小允许防火间距为 7 m；可燃材料库房与临时变配电房的最小允许防火间距为 5 m；临时厨房操作间与固定动火作业场所的最小允许防火间距为 7 m。

65. D　依次逐个对探测器施加达到响应浓度值的可燃气体标准样气，采用秒表测量、观察方法检查探测器的报警功能，探测器应在 30 s 内响应；撤去可燃气体，探测器应在 60 s 内恢复到正常监视状态。

66. A　常压泡沫液储罐的安装要求：（1）现场制作的常压钢质泡沫液储罐，考虑到比例混合器要能从储罐内顺利吸入泡沫液，同时防止将储罐内的锈渣和沉淀物吸入管内堵塞管道，泡沫液管道出液口不能高于泡沫液储罐最低液面 1 m，泡沫液管道吸液口距泡沫液储罐底面不小于 0.15 m，且最好做成喇叭口形。（2）现场制作的常压钢质泡沫液储罐需要进行严密性试验，试验压力为储罐装满水后的静压力，试验时间不能小于 30 min，目测不能有渗漏。（3）现场制作的常压钢质泡沫液储罐内、外表面需要按设计要求进行防腐处理，防腐处理要在严密性试验合格后进行。

67. D　干式报警阀组安装时要求充气连接管路的接口安装在报警阀气室充注水位以上部位，充气连接管道的直径不得小于 15 mm；止回阀、截止阀安装在充气连接管路上。

68. A　雨淋报警阀组调试宜采用检测、试验管道进行供水。自动和手动方式启动的雨淋报警阀，应在联动信号发出或者手动控制操作后 15 s 内启动；公称直径大于 200 mm 的雨淋报警阀，应在 60 s 之内启动。雨淋报警阀调试时，当报警水压为 0.05 MPa，水力警铃应发出报警铃声。

69. A　一、二级耐火等级建筑内的营业厅、展览厅，当设置自动灭火系统和火灾自动报警系统并采用不燃或难燃装修材料时，每个防火分区的最大允许建筑面积可适当增加，并应符合下列规定：设置在地下或半地下时，不应大于 2 000 m^2，故选项 A 正确。地下或半地下建筑（室），3 层及以上或室内地面与室外出入口地坪高差大于 10 m 的地下或半地下建筑（室），其疏散楼梯应采用防烟楼梯间；其他地下或半地下建筑（室），其疏散楼梯可采用封闭楼梯间，故选项 B 错误。地下商场营业厅的顶棚、墙面和地面均应采用 A 级装修材料，故选项 C 错误。地下或半地下建筑（室）和一类高层民用建筑的耐火等级不应低于一级，一级耐火等级建筑的承重墙耐火极限为 3.0 h，故选项 D 错误。

70. B　对于储压型干粉灭火系统，当采用全淹没灭火系统时，喷头的最大安装高度不应大于 7 m；当采用局部应用灭火系统时，喷头的最大安装高度不应大于 6 m；对于储气瓶型干粉灭火系统，当采用全淹没灭火系统时，喷头的最大安装高度不应大于 8 m；当采用局部应用系统时，喷头的最大安装高度不应大于 7 m。

71. C　考虑到目前国内主战举高消防车——50 m 高云梯车的操作要求，从首层到第一个避难层之间的高度不大于 50 m，两个避难层之间的高度以不大于 50 m 为宜，故选项 B 正确。避难层设置消防电梯出口，故选项 A 正确。避难间位置靠近楼梯间并采用耐火极限不低于 2.00 h 的防火隔墙和甲级防火门与其他部位分隔，故选项 C 错误。避难间的净面积能满足设计避难人员避难的要求，并按每个护理单元不小于 25.0 m^2 确定，当避难间兼作其他用途时，需保证其避难安全和可供避难的净面积不变，故选项 D 正确。

72. C　应急照明集中电源应显示主电电压、电池电压、输出电压和输出电流，并应设主电、充电、故障和应急状态指示灯，主电状态用绿色，故障状态用黄色，充电状态和应急状态用红色。

73. B　城市消防站的布置结合城市交通状况和各区域的火灾危险性进行合理布局；街区道路布置和市政消火栓的布局能满足灭火救援需要；街区道路中心线间距离一般在 160 m 以内，市政消火栓沿可通行消防车的街区道路布置，间距不得大于 120 m。

74. D　可燃材料露天堆场区，液化石油气储罐区，甲、乙、丙类液体储罐区和可燃气体储罐区，当超过一定储量时，设置环形消防车道。对液化石油气储罐区，甲、乙、丙类液体储罐区，可燃气体储罐区和占地面积大于 30 000 m^2 的可燃材料堆场，还需设置与环形消防车道相连通的中间消防车道。

75. D　对于干式和预作用系统，除要进行水压试验外，还需要进行气压试验。双流体系统的气体管道进行气压强度试验，试验要求有：（1）试验介质为空气或氮气。（2）干式和预作用系统的试验压力为 0.28 MPa，且稳压 24 h，压力降不大于 0.01 MPa。（3）双流体系统气体管道的试验压力为水压强度试验压力的 80%。

76. A　自动喷水灭火系统的下列项目至少每季度进行一次检查与维护：（1）水流指示器报警试验。（2）电磁阀启动试验。（3）室外阀门井中的控制阀门开启状况及其使用性能测试。

77. B　气体灭火系统组件的外观质量要求：（1）系统组件应无碰撞变形及其他机械性损伤。（2）组件外露非机械加工表面保护涂层完好。（3）组件所有外露接口均设有防护堵盖，且封闭良好，接口螺纹和法兰密封面无损伤。（4）储存容器外表正面标注灭火剂名称，字迹明显、清晰，标志铭牌牢固且设置在系统明显部位，选择阀、单向阀标有介质流动方向的标志。（5）球阀或蝶阀结构的总控阀标有阀位指示标志（“开”和“关”或者“OPEN”和“CLOSE”），指示标志清晰易见；利用手轮开启的阀门，在手轮上标有开关方向。（6）同一规格的灭火剂储存容器，其高度差不宜超过 20 mm。（7）同一规格的驱动气体储存容器，其高度差不宜超过 10 mm。

78. D　防护电器的设置参数应满足下列要求：（1）防护电器的额定电流或整定电流不应小于回路的计算负载电流。（2）防护电器的额定电流或整定电流不应大于回路的允许持续载流量。（3）保证防护电器有效动作的电流不应大于回路载流量的 1.45 倍。

79. D　应急照明回路沿电缆管井垂直敷设时，公共建筑应急照明配电箱供电范围不宜超过 8 层，住宅建筑不宜超过 16 层。

80. B　消防站的设置位置便于消防车迅速通往工艺装置区和罐区，宜位于生产区全年最小频率风向的下风侧，且避开工厂主要人流道路。

二、多项选择题（共 20 题，每题 2 分。每题的备选项中，有 2 个或 2 个以上符合题意，至少有 1 个错项。错选，本题不得分；少选，所选的每个选项得 0.5 分）

81. ABCE　坚持结合日常工作，在履行职业责任过程中进行职业道德修养，这是注册消防工程师进行职业道德修养的根本途径和根本方法。具体方法主要有以下几点：（1）自我反思。（2）向榜样学习。（3）坚持“慎独”。（4）提高道德选择能力。

82. BCE　结合该在建工程的规模，临时室外消防用水量设计为火灾延续时间应该为 2 h。施工现场临时室外消防给水系统的设置应符合下列要求：（1）临时给水管网宜根据施工现场实际情况布置成环状。（2）临时室外消防给水干管的管径应依据施工现场临时消防用水量和干管内水流计算速度进行计算确定，且最小管径不应小于 *DN*100 mm。（3）室外消火栓应沿在建工程、临时用房及可燃材料堆场及其加工场均匀布置，距在建工程、临时用房及可燃材料堆场及其加工场的外边线不应小于 5 m。（4）室外消火栓的间距不应大于 120 m。（5）室外消火栓的最大保护半径不应大于 150 m。

83. ABDE 湿式报警阀组漏水故障原因分析：（1）排水阀门未完全关闭。（2）阀瓣密封垫老化或者损坏。（3）系统侧管道接口渗漏。（4）报警管路测试控制阀渗漏。（5）阀瓣组件与阀座之间因变形或者污垢、杂物阻挡出现不密封状态。

84. BC 细水雾灭火系统管网水压试验条件：（1）环境温度不低于5℃，当低于5℃时，采取防冻措施，以确保水压试验正常进行。（2）试验压力为系统工作压力的1.5倍。（3）试验用水的水质与管道的冲洗水一致，水中氯离子含量不超过25 mg/kg。

试验要求：试验的测试点宜设在系统管网的最低点。管网注水时，将管网内的空气排净，缓慢升压。当压力升至试验压力后，稳压5 min，管道无损坏、变形，再将试验压力降至设计压力，稳压120 min。

85. ACDE 系统检测时，施工单位应提供下列资料：（1）竣工检测申请报告、设计变更通知书、竣工图。（2）工程质量事故处理报告。（3）施工现场质量管理检查记录。（4）火灾自动报警系统施工过程质量管理检查记录。（5）火灾自动报警系统内各设备的检验报告、合格证及相关材料。

86. ADE 消防电梯检查内容：（1）根据建筑物的性质、重要性和建筑高度、建筑面积等因素确定设置消防电梯及其数量。通常，消防电梯应分别设置在不同防火分区内，且每个防火分区不少于1台，故选项A正确。（2）消防电梯前室的设置，主要检查消防电梯前室设置位置、使用面积、首层能否直通室外或通向室外的通道长度。需要注意的是，前室或合用前室的门不允许采用防火卷帘，故选项C错误。（3）消防电梯井、机房与相邻其他电梯井、机房之间采用耐火极限不低于2.00 h的防火隔墙分隔；在隔墙上开设的门采用甲级防火门。（4）消防电梯的配置包括消防电梯的载重量、行驶速度、轿厢的内部装修材料、通信设备的配置，以及消防电梯的动力与控制电缆、电线、控制面板采取的防水措施。（5）消防电梯的井底应设置排水设施，排水井的容量不小于2 m^3，排水泵的排水量不小于10 L/s。消防电梯间前室的门口宜设置挡水设施，故选项B错误。（6）使用秒表测试消防电梯由首层直达顶层的运行时间，检查消防电梯行驶速度是否保证从首层到顶层的运行时间应不超过60 s，故选项E正确。（7）防烟楼梯间前室的使用面积：公共建筑、高层厂房（仓库）不应小于6.0 m^2，住宅建筑不应小于4.5 m^2。合用前室的使用面积：公共建筑、高层厂房以及高层仓库不应小于10.0 m^2，住宅建筑不应小于6.0 m^2，故选项D正确。

87. ABDE 《机关、团体、企业、事业单位消防安全管理规定》中确定的消防安全重点单位有：客房数在50间以上的（旅馆、饭店）；保龄球馆、旱冰场、桑拿浴室等营业性健身、休闲场所；老人住宿床位在50张以上的养老院；建筑面积在2 000 m^2以上的公共图书馆、展览馆；候车厅、候船厅的建筑面积在500 m^2以上的客运车站和客运码头。

88. ABCE 建筑的外立面开口之间的防火措施：建筑外墙上在上、下层开口之间，如果采用实体墙分隔，当室内设置自动喷水灭火系统时，墙体的高度不应小于0.80 m，否则墙体的高度不应小于1.20 m；如果采用防火挑檐分隔，挑檐的宽度不应小于1.0 m、长度不应小于开口宽度；如果上、下层开口之间因实体墙设置有困难，采用防火玻璃墙分隔，对于高层建筑，防火玻璃墙的耐火完整性不应低于 1.00 h，对于多层建筑，防火玻璃墙的耐火完整性不应低于 0.50 h。对于住宅建筑，还需要检查外墙上相邻户开口之间的墙体宽度，如果小于 1.0 m 时，开口之间要设置凸出外墙不小于 0.6 m 的隔板。

89. ABCD 干粉输送管道在安装前须清洁管道内部，避免油、水、泥沙或异物存留管道内。安装时应注意以下几点：（1）采用螺纹连接时，管材采用机械切割；螺纹不得有缺纹、断纹等现象；螺纹连接的密封材料应均匀附着在管道的螺纹部分，拧紧螺纹时，不得将填料挤入管道内；安装后的螺纹根部应有 2 ~ 3 扣外露螺纹，连接后，应将外部清理干净并作防腐处理。（2）采用法兰连接时，衬垫不能凸入管内，其外边缘宜接近螺栓孔，不得放双垫或偏垫。拧紧后，凸出螺母的长度不应大于螺杆直径的 1/2 且应有不少于 2 扣外露螺纹。（3）经过防腐处理的无缝钢管不宜采用焊接连接，当与选择阀等个别连接部位需采用法兰焊接连接时，要对被焊接损坏的防腐层进行二次防腐处理。（4）管道穿过墙壁、楼板处需安装套管。套管公称直径比管道公称直径至少大 2 级，穿墙套管长度应与墙厚相等，穿越楼板套管长度应高出地板 50 mm。管道与套管间的空隙应采用防火封堵材料填塞密实。当管道穿越建筑物的变形缝时，需设置柔性管段。（5）管道末端应采用防晃支架固定，支架与末端喷头间的距离不应大于 500 mm。

90. ABDE 应急预案演练目的包括：（1）检验预案。（2）完善准备。（3）锻炼队伍。（4）磨合机制。（5）科普宣教。

91. ACDE 我国常用的气体灭火系统有二氧化碳、七氟丙烷、IG541 混合气体和热气溶胶预制灭火系统等。

92. ABCD 泡沫炮系统作为主要灭火设施或辅助灭火设施适用于下列场所：（1）直径小于 18 m 的非水溶性液体固定顶储罐。（2）围堰内的甲、乙、丙类液体流淌火灾。（3）甲、乙、丙类液体汽车槽车栈台或火车槽车栈台。（4）室外甲、乙、丙类液体流淌火灾。（5）飞机库。

93. ABDE 消防救援口是指设置在厂房、仓库、公共建筑的外墙上，便于消防队员迅速进入建筑内部，有效开展人员救助和灭火行动的窗口。防火检查中，通过对建筑外立面的检查，核实消防救援口的设置是否符合现行国家工程建设消防技术标准的要求。主要检查内容为：（1）消防救援口的设置位置，消防救援口设置位置与消防车登高操作场地相对应。故选项 A 正确。窗口的玻璃易于破碎，并在外侧设置易识别的明显标志。故选项 B 正确。（2）消防救援口洞口的尺寸，消防救援口的净高度和净宽度均不应小于 1.00 m，窗口下沿距室内地面不宜大于 1.20 m。故选项 D 正确。（3）消防救援口的设置数量，消防救援口沿建筑外墙在每层设置，设置间距不宜大于 20 m，保证每个防火分区不少于 2 个。故选项 E 正确，选项 C 错误。

94. ACDE 汽车加油、加气站远离人员集中的场所、重要的公共建筑。一级加油站、一级加气站、一级加油加气合建站和 CNG 加气母站应设置在城市建成区和中心区域以外的区域。输油、输送可燃气体干管上不得有违法修建的建筑物、构筑物或堆放物质。

95. AD 建筑耐火等级是建筑物整体耐火性能的基本判据，决定了建筑抗御火灾的能力。建筑耐火等级由组成建筑物的墙、柱、梁、楼板等主要构件的燃烧性能和最低耐火极限决定，分为一级、二级、三级、四级。

96. BCDE 建筑内竖向井道设置要求：（1）建筑的电缆井、管道井、排（气）烟道、垃圾道等竖向井道，均应分别独立设置。井壁耐火极限不低于1.00 h，井壁上的检查门采用丙级防火门。（2）建筑内的垃圾道排气口应直接开向室外，该前室的门采用丙级防火门。垃圾斗采用不燃材料制作，并能自行关闭。（3）电梯井独立设置。井内严禁敷设可燃气体和甲、乙、丙类液体管道，且不得敷设与电梯无关的电缆、电线等。井壁除开设电梯门、安全逃生门和通气孔洞外，不得开设其他开口。电梯门的耐火极限不应低于1.00 h，并同时符合相关完整性和隔热性要求。（4）建筑内电缆井、管道井与房间、走道等相连通的孔隙，采用防火封堵材料封堵。建筑内电缆井、管道井在每层楼板处采用不低于楼板耐火极限的不燃材料或防火封堵材料封堵。

97. ACE 疏散楼梯间的设置形式要求3层及以上或室内地面与室外出入口地坪高差大于10 m的地下或半地下建筑（室），其疏散楼梯应采用防烟楼梯间；其他地下或半地下建筑（室），其疏散楼梯可采用封闭楼梯间，并应设置防烟排烟设施和自动喷水灭火系统。

98. ABCD 阀门是控制消防系统管道内水的流动方向、流量及压力的，是具有可动机构的机械，是消防给水系统中不可缺少的部件。按照阀门在系统中的用途，可将阀门分为截断阀、止回阀、安全阀、减压阀等。阀门的选用，应当根据阀门的用途、介质的性质、最大工作压力、最高工作温度，以及介质的流量或管道的公称通径来选择。

99. ABCD 不同类型的喷头按照下列要求安装：（1）直立型喷头连接*DN*25 mm短立管或者直接向上直立安装于配水支管上。（2）下垂型喷头连接*DN*25 mm的短立管或者直接下垂安装于配水支管上。（3）边墙型喷头根据选定的型号、规格，水平安装于顶棚（吊顶）下的边墙上，或者直立向上、下垂安装于顶棚下的边墙上。（4）干式喷头连接于特殊的短立管上，根据其保护区域结构特征和喷头型号、规格，直立向上、下垂或者水平安装于配水支管上，短立管入口处设置密封件，阻止水流在喷头动作前进入立管。（5）嵌入式喷头、隐蔽式喷头安装时，喷头根部螺纹及其部分或者全部本体嵌入吊顶护罩内，喷头下垂安装于配水支管上。（6）齐平式喷头安装时，喷头根部螺纹及其部分本体下垂安装于吊顶内配水支管上，部分或者全部热敏元件随部分喷头本体安装于吊顶下。（7）喷头安装在易受机械损伤处，加设喷头防护罩。

100. CD 建筑内每个配置单元内灭火器数量不少于2具，每个设置点的灭火器不得多于5具，故选项A错误。同一配置单元内配置的不同类型灭火器，其灭火剂类型属于能相容的灭火剂，故选项E错误。灭火器箱箱门开启方便灵活，开启后不得阻挡人员安全疏散。开门型灭火器箱的箱门开启角度不得小于175°，翻盖型灭火器箱的翻盖开启角度不得小于100°，故选项B错误，选项C正确。嵌墙式灭火器箱的安装高度，按照手提式灭火器顶部与地面距离不大于1.50 m，底部与地面距离不小于0.08 m的要求确定，故选项D正确。